# 人間・環境・安全
## －くらしの安全科学－

及川 紀久雄・北野 大 著

共立出版

# 序　文

　20世紀，人類が獲得した最高のものは科学の進歩と，それによる技術革新であった。新技術によって生み出された物質やIT技術は，人々のライフスタイルを大きく変え，生活の「豊かさ」，「便利さ」と「快適さ」を存分に味わえる社会を築き上げてきた。また，食糧生産技術，保存・輸送技術は，私たちが飽食を享受するのに不足はなかった。しかし，経済性優先の中で大量生産と大量消費が加速され，世界のエネルギー資源と亜鉛，鉛，リンなど多くの鉱物資源の枯渇を目前にする結果となった。そして私たちは消費された残りを廃棄物として大量に環境中に排出した。

　その結果，$CO_2$ガスやメタンガスの濃度増加は地球温暖化を招来させた。フロン類の大量使用はその多くが大気へ放出され，オゾン層を破壊し地上に届く有害紫外線量が増大し，人類はもとより多くの動植物の生命に脅威をもたらしている。枯渇寸前まで使い切りつつある石油や石炭の化石燃料は，それに含まれるイオウ分が大気中にイオウ酸化物として排出され，各地に酸性雨をもたらし緑の森を枯らし，大地を酸性に変えようとしている。

　大量に排出された廃棄物の多くは，焼却という過程をたどり，2000年1月に「ダイオキシン対策特別措置法」が施行となったが，それまでは非意図的に猛毒のダイオキシン類を環境中に拡散させる結果となった。現在は同法の施行が功を奏し，排出量は大きく減少している。

　ものの生産に使用された多種多様な化学物質や，農業生産に使用された多種大量の農薬類は環境中に漏出し，環境を汚染し，時には健康被害を招来した。

　過去において大量に使用された有機塩素系の農薬の中には，不純物としてダイオキシン類を含有するものがあり，今なお環境中に残留し続ける。

　私たちが化学物質のもっている有用性と有害性の「両刃の剣（もろはのつるぎ）」の二面性を忘れ，そのプラスの面だけみて走った帰結なのである。

　20世紀は科学技術とIT革命の世紀といわれ，次から次へと新しい技術に寄

りかかって新しい製品を生み出し、さらにそれを超えるハイテク技術による製品作りへと留まることを忘れ、売れるものに集中した生産を拡大してきた。その結果が地域のみならず世界規模での環境汚染をもたらした。そして、日本の各都市で水質基準をクリアして供給される水道水さえ安心して飲めないと、ペットボトルの水や水質浄化装置を通して飲料水とする時代がやってきた。

一方、我が国の20世紀は経済性と効率性が優先し「安全」の精神が欠落した世紀でもあった。それに起因すると考えられる環境汚染、化学物質事故や食品事故も少なくない。

このような背景から、21世紀の社会のキーワードは「安全」であらねばならないと考える。そのためには教育の中に科学の安全、技術の安全、くらしの安全、そして安全な環境を根幹とする考え方を成熟させなければならない。

「環境革命」の21世紀といわれる今、「安全」の精神が徹底した時、環境革命も大きく前進するであろう。

著者らは1994年8月「人間・環境・地球―化学物質と安全―」を刊行し、第3版まで版を重ねたが、その間、環境を良くするには「安全」の思想が極めて重要であることを痛感した。

本書は、全面的に「くらしの安全科学」を中心に、第1章「水の安全」、第2章「空気の安全」、第3章「食の安全」、第4章「化学物質の安全」、第5章「地球環境の安全」そして第6章を「エネルギーと資源循環」の章立てで記述したものである。

大学や高等専門学校、環境の勉強会、環境教育・環境学習の現場のテキストとして、また環境を考える多くの方々に本書をご利用いただけることを期待したい。

おわりに本書を記述するに当たり多くの文献、書籍、国の各白書を参考にさせていただいた。改めてここにお礼を申しあげる次第である。

また、編集にあたりご協力頂いた共立出版㈱編集部横田穂波氏に感謝する。

2005年2月

及川紀久雄

北野　大

# 目　次

## 1章　水の安全
- 1.1　水資源 ……………………………………………………………… *1*
  - 1.1.1　水の循環 ……………………………………………………… *1*
  - 1.1.2　降水と水資源賦存量 ………………………………………… *3*
  - 1.1.3　日本の水資源使用量 ………………………………………… *7*
  - 1.1.4　水を育む森と田んぼ ………………………………………… *9*
- 1.2　水環境の今 ………………………………………………………… *11*
  - 1.2.1　環境基準 ……………………………………………………… *11*
  - 1.2.2　水質汚濁の状況 ……………………………………………… *21*
  - 1.2.3　地下水汚染 …………………………………………………… *25*
- 1.3　飲料水の安全 ……………………………………………………… *28*
  - 1.3.1　おいしい水・安全な水 ……………………………………… *28*
  - 1.3.2　改正水質基準 ………………………………………………… *29*
  - 1.3.3　浄水工程 ……………………………………………………… *29*
  - 1.3.4　塩素処理と副生成物 ………………………………………… *39*
  - 1.3.5　カビ臭発生と原因物質 ……………………………………… *42*
  - 1.3.6　上水の高度処理と課題 ……………………………………… *43*
  - 1.3.7　外因性内分泌撹乱物質など化学物質汚染と上水 ………… *45*
  - 1.3.8　クリプトスポリジウムなど原虫類感染症 ………………… *45*

## 2章　空気の安全
- 2.1　空気の組成 ………………………………………………………… *47*
- 2.2　大気環境基準と汚染の現状 ……………………………………… *49*

2.3　大気汚染の状況と経年変化 …………………………………………… 52
　　2.4　室内空気の汚染と健康 …………………………………………………… 54
　　　2.4.1　外気より汚染されている室内空気 ……………………………… 54
　　　2.4.2　室内化学物質汚染とシックハウス症候群 …………………… 55
　　　2.4.3　化学物質の室内濃度指針値と対策 …………………………… 61
　　2.5　悪臭と悪臭防止法 ………………………………………………………… 65

## 3章　食の安全

　　3.1　食品安全基本法 …………………………………………………………… 69
　　　3.1.1　法の目的と基本理念 ……………………………………………… 70
　　　3.1.2　食品安全委員会 …………………………………………………… 70
　　3.2　食品添加物と安全性 ……………………………………………………… 71
　　3.3　食品に含まれる有害性物質と安全 …………………………………… 76
　　3.4　わが国の食糧事情，自給率について ………………………………… 84
　　　3.4.1　食料自給率とその算出方法 ……………………………………… 84
　　　3.4.2　自給率低下の原因と対策 ………………………………………… 86
　　3.5　遺伝子組換え農作物と安全性 …………………………………………… 88
　　　3.5.1　遺伝子組換え作物開発の目的 …………………………………… 89
　　　3.5.2　従来の品種改良方法と遺伝子組換え技術 …………………… 92
　　　3.5.3　遺伝子組換え作物の安全性 ……………………………………… 93
　　　3.5.4　遺伝子組換え作物の安全―推進する立場と懸念する立場 … 96

## 4章　化学物質と安全

　　4.1　化学物質のリスクアセスメント ………………………………………… 104
　　　4.1.1　人の健康へのリスクアセスメント ……………………………… 106
　　　4.1.2　生態系生物へのリスクアセスメント …………………………… 115
　　4.2　安全性試験と定量的構造活性相関 …………………………………… 126
　　4.3　化学物質による環境汚染 ………………………………………………… 130
　　4.4　ダイオキシン類の生成と毒性 …………………………………………… 131
　　　4.4.1　ダイオキシン類問題と対策の動き ……………………………… 134
　　　4.4.2　ダイオキシン類の発生とは ……………………………………… 137
　　　4.4.3　ダイオキシン類の摂取と毒性 …………………………………… 139
　　　4.4.4　ダイオキシン類の排出抑制対策と基準 ……………………… 146

目次 v

4.5 外因性内分泌撹乱化学物質 ·············································· 148
  4.5.1 内分泌撹乱化学物質問題の歴史的背景 ······················· 149
  4.5.2 内分泌撹乱化学物質の作用メカニズム ······················· 150
  4.5.3 内分泌撹乱化学物質の種類 ····································· 152
  4.5.4 内分泌撹乱化学物質のヒトへの影響 ·························· 153
4.6 化学物質の規制制度 ······················································· 157
  4.6.1 化学物質の審査および製造等の規制に関する法律
      （化学物質審査規制法）（日本） ································ 157
  4.6.2 有害物質規制法（アメリカ） ·································· 169
  4.6.3 EUの危険な物質の分類，包装，表示に関する
      第7次修正理事会指令 ············································ 171
4.7 特定化学物質の環境への排出量の把握等
    および管理の改善の促進に関する法律（PRTR法） ············· 176
  4.7.1 目 的 ································································ 177
  4.7.2 PRTR制度 ··························································· 177
  4.7.3 MSDS制度 ··························································· 186

# 5章 地球環境の安全

5.1 地球温暖化 ···································································· 189
  5.1.1 温室効果のメカニズム ··········································· 189
  5.1.2 温室効果ガスとその濃度分布 ·································· 192
  5.1.3 温暖化による環境影響 ··········································· 196
  5.1.4 温暖化防止と京都議定書 ········································ 197
5.2 オゾン層破壊 ································································· 201
  5.2.1 オゾン層とその破壊 ·············································· 201
  5.2.2 オゾン層の生成 ···················································· 203
  5.2.3 オゾン層破壊物質の変化 ········································ 204
  5.2.4 オゾン層の状況 ···················································· 205
  5.2.5 オゾンホール ······················································· 205
  5.2.6 オゾン層破壊物質等の用途と生産規制 ······················ 206
  5.2.7 人および環境への影響 ··········································· 208
5.3 酸性雨 ·········································································· 209
  5.3.1 酸性雨とは ·························································· 209

  5.3.2 酸性雨の生成過程 ……………………………………… *210*
  5.3.3 日本における酸性雨の現状 ………………………… *211*
  5.3.4 海外における酸性雨の現状 ………………………… *211*

## 6章　エネルギー問題と安全
 6.1 人類の誕生とエネルギー利用の歴史 ……………………… *215*
 6.2 化石燃料の埋蔵量および可採年数 ………………………… *217*
 6.3 新エネルギー ………………………………………………… *221*
  6.3.1 新エネルギーの定義 …………………………………… *222*
  6.3.2 新エネルギーの導入実績と目標 …………………… *222*
  6.3.3 新エネルギーの評価とベストミックス …………… *223*
 6.4 わが国のエネルギー事情とエネルギー基本計画 ………… *226*

索　　引 ………………………………………………………………… *233*

# 1章 水の安全

## 1.1 水資源
### 1.1.1 水の循環

われわれは日常，何も考えることなく，調理に，飲料に，洗濯に，浴室で生活用水として一日一人あたり300〜500 $l$，2000年の全国平均では322 $l$ もの水を使っている。その他，農業・畜産用水，工業用水，商業や観光などにも大量の水が消費される。しかし，われわれが利用することが比較的容易である河川水や湖沼水等として存在する量は地球上の水のわずか約0.01%，約0.001億 $km^3$ である。

氷山，氷河，海洋，河川，湖沼，土壌，森林など地球表面の水分は太陽エネルギー（熱エネルギー）によって暖められ液体や気化して水蒸気となり，上空の大気中に広がり滞留し再び雨，雪，氷と姿を変えてやがて海洋や地上に戻ってくる。この水循環によって地球は水の惑星を保っている。この水循環は図1.1に示したが，地球上の水が太陽エネルギーによって暖められ蒸発し，雲となり，雨や雪として再び地球上に降り注ぐという蒸発量と降雨量のバランスが保たれ正常な水循環が営まれる。ところが，時にはこの穏やかな水循環作用が急激に集中的な多量の熱エネルギーの移動を起こす状態が生じ空気中の水蒸気量が多くなり，水循環が活発となりバランスが崩れる。これが近年，ことのほか頻発している台風や集中豪雨[1]，局地的集中豪雨，地域干ばつをもたらし，多くの災害が発生するという異常気象といえる気象現象が起こる原因であり，その大きな原因は地球温暖化にあると考えられている。

これら気候変動の自然的要因としては，偏西風波動の変化，海洋変動，雪氷

---

[1] 地域が限定されていて，1時間に50 mm以上の雨が降り続く場合をいう。太陽エネルギーを吸収した水蒸気が膨張して軽くなり猛烈な上昇気流が起こり，周囲の水蒸気をかき集めながら急速に成長して積乱雲が発生し，高空で冷えてエネルギーを放出して凝結し，雨滴となり一挙にどしゃ降り状態の降雨となり集中豪雨となる。この積乱雲は高さ1万数千mにも及ぶ。

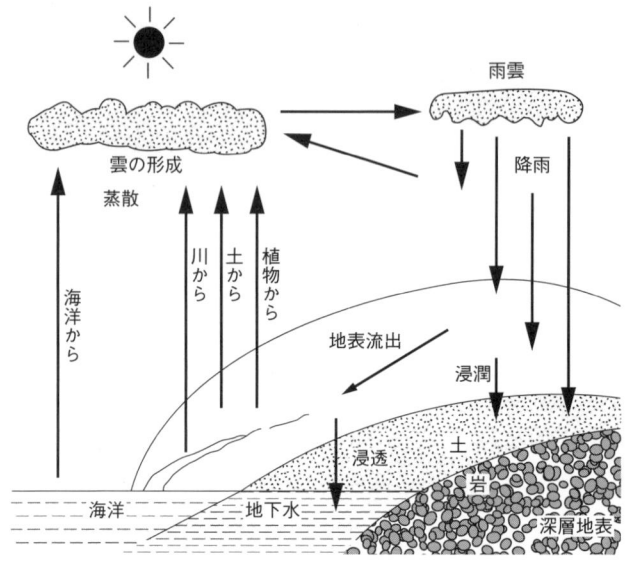

図 1.1 水文循環図

---

**水の環境**

　海，河川・湖沼および土，植物から地表水は大気空間に蒸発し，およそ10日ほど大気に滞留して，雨や雪となって地表に達する。一定の量が絶えず循環をくり返しており，地球上の水の量は変わらない。
　地球をまわる人工衛星から送られてくる青い地球の画像は，まさに水の惑星のように見える。そして，その青の惑星のなかに多くの生物が水を命綱として，生命を形づくっている。水は，かけがいのない環境と生命を守っているのである。

---

面積の変化，火山噴火，太陽活動などが挙げられ，ことにエルニーニョ／ラニーニャ現象がある。エルニーニョ現象の発生により対流圏の気温は半年程度遅れて上昇する傾向がある。

　また人為的要因には，二酸化炭素やメタンなどの温室効果ガスの増加による地球温暖化，過剰放牧，過剰耕作，燃料としての薪のための過剰な伐採等による砂漠化の進行，その他フロンガスによるオゾン層破壊などが挙げられている。表 1.1 は 1984 年以降の日本と世界の主な異常気象を示したものである。2004 年の日本は各地で局地的集中豪雨が多発し，新潟県や福井県で大きな災

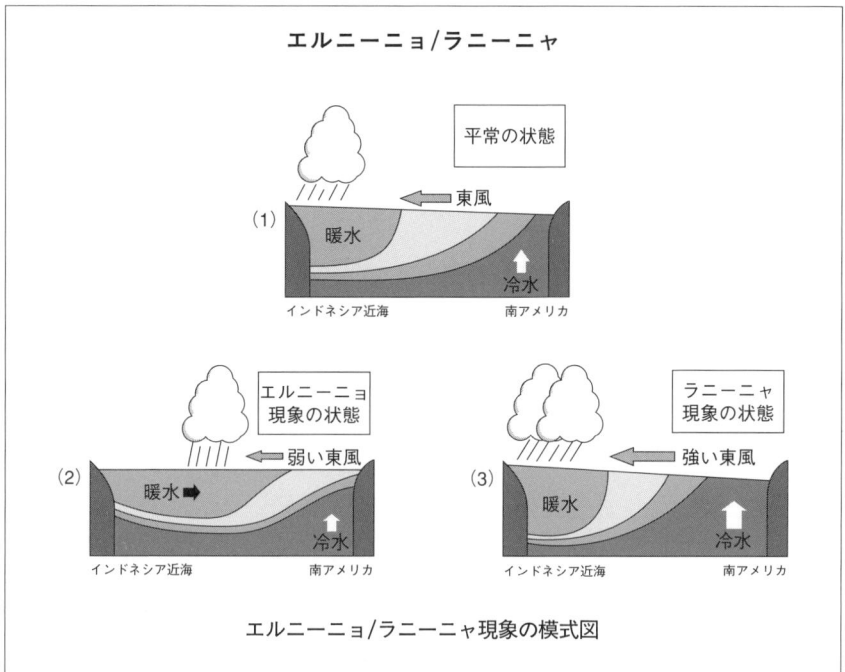

エルニーニョ/ラニーニャ現象の模式図

エルニーニョ現象は，太平洋赤道域の中央部（日付変更線付近）から南米のペルー沿岸にかけての広い海域で海面水温が平年に比べて高くなり，その状態が1年程度続くもので，これとは逆に，同じ海域で海面水温が平年より低い状態が続く現象はラニーニャ現象と呼ばれている。

(出典：気象庁インターネット資料)

害となった。

### 1.1.2 降水と水資源賦存量

地球上の水の総量は約14億 $km^3$/年であると推計されている。国連水会議の資料（1996年）によると，毎年地球上に降る降水量は約577千 $km^3$/年であり，このうち陸上に降る降水量は約119千 $km^3$/年である。その中で約72千 $km^3$/年が蒸発により失われるため，約47千 $km^3$/年が全世界の水資源賦存量ということになる。また，そのうちの約45千 $km^3$/年が河川や湖沼の表流水で，さらにそのうちの約2.2千 $km^3$/年が地下水となる。

表 1.1 最近の主な異常気象

| 西暦年 | 日本の異常気象 | 世界の異常気象 |
|---|---|---|
| 1984 | 大寒冬，猛暑 | 旧ソ連（ウクライナ）干ばつ<br>アフリカ干ばつ |
| 1985 | 猛暑 | ヨーロッパ北部冷夏<br>ヨーロッパ寒波 |
| 1986 | 西日本少雨（秋） | 米国南東部干ばつ<br>ヨーロッパ北部低温 |
| 1987 | 暖冬，少雨（春） | インド干ばつ<br>バングラデシュ洪水<br>ギリシャ熱波 |
| 1988 | 長梅雨 | 米国中西部干ばつ<br>中国南部熱波<br>バングラデシュ洪水 |
| 1989 | 暖冬 | 東アジア・シベリア・ヨーロッパ暖冬<br>中国中部洪水 |
| 1990 | 暖冬，猛暑，少雨（梅雨期） | 東アジア・ヨーロッパ暖冬<br>アフリカ干ばつ<br>オーストラリア洪水 |
| 1991 | 暖冬，東日本多雨（秋） | 中国洪水<br>オーストラリア干ばつ<br>米国南部洪水 |
| 1992 | 暖冬，東日本以西多雨（春） | 北米暖冬<br>中東低温・大雪<br>アフリカ干ばつ<br>フィリピン干ばつ<br>パキスタン洪水 |
| 1993 | 暖冬，冷夏，多雨（夏） | 米国中西部洪水・南東部熱波干ばつ<br>中国洪水 |
| 1994 | 暖冬，高温少雨（夏） | ヨーロッパ・東アジアの高温少雨（夏）<br>中国南部洪水 |
| 1995 | 暖冬，多雨（梅雨期） | ヨーロッパ（1月中）<br>アジア南部（5～10月）の洪水<br>アフリカの干ばつ |
| 1996 | 低温（春），少雨（年，全国） | 米国の干ばつ（1～5月）<br>中国・朝鮮半島北部の大雨（6～8月）<br>インド亜大陸の大雨・洪水（6～9月） |
| 1997 | 多雨（夏，西日本の日本海側）<br>少雨（10月，東・西日本，南西諸島） | アジア南部・オーストラリアの少雨・干ばつ（6～12月）<br>アフリカ東部の大雨・洪水（10～12月）<br>南アメリカ各地の大雨・洪水（6～12月） |

| 1998 | 全国的な高温（特に春と秋に顕著）<br>多雨，日照不足（1,4～6,8～10月に顕著）<br>盛夏の不順な天候 | 東南アジアの干ばつ・森林火災（1～6月）<br>中国の洪水（5～8月）<br>米国の熱波・干ばつ（5～8月）<br>カリブ海および中米諸国のハリケーン被害（9～11月） |
|---|---|---|
| 1999 | 高温（夏：北日本，秋：全国）<br>多雨（夏：西日本） | 北東アジアの干ばつ（1～7月）<br>中国南部の洪水（6～8月）<br>東南アジアの洪水（7～8, 11～12月）<br>アフリカ東部・中東の干ばつ（1～12月）<br>米国東部の干ばつ（1～8月）<br>中米・南米北部の洪水（9～12月） |
| 2000 | 高温（夏：北・東日本）<br>少雨（梅雨期：東日本の一部・西日本） | 北東アジアの干ばつ（3～8月）<br>メコン川の洪水（9～10月）<br>ヨーロッパ南部の干ばつ（6～8月）<br>ヨーロッパ北西部の洪水（9～11月）<br>アフリカ東部，中東の干ばつ（年間）<br>米国の干ばつ，森林火災（3～9月） |
| 2001 | 少雨（春：北・東・西日本）<br>高温・少雨（7月：東日本）<br>多雨（秋：西日本・南西諸島） | 中国から朝鮮半島の干ばつ（3～6月）<br>華南からインドネシア半島の台風被害（6～11月）<br>インドネシアの洪水（2月, 7月）<br>アルジェリアの洪水（11月）<br>米国・カナダの干ばつ・森林火災（1～5月, 9～12月）<br>中米諸国の干ばつ（6～8月） |
| 2002 | 高温（3月：全国）<br>少雨（夏：西日本） | 世界的な高温<br>中国・朝鮮半島の大雨（6～9月）<br>バングラデシュ周辺の大雨（6～8月）<br>インドの熱波（5月）と干ばつ（7～8月）<br>ヨーロッパの大雨（6～8月）<br>オーストラリアの干ばつ（3～12月） |

（注）気象庁調べによる　　　　　　　　　　　　　　　　　　出典：環境省資料

　これら地球上の水の量の関係を**表1.2**に示した．それによると約96.5%が海水であり，淡水は約2.5%である．この淡水の大部分は南・北極地域等の氷として存在（1.76%）しており，地下水を含めて河川水や湖沼水などとして存在する淡水は，地球上の水の0.76%である．地球上で一見溢れるごとくあるように存在する水であるが，そのほとんどは海水である．

　日本は雨の国とも呼ばれることがある．世界の平均的降水量は年間970 mm

表 1.2 地球上の水の量

| 水の種類 | | 量 (1,000 km³) | 全水量に対する割合(%) | 全淡水量に対する割合(%) |
|---|---|---|---|---|
| 海水 | | 1,338,000 | 96.5 | |
| 地下水 | | 23,400 | 1.7 | |
| | うち淡水分 | 10,530 | 0.76 | 30.1 |
| | 土壌中の水 | 16.5 | 0.001 | 0.05 |
| | 氷河等 | 24,064 | 1.74 | 68.7 |
| 永久凍結層地域の地下の氷 | | 300 | 0.022 | 0.86 |
| 湖 | | 176.4 | 0.013 | |
| | うち淡水分 | 91.0 | 0.007 | 0.26 |
| | 沼地の水 | 11.5 | 0.0008 | 0.03 |
| | 河川水 | 2.12 | 0.0002 | 0.006 |
| | 生物中の水 | 1.12 | 0.0001 | 0.003 |
| | 大気中の水 | 12.9 | 0.001 | 0.04 |
| 合計 | | 1,385,984 | 100 | |
| | 合計（淡水） | 35,029 | 2.53 | 100 |

(注) 1. Assessment of Water Resources and Water Availability in the World： Prof.I,A.Shiklomanov,1996(WMO 発行)による。
2. この表には，南極大陸の地下水は含まれていない。
（出典：平成 15 年版「日本の水資源」国土交通省水資源部）

であるが，日本の降水量は地域，年によって差はあるが全国年平均 1,718 mm と，世界の平均降水量の約 2 倍である。世界の北緯 30〜40 度の緯度帯の平均降水量は 500〜900 mm であるが，同じ緯度帯にある本州，四国，九州の降水量は 1,500〜2,500 mm レベルにあり，世界平均の 2〜3 倍の降水量で，赤道地帯の降水量に匹敵する。これは日本がアジアモンスーン地帯に位置し，梅雨期や台風襲来時に，熱帯から湿った気流が大規模に流れ込むためである。

図 1.2 に世界各国の降水量等を，また図 1.3 には日本の地域別降水量と水資源賦存量を示した。日本は降水量は全体的に多いものの，人口一人あたり水資源賦存量（m³/年・人）は関東，近畿の大都市地域で極めて低くなっていることがわかる。

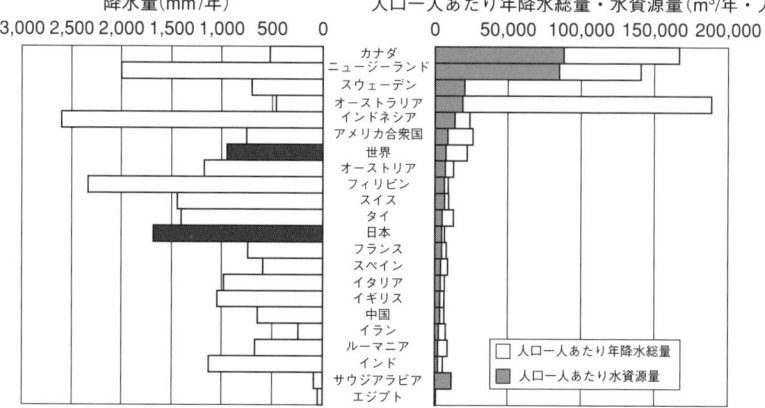

(注) 1. 日本の降水量は 1971 年～ 2000 年の平均値である。世界および各国の降水量は 1977 年開催の国連水会議における資料による。
2. 日本の人口については国勢調査 (2000 年) による。世界の人口については United Nations World Population Prospects. The 1998 Revision における 2000 年推計値。
3. 日本の水資源量は水資源賦存量 (4,235 億 m³/年) を用いた。世界および各国は World Resources 2000 - 2001 (World Resources Institute) の水資源量 (Annual Internal Renewable Water Resources) による。

(出典：平成 15 年版「日本の水資源」国土交通省水資源部)

図 1.2　世界各国の降水量等

### 1.1.3　日本の水資源使用量

日本全体における水資源賦存量と使用量の関係を図 1.4 に示したが，年間平均降水量は 1,718 mm/年としたときの立方メートルに換算した。降水量は 6,500 億 m³/年，そのうちの水資源賦存量は最大限で 4,200 億 m³/年であるが，実際上の年間使用量は国土交通省水資源部の 2000 年における調査によると 870 億 m³/年である。図 1.4 に見られるように，農業用水としての使用が 572 億 m³/年と最も大きい。次いで生活用水が約 19% の 164 億 m³/年，工業用水が 11% で 134 億 m³/年となっている。ことに生活用水の使用量は図 1.5 に見られるように 1975 年の 88 億 m³/年から年々増加し，2000 年には 1.6 倍にもなっている。一方，長期間のデータが観測されている日本国内 51 地点における 1901 年から 2000 年までの 100 年間の年降水量は，北海道や西日本の一部を除くほとんどの地点で長期的には減少傾向にある。ことに東北南部から紀

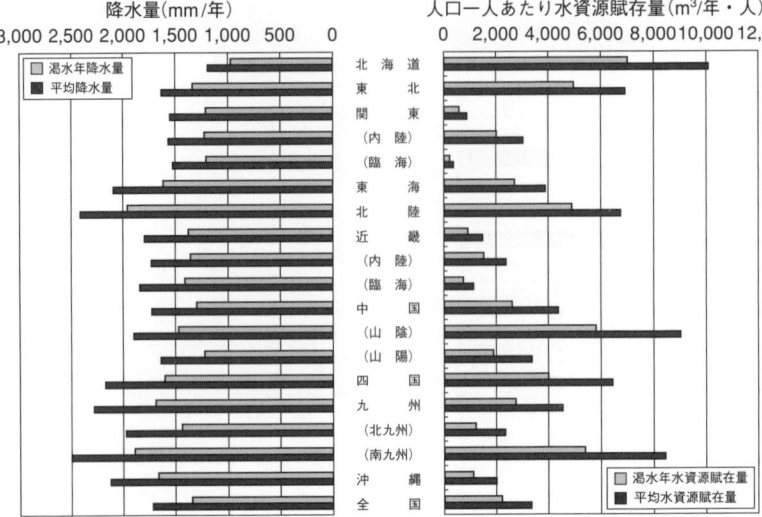

(注) 1. 国土交通省水資源部調べおよび総務省統計局国勢調査（2000年）による。
2. 平均水資源賦存量は，降水量から蒸発散によって失われる水量を引いたものに面積を乗じた値を1971年から2000年までの30年間について地域別に集計した値である。
3. 渇水年水資源賦存量は，1971年から2000年までの30年間の降水量の少ない方から数えて3番目の年における水資源賦存量を地域別に集計した値である。

(出典：平成15年版「日本の水資源」国土交通省水資源部)

**図1.3　地域別降水量および水資源賦存量**

伊半島にかけては100年間で10％以上の大きな減少率を示している地点が多い。このことから将来の良質な水資源の確保と渇水，さらには国土の乾燥化が懸念される。その防止の立場から，水資源に対する国民の関心を高めるとともに，その対策が急がれなければならない。

　日本の水資源使用量を国民一人あたりで見ると，生活用水に1年間に130 m³，工業用水の淡水補給量が約110 m³，農業用水では約460 m³で，合計約700 m³で，ちょうど世界の一人あたりの水使用量とほぼ同量である。先進諸国の平均は約1,000 m³と日本より多い。しかし，それには普段われわれは考えない大きなトリックがある。日本で2003年に開催された第3回世界水フォーラム事務局資料によると，農産物1tを生産するのに必要な水の量は米で2,500 m³，麦，豆類1,000 m³，綿類5,000 m³，肉類7,000 m³として，日本の

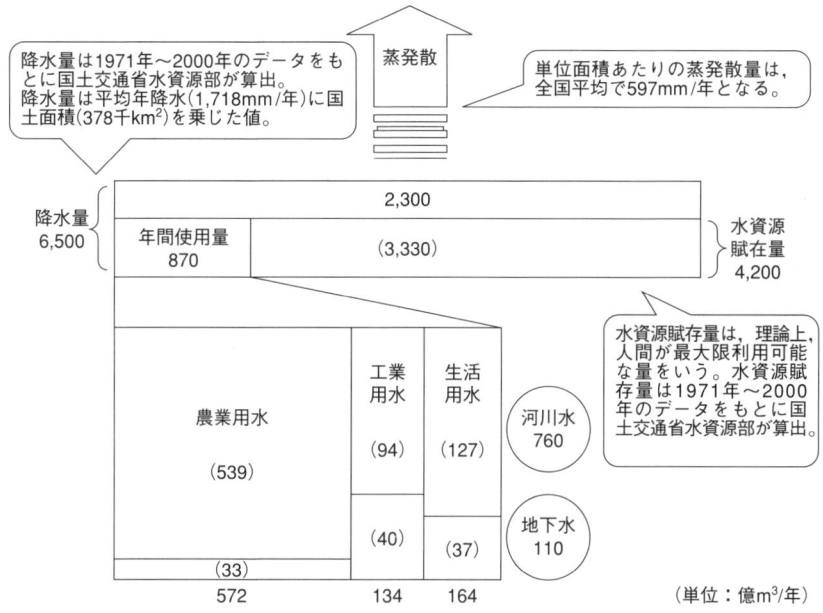

図1.4 水資源賦存量と使用量

農産物輸入量から計算した水輸入量相当量は牛肉で68.2億m³/年，麦類は275.9億m³/年，豆類50.7億m³/年，綿製品25.1億m³/年，米等他18.7億m³/年で合計438.6億m³/年で，水の輸入大国なのである。これだけで日本の年間水使用量（870億m³/年）のほぼ半量にもなる。この間接水輸入量はさらに豚肉，鶏肉，トウモロコシ，工業製品分などを加えると744億m³/年にもなると推計されている。

### 1.1.4 水を育む森と田んぼ

外国から日本への帰路，日本上空に航空機が近づくと，眼下の山々の緑がことの他美しく見える。その美しい森林が，雨や雪となって地上に降った水を受け止め，樹林の表層土壌のスポンジのような間隙に水を蓄え，少しずつ時間をかけてさらに地下へと浸透していく。やがて渓流に，小川に流出し，あるいは

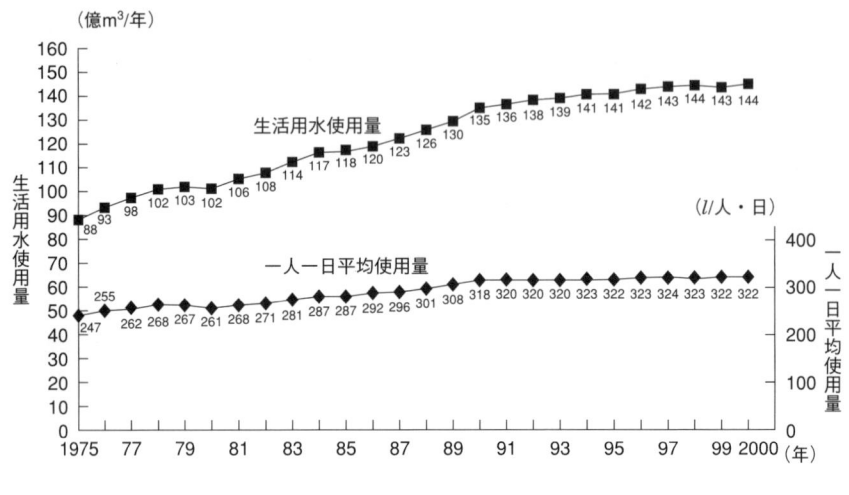

(注) 国土交通省水資源部調べ

(出典：平成15年版「日本の水資源」国土交通省水資源部)

図1.5　生活用水使用量の推移（有効推量ベース）

地下へと深く浄化されつつ，地層の組成成分の影響を受けながら浸透し地下水となり，数年から数十年の歳月を経て岩盤の亀裂から，断層から，扇状地の端からそして段丘の崖からといろいろな地層構造の場所から湧水として再び地表に溢れ出る。雨水や融雪水がスポンジ様の樹間土壌に吸い込まれ浸透し，長く貯留されるような森が水源涵養機能の高い森と呼ばれる。

もちろん水源涵養機能は森ばかりでなく，地下水の水源として，田んぼの水源涵養機能は大きく，垂直浸透は一日15 mmとして稲作期間を年間120日としたとき，日本の耕田が270万haでは486億$m^3$の水が地下に浸透し，地形，地質にもよるが，その40％程度が地下水となると推定されている。しかし，その水源涵養機能を有する田んぼが，過剰生産米を制限するため減反政策が進み休耕田が増加しており，ことに山間地の棚田が消滅しつつあることは，地下水量の維持に影響を及ぼす。また棚田の消滅は自然の生態系の維持が危機にさらされるとともに，自然災害防止の面でも影響は懸念されている。

森林土壌や基岩の降水の浄化機能は以下のようにまとめられる。

① 森林土壌の水質浄化フィルター効果

森林の落葉樹・腐植層をはじめとする森林土壌が，汚染物質の除去や栄養塩類調節のフィルターの役目をし，大きな水質浄化装置となってきれいな水となる。

② 窒素，リンなどの栄養塩類の調節機能

樹木や植物の根は，土壌中の水に溶けている窒素，リン等の栄養塩類を養分として吸収するので，森林から流出する渓流水の窒素，リンの濃度は低くなる。水辺林はこの作用により，河川，湖沼の富栄養化を防いでいる。

③ 土壌粒子が余分な成分を吸着

森林土壌中の粘土や腐植質は，コロイド状の微細な粒子で，雨水が土壌中を通る間に化学的な作用で栄養塩類を吸着する。

④ 中和機能

森林土壌を通過することによって水のpHは酸性雨成分の$H_2SO_4$や$HNO_3$，化学肥料などの酸性物質が$CaCO_3$や$MgCO_3$などの塩類との中和反応により中性近くに安定する。地下水のpHは一般に土壌の化学組成成分によることが多いが，ほとんど中性付近である。著者らの山間地の酸性雪の調査研究でpH 4レベルの酸性の雪解け水が渓流に流れ落ちる段階では中和されpH 6〜7レベルになる結果を得ている。

⑤ ミネラル成分の溶出

森林土壌や岩石からミネラル成分が溶出し，地下水の特性を出す。

⑥ 美味しい水をつくる

岩石中にあるカルシウム，マグネシウム，カリウム，ナトリウム，さらには亜鉛，鉄，ニッケルなどの微量元素が溶出するとともに，さらに土壌中の炭酸ガス成分が溶解して美味しい水となる。

## 1.2 水環境の今
### 1.2.1 環境基準

国や地方自治体，そして民間企業や団体が環境汚染防止対策を進めるにあたって，環境の質の変化を把握し，その汚染レベルを低減させ，よりよい環境を

維持するための行政上の目標値が必要である。その目標値が環境基準（environmental quality standard）である。環境基準は，1967年（昭和42年）に定められた公害対策基本法に基づいて1971年（昭和46年）に制定され，その後1993年（平成5年）に環境保全について環境理念を新たに定めた環境基本法が制定された。水質汚濁に関する環境基準は「人の健康の保護に関する基準（健康項目）」と，生活環境の保全に関する基準（生活環境項目）」および「水生生物保全に関する環境基準」の三つに分けて定められている。人の健康の保護に関する環境基準は，カドミウム，六価クロム，砒素，トリクロロエチレンなど27項目（表1.3）について定められている。

　この健康項目は，おおむね水道水質基準と合わせた項目が基準になっているが，総水銀，アルキル水銀およびPCBについては，魚介類への生物濃縮を考慮して定められている。

　生活環境の保全に関する環境基準は，公共用水域を河川，湖沼，海域の三つ

表1.3　人の健康の保護に関する環境基準（年平均値）

| 項目 | 基準値 | 項目 | 基準値 |
| --- | --- | --- | --- |
| カドミウム | 0.01 mg/$l$ 以下 | 1,1,2-トリクロロエタン | 0.006 mg/$l$ 以下 |
| 全シアン | 検出されないこと | トリクロロエチレン | 0.03 mg/$l$ 以下 |
| 鉛 | 0.01 mg/$l$ 以下 | テトラクロロエチレン | 0.01 mg/$l$ 以下 |
| 六価クロム | 0.05 mg/$l$ 以下 | 1,3-ジクロロプロペン | 0.002 mg/$l$ 以下 |
| 砒素 | 0.01 mg/$l$ 以下 | チウラム | 0.006 mg/$l$ 以下 |
| 総水銀 | 0.0005 mg/$l$ 以下 | シマジン | 0.003 mg/$l$ 以下 |
| アルキル水銀 | 検出されないこと | チオベンカルブ | 0.02 mg/$l$ 以下 |
| PCB | 検出されないこと | ベンゼン | 0.01 mg/$l$ 以下 |
| ジクロロメタン | 0.02 mg/$l$ 以下 | セレン | 0.01 mg/$l$ 以下 |
| 四塩化炭素 | 0.002 mg/$l$ 以下 | 硝酸性窒素および亜硝酸性窒素 | 10 mg/$l$ 以下 |
| 1,2-ジクロロエタン | 0.004 mg/$l$ 以下 | ふっ素（海水は除く） | 0.8 mg/$l$ 以下 |
| 1,1-ジクロロエチレン | 0.02 mg/$l$ 以下 | ほう素（海水は除く） | 1 mg/$l$ 以下 |
| シス-1,2-ジクロロエチレン | 0.04 mg/$l$ 以下 | ダイオキシン類* | 1pg-TEQ/$l$以下 |
| 1,1,1-トリクロロエタン | 1 mg/$l$ 以下 | | |

＊ ダイオキシン類についてはダイオキシン類対策特別措置法の中で水質，底質，土壌および大気について環境基準が定められている。

の水域に分けて定められているが，水素イオン濃度，生物化学的酸素要求量（BOD：河川に適用），化学的酸素要求量（COD：湖沼・人工湖，海域に適用），浮遊物質量（SS），溶存酸素（DO）および大腸菌群の項目について利用目的に応じて3～6段階の水域類型を設け基準値（**表1.4，1.5，1.6**）が定められている。また，湖沼と海域については富栄養化を防止するため全窒素および全リンについて環境基準（**表1.7，1.8**）が定められている。さらに，従来の環境基準は主として人間の健康と生活に係るものであったが，2003年から藻類や甲殻類，魚類などの水生生物を保全するために，河川，湖沼および海域の全亜鉛濃度について環境基準（**表1.9**）が定められた。これは亜鉛が水生生物に対し急性影響として遊泳，増殖，成長に阻害をもたらすこと，また慢性影響として水生生物の成熟・繁殖，あるいは胚・稚仔に対する生存・成長に阻害を及ぼす影響が懸念されること，水質による水生生物への影響を未然に防止する観点から，維持することが望ましい水準として世界で初めて環境基準を設定した。また，公共用水域において水生生物に対する要監視項目を**表1.10**に示したが，クロロホルム，フェノールおよびホルムアルデヒドについて指針値が設定された。これは影響が懸念される物質ではあるが，現時点では水質基準項目とせず監視項目で環境濃度の推移をみるものとするものである。

　公共用水や地下水においては，「要監視項目」が基準値とは別に指針値が設定されているが，健康項目に加えて人の健康の保護に関する物質項目ではあるが，現時点では直ちに環境基準項目とせず，引き続き監視，知見の集積に努めるべきと判断されたもので**表1.11**に示した。

　次に生活環境の保全に関する環境基準の項目になっているpH，BOD，COD，SS，DOおよび大腸菌群数について解説する。

　(1) pH

　pHは水素イオン濃度を示すが，通常，わが国の河川のpHはほぼ中性である。一般に水道用水として用いる場合，pHが8.5を超えると塩素殺菌効果が低下し，6.5以下であると凝集効果が悪くなるといわれている。また，もっとも生産的な河川のpHは6.5～8.5の間にあるとされており，このほか水稲に与える影響を考慮して**表1.4，表1.5**の値が定められている。

表1.4 生活環境の保全に関する環境基準（河川）

| 項目<br>類型 | 利用目的の適応性 | 基準値（日平均値） ||||| 
|---|---|---|---|---|---|---|
| | | 水素イオン<br>濃度[12]<br>(pH) | 生物化学的<br>酸素要求量<br>(BOD) | 浮遊物質量<br>(SS) | 溶存酸素量[12]<br>(DO) | 大腸菌群数 |
| AA | 自然環境保全[1]，水道1<br>級[2]，およびA以下の欄<br>に掲げるもの | 6.5以上<br>8.5以下 | 1 mg/$l$<br>以下 | 25 mg/$l$<br>以下 | 7.5 mg/$l$<br>以上 | 50 MPN/<br>100 m$l$ 以下 |
| A | 水道2級[3]，水産1級[4]，<br>水浴，およびB以下の<br>欄に掲げるもの | 6.5以上<br>8.5以下 | 2 mg/$l$<br>以下 | 25 mg/$l$<br>以下 | 7.5 mg/$l$<br>以上 | 1,000 MPN/<br>100 m$l$ 以下 |
| B | 水道3級[5]，水産2級[6]，<br>およびC以下の欄に掲<br>げるもの | 6.5以上<br>8.5以下 | 3 mg/$l$<br>以下 | 25 mg/$l$<br>以下 | 5 mg/$l$<br>以上 | 5,000 MPN/<br>100 m$l$ 以下 |
| C | 水産3級[7]，工業用水1<br>級[8]，およびD以下の欄<br>に掲げるもの | 6.5以上<br>8.5以下 | 5 mg/$l$<br>以下 | 50 mg/$l$<br>以下 | 5 mg/$l$<br>以上 | — |
| D | 工業用水2級[9]，農業用<br>水，およびEの欄に掲<br>げるもの | 6.0以上<br>8.5以下 | 8 mg/$l$<br>以下 | 100 mg/$l$<br>以下 | 2 mg/$l$<br>以上 | — |
| E | 工業用水3級[10]，環境保<br>全[11] | 6.0以上<br>8.5以下 | 10 mg/$l$<br>以下 | ごみ等の浮<br>遊が認めら<br>れないこと | 2 mg/$l$<br>以上 | — |

（注） 1 自然環境保全：自然探勝などの環境保全
 2 水道1級　　：ろ過などによる簡易な浄水操作を行うもの
 3 水道2級　　：沈殿ろ過などによる通常の浄水操作を行うもの
 4 水産1級　　：ヤマメ，イワナなど貧腐水生水域の水産生物用ならびに水産2級および水
　　　　　　　　 産3級の水産生物用
 5 水道3級　　：前処理などを伴う高度の浄水操作を行うもの
 6 水産2級　　：サケ科魚類およびアユなど貧腐水生水域の水産生物用および水産3級の水
　　　　　　　　 産生物用
 7 水産3級　　：コイ，フナなど，$\beta$-中腐水生水域の水産生物用
 8 工業用水1級：沈殿などによる通常の浄水操作を行うもの
 9 工業用水2級：薬品注入などによる高度の浄水操作を行うもの
 10 工業用水3級：特殊の浄水操作を行うもの
 11 環境保全　　：国民の日常生活（沿岸の遊歩道を含む）において不快感を感じない限度
 12 農業利用水点については，水素イオン濃度6.0以上，7.5以下，溶存酸素量5 mg/$l$ 以上と
　　する

表 1.5 生活環境の保全に関する環境基準（天然湖沼および貯水量 1,000 万 m³ 以上であり，かつ水の滞留時間が 4 日間以上である人工湖）

| 類型 | 利用目的の適応性[1] | 基準値（日平均値） | | | | |
|---|---|---|---|---|---|---|
| | | 水素イオン濃度[11]（pH） | 化学的酸素要求量（COD） | 浮遊物質量（SS） | 溶存酸素量[11]（DO） | 大腸菌群数 |
| AA | 自然環境保全[2]，水道 1 級[3]，水産 1 級[4]，および A 以下の欄に掲げるもの | 6.5 以上 8.5 以下 | 1 mg/l 以下 | 1 mg/l 以下 | 7.5 mg/l 以上 | 50 MPN/100 ml 以下 |
| A | 水道 2，3 級[5]，水産 2 級[6]，水浴，および B 以下の欄に掲げるもの | 6.5 以上 8.5 以下 | 3 mg/l 以下 | 5 mg/l 以下 | 7.5 mg/l 以上 | 1,000 MPN/100 ml 以下 |
| B | 水産 3 級[7]，工業用水 1 級[8]，および C 以下の欄に掲げるもの | 6.5 以上 8.5 以下 | 5 mg/l 以下 | 15 mg/l 以下 | 5 mg/l 以上 | — |
| C | 工業用水 2 級[9]，環境保全[10] | 6.0 以上 8.5 以下 | 8 mg/l 以下 | ごみ等の浮遊が認められないこと | 2 mg/l 以上 | — |

(注) 1　水産 1 級，水産 2 級および水産 3 級については，当分の間，浮遊物質量の項目の基準値は適用しない．
　　 2　自然環境保全：自然探勝などの環境保全
　　 3　水道 1 級　　：ろ過などによる簡易な浄水操作を行うもの
　　 4　水産 1 級　　：ヒメマスなど貧栄養湖型の水域の水産生物用ならびに水産 2 級および 3 級の水産生物用
　　 5　水道 2，3 級：沈殿ろ過などによる通常の浄化操作，または，前処理などを伴う高度の浄水操作を行うもの
　　 6　水産 2 級　　：サケ科魚類およびアユなど貧栄養湖型の水域の水産生物用および水産 3 級の水産生物用
　　 7　水産 3 級　　：コイ，フナなど富栄養湖型の水域の水産生物用
　　 8　工業用水 1 級：沈殿などによる通常の浄水操作を行うもの
　　 9　工業用水 2 級：薬品注入などによる高度の浄水操作，または，特殊な浄水操作を行うもの
　　10　環境保全　　：国民の日常生活（沿岸の遊歩等を含む）において不快感を生じない限度
　　11　農業用利水点については，水素イオン濃度 6.0 以上，7.5 以下，溶存酸素量 5 mg/l 以上とする

表1.6 生活環境の保全に関する環境基準 (海域)

| 類型 | 利用目的の適応性 | 基 準 値 ||||| 
| | | 水素イオン濃度 (pH) | 化学的酸素要求量 (COD) | 溶存酸素量 (DO) | 大腸菌群数 | n-ヘキサン抽出物質 (油分なと) |
|---|---|---|---|---|---|---|
| A | 自然環境保全[1], 水産1級[2], 水浴およびB以下の欄に掲げるもの | 7.8以上 8.3以下 | 2 mg/l 以下 | 7.5 mg/l 以上 | 50 MPN/ 100 ml 以下 | 検出されないこと |
| B | 水産2級[3], 工業用水およびC以下の欄に掲げるもの | 7.8以上 8.3以下 | 3 mg/l 以下 | 5 mg/l 以上 | — | 検出されないこと |
| C | 環境保全[4] | 7.0以上 8.3以下 | 8 mg/l 以下 | 2 mg/l 以上 | — | — |

(注) 1 自然環境保全：自然探勝などの環境保全
  2 水産1級 ：マダイ, ブリ, ワカメなどの水産生物用ならびに水産2級の水産生物用
  3 水産2級 ：ボラ, ノリなどの水産生物用
  4 環境保全 ：国民の日常生活 (沿岸の遊歩等を含む) において不快感を生じない限度

### (2) 生物化学的酸素要求量 (BOD)

BODとは, biochemical oxygen demandの略であり, 微生物が水中の有機物を分解する際に必要とする酸素量を示す。すなわち, この値が小さいほど一般に水中の有機物量が少ない。

一般にBOD 1 mg/l以下の河川は人為的汚濁のない河川である。水産動植物に関するBOD値をみると, イワナ, ヤマメなどの渓流に棲む魚では2 ppm以下, アユなどについては3 ppm以下, コイでは5 ppm以下であることが必要とされており, これらをもとに表1.4の基準値が定められた。

BODは次ページの図に示されるように, 比較的酸化分解が容易な炭素系有機物による第1段階の酸素消費は, 通常20°Cで7〜10日程度で終了する。次いで第2段階の酸素消費は窒素系有機物やアンモニアの酸化分解が始まり, 最後は硝化まで進み約100日程度かかる。BODの測定は20°C, 5日間の酸素消費量をもってmg/lで表される。測定されたBOD値は第1段階の約70%に相当する。

表 1.7　生活環境の保全に関する窒素・燐の環境基準（湖沼）

| 項目 類型[2] | 利用目的の適応性 | 基準値[1] | |
|---|---|---|---|
| | | 全窒素 | 全リン[3] |
| I | 自然環境保全[4] および II 以下の欄に掲げるもの | 0.1 mg/l 以下 | 0.005 mg/l 以下 |
| II | 水道 1,2,3 級（特殊なものを除く。）[5]<br>水産 1 種[6]<br>水浴および III 以下の欄に掲げるもの | 0.2 mg/l 以下 | 0.01 mg/l 以下 |
| III | 水道 3 級（特殊なもの）[5] および IV 以下の欄に掲げるもの | 0.4 mg/l 以下 | 0.03 mg/l 以下 |
| IV | 水産 2 種[7] および V の欄に掲げるもの | 0.6 mg/l 以下 | 0.05 mg/l 以下 |
| V | 水産 3 種[8]<br>工業用水<br>農業用水<br>環境保全[9] | 1 mg/l 以下 | 0.1 mg/l 以下 |

（注）
1　基準値は年間平均値とする。
2　水域類型の指定は，湖沼植物プランクトンの著しい増殖を生ずるおそれがある湖沼について行うものとし，全窒素の項目の基準値は，全窒素が湖沼植物プランクトンの増殖の要因となる湖沼について適用する。
3　農業用水については，全燐の項目の基準値は適用しない。
4　自然環境保全：自然探勝などの環境保全
5　水道 1 級　：ろ過などによる簡易な浄水操作を行うもの
　　水道 2 級　：沈殿ろ過などによる通常の浄水操作を行うもの
　　水道 3 級　：前処理などを伴う高度の浄水操作を行うもの（「特殊なもの」とは，臭気物質の除去が可能な特殊な浄水操作を行うものをいう。）
6　水産 1 種　：サケ科魚類およびアユなどの水産生物用ならびに水産 2 種および 3 種の水産生物用
7　水産 2 種　：ワカサギなどの水産生物用および水産 3 種の水産生物用
8　水産 3 種　：コイ，フナなどの水産生物用
9　環境保全　：国民の日常生活（沿岸の遊歩等を含む）において不快感を感じない限度

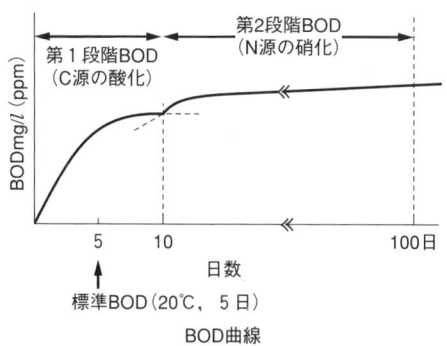

BOD曲線

表1.8 生活環境の保全に関する窒素・燐の環境基準（海域）

| 類型[2] | 項目 利用目的の適応性 | 基準値[1] 全窒素 | 全リン[3] |
|---|---|---|---|
| I | 自然環境保全[3] およびII以下の欄に掲げるもの（水産2種および3種を除く。） | 0.2 mg/$l$ 以下 | 0.02 mg/$l$ 以下 |
| II | 水産1種[4]，水浴およびIII以下の欄に掲げるもの（水産2種および3種を除く。） | 0.3 mg/$l$ 以下 | 0.03 mg/$l$ 以下 |
| III | 水産2種[5] およびIV以下の欄に掲げるもの（水産3種を除く。） | 0.6 mg/$l$ 以下 | 0.05 mg/$l$ 以下 |
| V | 水産3種[6]，工業用水，生物生息環境保全[7] | 1 mg/$l$ 以下 | 0.09 mg/$l$ 以下 |

1 基準値は，年間平均値とする。
2 水域類型の指定は，海洋植物プランクトンの著しい増殖を生ずるおそれがある海域について行うものとする。
3 自然環境保全：自然探勝などの環境保全
4 水産1種　：底生魚介類を含め多様な水産生物がバランス良く，かつ，安定して漁獲される
5 水産2種　：一部の底生魚介類を除き，魚類を中心とした水産生物が多獲される
6 水産3種　：汚濁に強い特定の水産生物が主に漁獲される
7 生物生息環境保全：年間を通して底生生物が生息できる限度


表1.9 水生生物の保全に関する環境基準

| 類型 | 項目 | 水生生物の生息状況の適応性 | 基準値[1] 全亜鉛 |
|---|---|---|---|
| 河川・湖沼 | 生物A | イワナ，サケ，マスなど比較的低温域を好む水生生物およびこれらの餌生物が生息する水域 | 0.03 mg/$l$ 以下 |
| 河川・湖沼 | 生物特A | 生物Aの水域のうち，生物Aの欄に掲げる水生生物の産卵場（繁殖場）または幼稚仔の生育場として特に保全が必要な水域 | 0.03 mg/$l$ 以下 |
| 河川・湖沼 | 生物B | コイ，フナ等比較的高温域を好む水生生物およびこれらの餌生物が生息する水域 | 0.03 mg/$l$ 以下 |
| 河川・湖沼 | 生物特B | 生物Bの水域のうち，生物Bの欄に掲げる水生生物の産卵場（繁殖場）または幼稚仔の生育場として特に保全が必要な水域 | 0.03 mg/$l$ 以下 |
| 海域 | 生物A | 水生生物の生息する水域 | 0.02 mg/$l$ 以下 |
| 海域 | 生物特A | 生物Aの水域のうち，水生生物の産卵場（繁殖場）または幼稚仔の生育場として特に保全が必要な水域 | 0.01 mg/$l$ 以下 |

1 基準値は年間平均値とする。

表 1.10 水生生物の保全に関する要監視項目と指針値

| 項目 | 水域 | 類型 | 指針値 ($\mu g/l$) |
|---|---|---|---|
| クロロホルム | 淡水域 | A：イワナ・サケマス域 | 700 |
| | | B：コイ・フナ域 | 3,000 |
| | | A-S：イワナ・サケマス特別域 | 6 |
| | | B-S：コイ・フナ特別域 | 3,000 |
| | 海域 | G：一般海域 | 800 |
| | | S：特別域 | 800 |
| フェノール | 淡水域 | A：イワナ・サケマス域 | 50 |
| | | B：コイ・フナ域 | 80 |
| | | A-S：イワナ・サケマス特別域 | 10 |
| | | B-S：コイ・フナ特別域 | 10 |
| | 海域 | G：一般海域 | 2,000 |
| | | S：特別域 | 200 |
| ホルムアルデヒド | 淡水域 | A：イワナ・サケマス域 | 1,000 |
| | | B：コイ・フナ域 | 1,000 |
| | | A-S：イワナ・サケマス特別域 | 1,000 |
| | | B-S：コイ・フナ特別域 | 1,000 |
| | 海域 | G：一般海域 | 300 |
| | | S：特別域 | 30 |

「要監視項目」は公共用水域における検出状況からみて，現時点では直ちに環境基準項目とはせず，継続して水質測定を行いその推移を把握する。

## (3) 化学的酸素要求量（COD）

COD とは chemical oxygen demand の略で，水中の被酸化物，とくに有機物質が酸化剤によって処理される際に消費する酸素量を mg/$l$ で表したものをいう。すなわち，水中の有機物を酸化剤を用いて化学的に酸化して，そのときに消費される酸素量を測定することによって，水を汚染している有機物量を知る方法である。

有機物による水質汚濁を知る指標として，COD のほか，TOC（全有機炭素）と前述の BOD がある。排水基準や環境基準では海域や湖沼に COD を，河川に BOD を適用しているが，その理由は河川は流下時間が短く，その間に

表1.11 要監視項目と指針値 (mg/$l$)

| 項　目 | 指針値 | 項　目 | 指針値 |
|---|---|---|---|
| クロロホルム | 0.06 以下 | トルエン | 0.6 以下 |
| EPN | 0.006 以下 | フェニトロチオン（MEP） | 0.003 以下 |
| トランス-1,2-ジクロロエチレン | 0.04 以下 | キシレン | 0.4 以下 |
| ジクロルボス（DDVP） | 0.008 以下 | イソプロチオラン | 0.04 以下 |
| 1,2-ジクロロプロパン | 0.06 以下 | フタル酸ジエチルヘキシル | 0.06 以下 |
| フェノブカルブ（BPMC） | 0.03 以下 | オキシン銅（有機銅） | 0.04 以下 |
| $p$-ジクロロベンゼン | 0.3 以下 | ニッケル | ― |
| イプロベンホス（IBP） | 0.008 以下 | クロロタロニル（TPN） | 0.05 以下 |
| イソキサチオン | 0.008 以下 | モリブデン | 0.07 以下 |
| クロルニトロフェン（CPN） | ― | プロピザミド | 0.008 以下 |
| ダイアジノン | 0.005 以下 | アンチモン | ― |
| 塩化ビニルモノマー | 0.002 以下 | 1,4-ジオキサン | 0.05 以下 |
| エピクロロヒドリン | 0.0004 以下 | 全マンガン | 0.2 以下 |
| ウラン | 0.002 以下 | | |

　川の水の中の酸素を減少させるような，言い換えるならば微生物によって酸化されやすい有機物の濃度を規制すればよい．それに対し，海域や湖沼では滞留時間が長いので有機物の全量が生物分解されると考え，有機物の全量を知ることのできる COD を適用している．したがって，通常は COD 値と BOD 値は相対的な汚染量を知る目安になることがあっても，両者の値が一致することは少ない．

　(4) 浮遊物質量（SS）

　SS とは suspended solids の略であり，浮遊物を意味する．一般に河川中の SS が 25 mg/$l$ 以下であれば正常な生育環境といわれている．また，わが国の人為的汚濁のほとんどない河川の SS 値もこの程度であり，表1.4中の類型 AA にはこの値が採用されている．

　(5) 溶存酸素量（DO）

　DO とは，dissolved oxygen の略で，水中に溶存している酸素量を示す．DO は温度の関数であり，低温のほうが大きくなるが，25℃付近では 8 mg/$l$ 程度である．水産養殖の面では DO が 7 mg/$l$ 以上が必要とされ，また人為的

汚濁のない河川のDOは7.5 mg/$l$以上である。一方，農業用水としては5 mg/$l$以下だと根腐れ病などの障害が出るとされており，これらのデータをもとに基準値が定められている。

(6) 大腸菌群数

水道で行う塩素殺菌により死滅させられる安全限界値は50 MPN/100 m$l$といわれている。このほか厚生労働省の水浴場の基準1000 MPN/100 m$l$以下などをもとに**表1.4，表1.5，表1.6**の値が定められている。なお，MPNはmost probable numberの略で，検水100 m$l$あたりの最確数を表す，確率論的に算出した菌数のことで，最確数表から求められる。

なお**表1.4**に加え，p.13で既述したように湖沼については富栄養化の防止を目的として窒素およびリンにかかわる環境基準が1982年（昭和57年）に（表1.7参照），また，海域についても同じ目的で窒素およびリンにかかわる基準が1993年（平成5年）に設定されている（表1.8参照）。

### 1.2.2 水質汚濁の状況

森林から，緑の大地から，湖から，川からそして海から蒸発した水分は雲となり，雨となり，あるいは雪となり舞い戻り，再び大地を潤し，表流水として地下水として川に，湖に水を湛える。本来，その水は自然自浄作用（self purification of water）により浄化され青くもあり，清くもあり，多くの生き物たちに命を与え続ける。

しかし，経済の高度成長とともに産業構造の変化と拡大，都市部への人口の集中と住宅環境の密集，農地の拡大と森林の減少，畜産の増大，土地の改変などが川を汚し，多くの生態系に悪影響を及ぼし，人々の生活の水の自浄作用による浄化を難しくし，水環境に大きな変化をもたらした（図1.6参照）。

BODまたはCODの生活環境の保全に関する環境基準から水質汚濁の経年の推移状況を，環境基準値達成率（図1.7）で見ると全体的に年々わずかながら向上しているが，2002年度（平成14年度）では河川が85.1%，海域76.9%で，湖沼は50%に満たず43.8%であった。図1.8は河川，湖沼，海域におけるBODまたはCODの濃度の推移を見たものであるが，河川のBODは経年的に減少し水質浄化の様子がうかがえる。湖沼についてもCODは1994

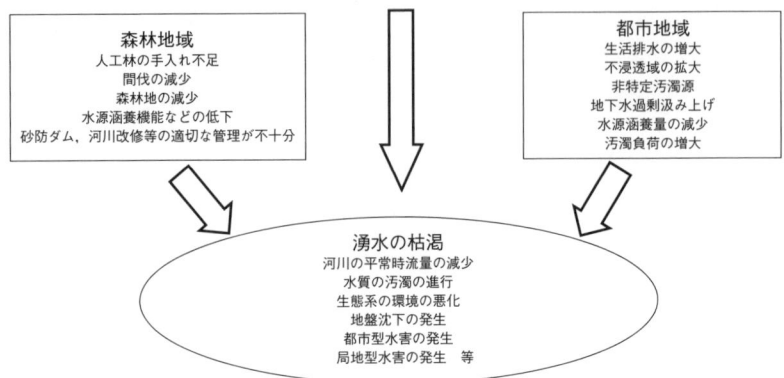

図1.6　良質水循環の障害要因（環境省資料を参考に作成）

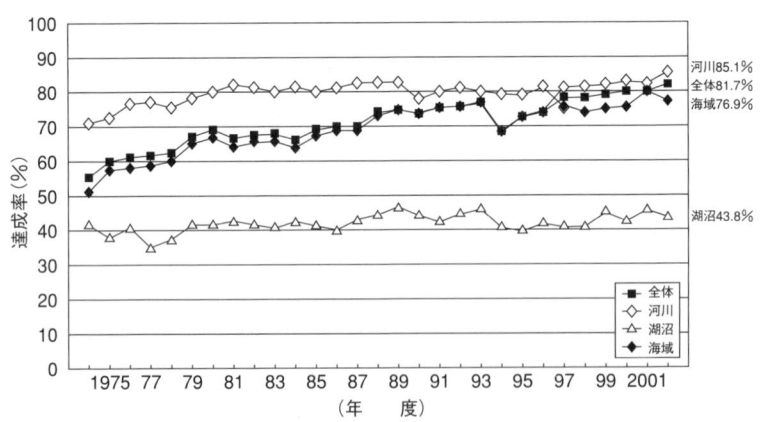

図1.7　環境基準（BODまたはCOD）達成状況の推移

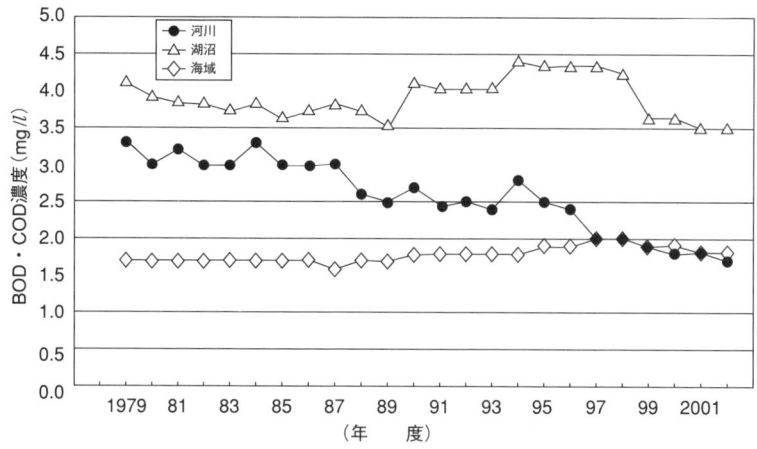

図1.8 河川・湖沼・海域におけるBODまたはCODの濃度推移

年を最高値に，その後は水質改善傾向が続いている。しかし海域においては1974年からの継続調査においてCODの濃度の変動は少なく横ばい状態である。図1.9は東京湾，伊勢湾，瀬戸内海におけるCOD発生負荷量とCOD濃度の推移を見たものであるが，いずれの水域においてもCOD発生負荷量は経

---

### 富栄養化

　湖沼などの閉鎖性水域では水の滞留時間が長い。そのため藻類など植物性プランクトンは太陽エネルギーを利用し，リンや窒素分を栄養塩類として光合成を行い繁殖する。これは，自然の中で通常千年から1万年のサイクルで富栄養化→貧栄養化→中栄養化→富栄養化とゆっくりと進行する現象である。

　ところが，リンや窒素分などの栄養塩類が多量に閉鎖性の水域に流れこむと，藻類などの水棲植物が過剰に増殖する。このように湖沼が栄養過剰になったことを富栄養化という。富栄養化状態が進行すると藻類などの植物性プランクトンが異常に増殖し，水面を藻類が覆って，水中の底部まで太陽エネルギーが到達せず藻類は下部より腐食が始まり，やがて腐食した藻類などの生物分解が起こり，その過程で酸素を多く必要とし，やがて酸素不足となり，湖沼の下層は嫌気性となる。その結果，藍藻類や放線菌からジオスミンや2-メチルイソボルネオールなどのカビ臭が発生し，水道水源となっている湖沼やダムで発生した場合，水道水にもその臭いが残ることがある（1.3節参照）。

　家庭から，農業生産から，工業生産などから人為的活動によって流入するリンや窒素分などの栄養塩類は閉鎖系水域の富栄養化を加速するが，琵琶湖，諏訪湖，白樺湖，印旛沼などが富栄養化の進んでいる湖沼である。

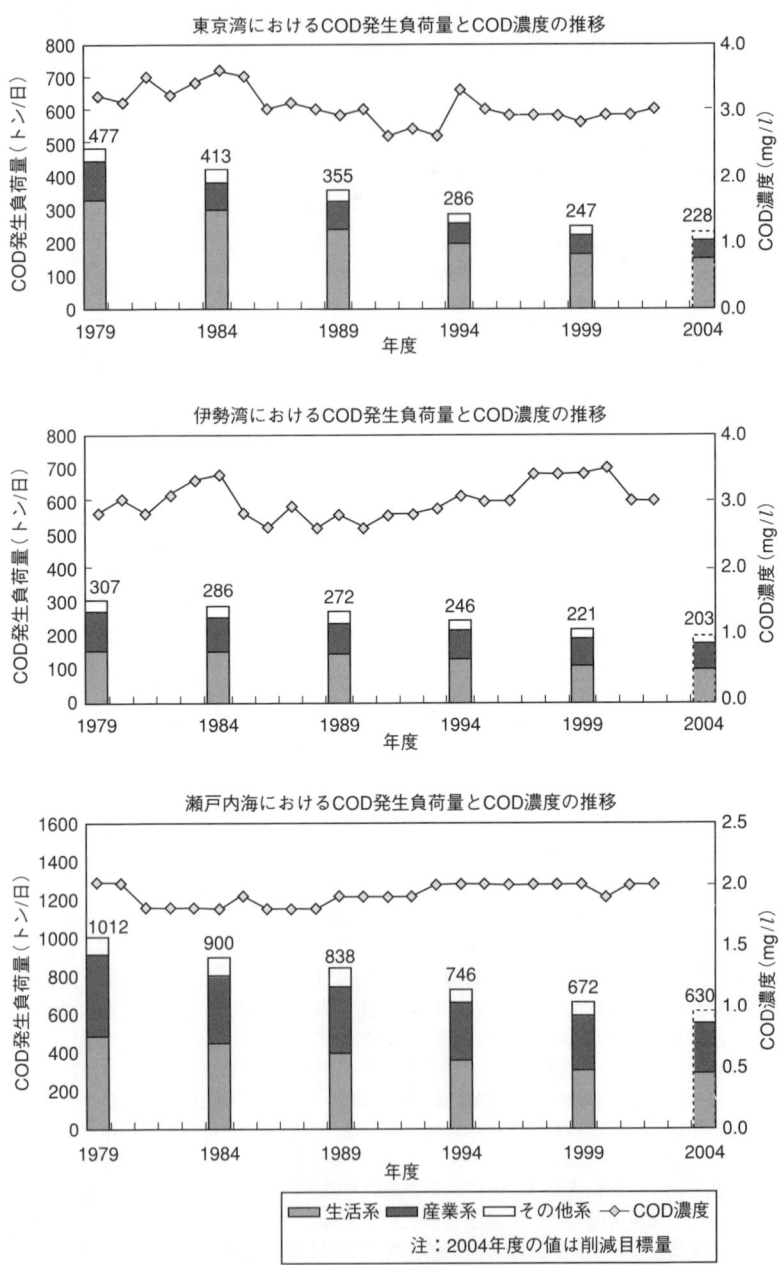

図1.9　COD発生負荷量と濃度推移

> **赤潮**
>
> 　一般に赤潮とは，通常，界面の変色した赤潮現象をさすが，大繁殖した赤潮プランクトンが海で局部的に集積されて生ずる現象をいう。赤潮を起こすプランクトンには鞭毛藻など40種余りが知られているが，海水が富栄養化し，光量や海水などの条件が整うと赤潮が発生しやすい。そのほか鉄などの重金属類，特殊な有機物，塩分，pHなどの条件が整った場合にも発生に関係する。
> 　赤潮では有毒性のプランクトンもあり，魚介類に影響を与え，ときにはそれを食した人間が中毒を起こすことがある。

年的に減少しているがCOD濃度にはその効果が現れていない。

　海上保安庁による油，廃棄物，赤潮などが原因の海洋汚染の発生確認件数を見ると，油汚染と赤潮の発生件数は経年的には減少は見られず，COD濃度の低減が認められない一因とも考えられる。

### 1.2.3　地下水汚染

　地下水は森林帯や田んぼなどの表層土壌を通して浸透し，地層の成分の影響

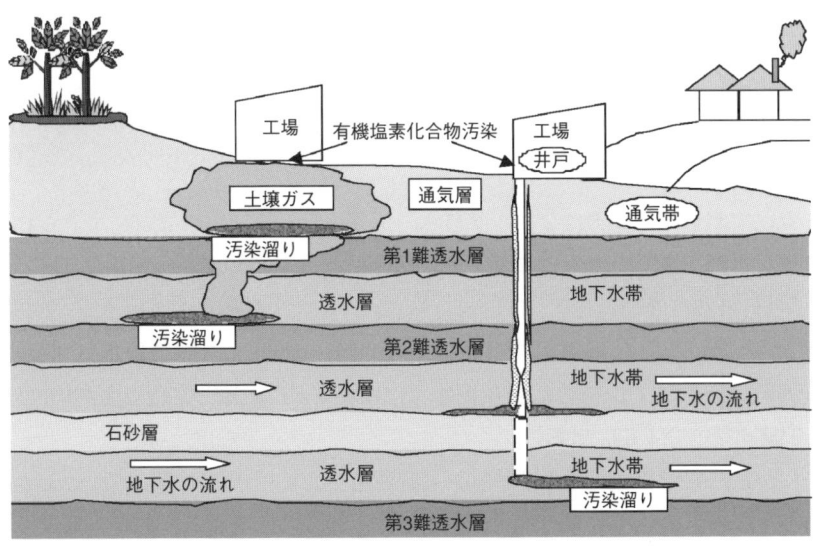

図1.10　有機塩素化合物地下水汚染の概念図

表 1.12 物質ごとの地下水汚染の特徴

| 汚染物質 | 揮発性有機化合物（VOC） | 重金属 | 硝酸・亜硝酸性窒素 |
|---|---|---|---|
| 性質 | 有機塩素系物質は揮発性，低粘性で水より重く，土壌・地下水中では分解されにくい．土壌中を浸透し，地下水に移行しやすい（ベンゼンは水より軽く，他のVOCと比べると分解されやすい） | 水にわずかに溶解するが，土壌に吸着されやすいため移動しにくい（重金属によっては水に溶けやすく，動きやすいものもある） | 土壌に吸着されにくく，地下水に移行しやすい．土壌中の微生物の働きにより，アンモニア性窒素等が酸化されて生じる |
| 汚染の原因 | 溶剤使用・処理過程の不適切な取扱い，漏出．廃溶剤等の不適切な埋立処分，不法投棄など | 保管・製造過程からの漏出，排水の地下浸透，廃棄物の不適切な埋立処分，自然由来など | 過剰な施肥，家畜排泄物の不適切な処理，生活排水の地下浸透など |
| 汚染の特徴 | 地下浸透しやすく深部まで汚染が広がることがある．液状のままやガスとしても土壌中に存在する | 移動性が小さいため，一般に汚染が局所的で深部まで拡散しない場合が多い．自然由来（土壌からの溶出）によって地下水環境基準を超過することもある | 農地など汚染源そのものに広がりを持つため，汚染が広範囲に及ぶことが多い |
| 備考 | トリクロロエチレン，テトラクロロエチレン等は分解してシス-1,2-ジクロロエチレンや，1,1-ジクロロエチレン等に変化することがある | 六価クロム等でクロム酸イオン等の陰イオンの形態をとるものは，土壌に吸着されにくいため，地下深部まで汚染が及び，また広範囲に汚染が広がることもある | 土壌への窒素負荷を完全になくすことは，困難である |

（出典：環境省資料）

を受けながら清浄な水になり，飲料水，工業用水，農業用水などに用いられる貴重な水源である．ちなみに地下水の使用状況を2000年度のわが国の地下水使用量（129.1億 $m^3$/年）に対するパーセントでみると，生活用水が37.2億 $m^3$/年の28.8%，工業用水では39.7億 $m^3$/年の30.8%，農業用水は33.0億 $m^3$/年の25.6%で，その他養魚用水13.3億 $m^3$/年で10.3%と建築物用等が5.9億 $m^3$/年で4.6%である．

しかし，窒素やリンの化学肥料の過剰使用や畜産排水の不適切処理による亜硝酸性窒素，硝酸性窒素汚染，カドミウム，鉛，六価クロム，および砒素などの重金属汚染，トリクロロエチレンやテトラクロロエチレンなどの揮発性有機

化合物による汚染が各地で出現している。その有機塩素化合物の地下水汚染概念図を図1.10に示した。河川などの表層水と異なり、汚染された地下水層の回復は対象化学物質や重金属によってその除染技術が異なり、かつ困難を伴うと共に多大な費用と時間を要する。

表1.12には地下水の汚染の原因となる物質の性質、汚染の原因や特徴を示した。

地下水には表1.13のように環境基準が設定されているが、環境省の2002年度地下水汚染概況調査では硝酸性窒素および亜硝酸性窒素の基準超過率が5.9%と最も高く、次いで砒素の1.5%、さらに鉛、四塩化炭素、1,2-ジクロロエタン、シス-1,2-ジクロロエチレン、トリクロロエチレン、テトラクロロエチレン、フッ素、ホウ素なども基準値超過の割合が1%以下と少ないが検出されている。

2003年に茨城県神栖町の井戸水から、砒素が環境基準（0.01 mg/$l$）の450倍にもなる4.5 mg/$l$もの高濃度が検出され、その周辺地域に幼児の発育阻害や体の震え、不眠などの健康被害がみられ、現在環境省で調査を行っている。その原因は第二次世界大戦時の毒ガス兵器によるものとみられている。世界的にもベトナム、中国内モンゴル、ネパール、タイ、カンボジア、インド、パキスタン、バングラデシュなどで、主として井戸水からの砒素汚染が頻発し、多

表1.13 地下水の水質汚濁に係る環境基準（年間平均値）

| 項目 | 基準値 | 項目 | 基準値 |
| --- | --- | --- | --- |
| カドミウム | 0.01 mg/$l$ 以下 | 1,1,1-トリクロロエタン | 1 mg/$l$ 以下 |
| 全シアン | 検出されないこと | 1,1,2-トリクロロエタン | 0.006 mg/$l$ 以下 |
| 鉛 | 0.01 mg/$l$ 以下 | トリクロロエタン | 0.03 mg/$l$ 以下 |
| 六価クロム | 0.05 mg/$l$ 以下 | テトラクロロエチレン | 0.01 mg/$l$ 以下 |
| 砒素 | 0.01 mg/$l$ 以下 | 1,3-ジクロロプロペン (D-D) | 0.002 mg/$l$ 以下 |
| 総水銀 | 0.0005 mg/$l$ 以下 | チウラム | 0.006 mg/$l$ 以下 |
| アルキル水銀 | 検出されないこと | シマジン | 0.003 mg/$l$ 以下 |
| PCB | 検出されないこと | チオベンカルブ | 0.02 mg/$l$ 以下 |
| ジクロロメタン | 0.02 mg/$l$ 以下 | ベンゼン | 0.01 mg/$l$ 以下 |
| 四塩化炭素 | 0.002 mg/$l$ 以下 | セレン | 0.01 mg/$l$ 以下 |
| 1,2-ジクロロエタン | 0.004 mg/$l$ 以下 | 硝酸性窒素および亜硝酸性窒素 | 10 mg/$l$ 以下 |
| 1,1-ジクロロエチレン | 0.02 mg/$l$ 以下 | ふっ素 | 0.8 mg/$l$ 以下 |
| シス-1,2-ジクロロエチレン | 0.04 mg/$l$ 以下 | ほう素 | 1 mg/$l$ 以下 |

くの健康被害者が出ている。

## 1.3 飲料水の安全
### 1.3.1 おいしい水・安全な水
(1) おいしくない水

夏になると水道水に異臭を感じるとともに味そのものに違和感を抱くことが多くなる。これは殺菌や金属類の汚濁物質の除去を強化するため，塩素注入が1次，2次，さらには3次と注入の回数が多くなるとともに，水道管中や貯水中に残留塩素濃度の減少を防ぐために高めの塩素濃度で配水されること，また汚濁の進んだ水源そのものに2-メチルイソボルネオールやジオスミン等の異臭を放つ藍藻類や放線菌が多くなること，さらに水温が上り異臭感が強くなるためであるとみられる。

(2) おいしい水

われわれが感じる「おいしい水」は塩素臭やカビ臭がなく，炭酸が適度にあり，硬度が10〜100 mg/$l$で苦味を感じさせない程度のマグネシウム量が，味や臭気に影響を及ぼす鉄やマンガンなどのミネラル成分が適度であることなどが求められる。それに水温が低いほうが清涼感がある。

(3) 不安な水・安全な水

コップに注ぐとひんやりとした水，透明でのどの渇きを潤してくれる水道水。しかし，国土庁（現国土交通省）の1998年全国的調査で，飲み水として利用している水について「水道水」が52%で，約半数は水道水を直接飲用としていないことが明らかとなった。その理由はおいしくないと臭いがついているが47%，安心して飲めないが33.2%で約80%の国民が水道水に不満と不安を抱いている。そして多くの人が浄水器を通した水，水道水を煮沸して，またペットボトルの水を飲用として利用している。見方を変えると国民の多くが飲み水の安全の自己防衛をしているといえる。

また，将来に向かって安全な飲料水を安定的に求めるために国民は何を考え，何を求めるかを国土庁が調査したところ，「水を汚さないよう生活排水に注意する」が約76%，「水を無駄に使わない」が約69%，と高くなっている。

細菌や有機物で汚染された河川や貯水池の原水から取水された水を殺菌消毒

するために塩素あるいは次亜塩素酸を用いる。ところが，原水中に含まれる腐植物質であるフミン質が塩素と反応し，微量ではあるがクロロホルムなどの発がん性をもつものや変異原性をもつトリハロメタン類を生成する。さらに汚染が進んだ原水では，強い酸化力のあるオゾンを使って高度処理が行われる。しかし，その強い酸化力によってホルムアルデヒド，アセトン，臭素酸など多くの有害な化学物質が生成する。

水道原水から塩素消毒では死滅させることができない塩素耐性病原性微生物クリプトスポリジウムは，下痢を起こし水道水からの集団感染が起きている。

安全な水道水供給のために1992年以来12年ぶりに水道水水質基準を見直した改正基準が2003年5月30日に省令を公布され，2004年4月から施行した。

### 1.3.2 改正水質基準

1992年の改正ではトリクロロエチレンやジクロロメタンなどの有機塩素化合物，クロロホルムやジクロロ酢酸などの消毒副生成物および農薬類を中心に基準項目が大きく追加された。2004年4月から施行となった改正水質基準は「人の健康の確保」と「生活利用上の要請」の両面から基準が見直された。

新しい水質基準項目および基準値を**表1.14**に，水質管理目標設定項目を**表1.15**に示した。農薬類は基準項目からすべて外し，要検討項目に加えられた。

新たに加えられた基準項目は大腸菌，ホウ素，1,4-ジオキサン，臭素酸，クロロ酢酸，ジクロロ酢酸，トリクロロ酢酸，ホルムアルデヒド，アルミニウム，ジオスミン，2-メチルイソボルネオール，非イオン界面活性剤，総有機炭素の13項目である。

### 1.3.3 浄水工程

飲料水は，病原性細菌や有害・有毒物質を含まず，かつ着色，濁り，臭い，泡立ちなどの不快さがないことが条件とされてきた。

しかし，本節の冒頭で述べたように，水道水では異臭味や人の健康を害する化学物質の問題が発生し，また一方で，おいしい水としての質の高い水が求められている。

ここでは水道水をより安全でおいしい飲料水とするための浄水法について述

表1.14 水道水質基準項目

| 区分 | 項目 | 基準値 | 基準値設定事由 | 主な用途 |
|---|---|---|---|---|
| 病原生物の代替指標 | 1. 一般細菌 | 100個/m$l$以下 | 水の一般的清浄度を示す指標であり，平常時は水道水中には極めて少ないが，これが著しく増加した場合には病原生物に汚染されている疑いがある。 | |
| | 2. 大腸菌 | 検出されないこと | 人や動物の腸管内や土壌に存在している。水道水中に検出された場合には病原生物に汚染されている疑いがある。 | |
| 無機物・重金属 | 3. カドミウムおよびその他の化合物 | 0.01 mg/$l$以下 | 鉱山排水や工場排水などから河川水などに混入することがある。イタイイタイ病の原因物質として知られている。 | 電池，メッキ，顔料 |
| | 4. 水銀およびその他の化合物 | 0.0005 mg/$l$以下 | 水銀鉱床などの地帯を流れる河川や，工場排水，農薬，下水などの混入によって河川水などで検出されることがある。有機水銀化合物は水俣病の原因物質として知られている。 | 温度計，歯科材料，蛍光灯 |
| | 5. セレンおよびその化合物 | 0.01 mg/$l$以下 | 鉱山排水や工場排水などの混入によって河川水などで検出されることがある。 | 半導体材料，顔料，薬剤 |
| | 6. 鉛およびその化合物 | 0.01 mg/$l$以下 | 鉱山排水や工場排水などの混入によって河川水などで検出されることがある。水道水中には含まれていないが鉛管を使用している場合に検出されることがある。 | 鉛管，蓄電池，活字，ハンダ |
| | 7. ヒ素およびその化合物 | 0.01 mg/$l$以下 | 地質の影響，鉱泉，鉱山排水，工場排水などの混入によって河川水などで検出されることがある。 | 合金，半導体材料 |
| | 8. 六価クロム化合物 | 0.05 mg/$l$以下 | 鉱山排水や工場排水などの混入によって河川水などで検出されることがある。 | メッキ |
| | 9. シアン化合物イオンおよび塩化シアン | 0.01 mg/$l$以下 | 工場排水などの混入によって河川水などで検出されることがある。シアン化カリウムは青酸カリとして知られている。 | 害虫駆除剤，メッキ |
| | 10. 硝酸態窒素および亜硝酸態窒素 | 10 mg/$l$以下 | 窒素肥料，腐敗した動植物，生活排水，下水などの混入によって河川水などで検出される。高濃度に含まれると幼児にメトヘモグロビン血症（チアノーゼ症）を起こすことがある。水，土壌中で硝酸態窒素，亜硝酸態窒素，アンモニア態窒素に変化する。 | 無機肥料，火薬，発色剤 |

| | | | | |
|---|---|---|---|---|
| | 11. ふっ素およびその化合物 | 0.8 mg/$l$ 以下 | 主として地質や工場排水などの混入によって河川水などで検出される。適量摂取は虫歯の予防効果があるとされているが、高濃度に含まれると斑状歯の症状が現れることがある。 | フロンガス製造，表面処理剤 |
| | 12. ほう素およびその化合物 | 1.0 mg/$l$ 以下 | 火山地帯の地下水や温泉，ホウ素を使用している工場からの排水などの混入によって河川水などで検出されることがある。 | 表面処理剤，ガラス，エナメル工業，陶器，ホウロウ |
| 一般有機化学物質 | 13. 四塩化炭素 | 0.002 mg/$l$ 以下 | 化学合成原料，溶剤，金属の脱脂剤，塗料，ドライクリーニングなどに使用され，これらの有機化学物質は各地で地下水汚染を起こしている。 | フロンガス原料，ワックス，樹脂原料 |
| | 14. 1,4-ジオキサン | 0.05 mg/$l$ 以下 | | 洗浄剤，合成皮革用溶剤 |
| | 15. 1,1-ジクロロエチレン | 0.02 mg/$l$ 以下 | | ポリビニリデン原料 |
| | 16. シス-1,2-ジクロロエチレン | 0.04 mg/$l$ 以下 | | 溶剤，香料，ラッカー |
| | 17. ジクロロメタン | 0.02 mg/$l$ 以下 | | 殺虫剤，塗料，ニス |
| | 18. テトラクロロエチレン | 0.01 mg/$l$ 以下 | | ドライクリーニング |
| | 19. トリクロロエチレン | 0.03 mg/$l$ 以下 | | 溶剤，脱脂剤 |
| | 20. ベンゼン | 0.01 mg/$l$ 以下 | | 染料，合成ゴム，有機顔料 |
| 消毒副生成物 | 21. クロロ酢酸 | 0.02 mg/$l$ 以下 | 原水中の一部の有機物質と消毒剤の塩素が反応して生成される。 | |
| | 22. クロロホルム | 0.06 mg/$l$ 以下 | | |
| | 23. ジクロロ酢酸 | 0.04 mg/$l$ 以下 | | |
| | 24. ジブロモクロロメタン | 0.1 mg/$l$ 以下 | | |
| | 25. 臭素酸 | 0.01 mg/$l$ 以下 | 原水中の臭素が高度浄水処理のオゾンと反応して生成される。 | 毛髪のコールドウエーブ用薬品 |
| | 26. 総トリハロメタン | 0.1 mg/$l$ 以下 | クロロホルム，ジブロモクロロメタン，ブロモジクロロメタン，ブロモホルム等の合計を総トリハロメタンという。 | |

| | | | | |
|---|---|---|---|---|
| | 27. トリクロロ酢酸 | 0.2 mg/l 以下 | 原水中の一部の有機物質と消毒剤の塩素が反応して生成される。 | |
| | 28. ブロモジクロロメタン | 0.03 mg/l 以下 | | |
| | 29. ブロモホルム | 0.09 mg/l 以下 | | |
| | 30. ホルムアルデヒド | 0.08 mg/l 以下 | | |
| 着色 | 31. 亜鉛およびその化合物 | 1.0 mg/l 以下 | 鉱山排水，工場排水などの混入や亜鉛メッキ鋼管からの溶出に由来して検出されることがあり，高濃度に含まれると白濁の原因となる。 | トタン板，合金，乾電池 |
| | 32. アルミニウムおよびその化合物 | 0.2 mg/l 以下 | 工場排水などの混入や，水処理に用いられるアルミニウム系凝集剤に由来して検出されることがあり，高濃度に含まれると白濁の原因となる。 | アルマイト製品，電線，ダイカスト，印刷インク |
| | 33. 鉄およびその化合物 | 0.3 mg/l 以下 | 鉱山排水，工場排水などの混入や鉄管に由来して検出されることがあり，高濃度に含まれると異臭味(カナ気)や，洗濯物などを着色する原因となる。 | 建築，橋梁，造船 |
| | 34. 銅およびその化合物 | 1.0 mg/l 以下 | 銅山排水，工場排水，農薬などの混入や給水装置などに使用される銅管，真鍮器具などからの溶出に由来して検出されることがあり，高濃度に含まれると洗濯物や水道施設を着色する原因となる。 | 電線，電池，メッキ，熱交換器 |
| 味 | 35. ナトリウムおよびその化合物 | 200 mg/l 以下 | 工場排水や海水，塩素処理などの水処理に由来し，高濃度に含まれると味覚を損なう原因となる。 | 苛性ソーダ，石鹸 |
| 着色 | 36. マンガンおよびその化合物 | 0.05 mg/l 以下 | 地質からや，鉱山排水，工場排水の混入によって河川水などで検出されることがあり，消毒用の塩素で酸化されると黒色を呈することがある。 | 合金，乾電池，ガラス |
| | 37. 塩化物イオン | 200 mg/l 以下 | 地質や海水の浸透，下水，家庭排水，工場排水およびし尿などからの混入によって河川水などで検出され，高濃度に含まれると味覚を損なう原因となる。 | 食塩，塩素ガス |
| 味 | 38. カルシウム，マグネシウム等(硬度) | 300 mg/l 以下 | 硬度とはカルシウムとマグネシウムの合計量をいい，主として地質によるものである。硬度が低すぎると淡白でこくのない味がし，高すぎるとしつこい味がする。また，硬度が高いと石鹸の泡立ちを悪くする。 | カルシウム：肥料，さらし粉 マグネシウム：合金，電池 |

1.3 飲料水の安全

| | | | | |
|---|---|---|---|---|
| | 39. 蒸発残留物 | 500 mg/$l$ 以下 | 水を蒸発させたときに得られる残留物のことで，主な成分はカルシウム，マグネシウム，ケイ酸などの塩類および有機物である。残留物が多いと苦み，渋みなどを付け，適度に含まれるとまろやかさを出すとされる。 | |
| 発泡 | 40. 陰イオン界面活性剤 | 0.2 mg/$l$ 以下 | 生活排水や工場排水などの混入に由来し，高濃度に含まれると泡立ちの原因となる。 | 合成洗剤 |
| カビ臭 | 41. ジオスミン | 0.00001 mg/$l$ 以下 | 湖沼などで富栄養化現象に伴い発生するアナベナなどの藍藻類によって産生されるカビ臭の原因物質である。 | |
| | 42. 2-メチルイソボルネオール | 0.00001 mg/$l$ 以下 | 湖沼などで富栄養化現象に伴い発生するフォルミジウムやオシラトリアなどの藍藻類によって産生されるカビ臭の原因物質である。 | |
| 発泡 | 43. 非イオン界面活性剤 | 0.02 mg/$l$ 以下 | 生活排水や工場排水などの混入に由来し，高濃度に含まれると泡立ちの原因となる。 | 合成洗剤，シャンプー |
| 臭気 | 44. フェノール類 | 0.005 mg/$l$ 以下 | 工場排水などの混入によって河川水などで検出されることがあり，微量であっても異臭味の原因となる。 | 合成樹脂，繊維，香料，消毒剤，防腐剤の原料 |
| 味 | 45. 有機物(全有機炭素(TOC)の量) | 5 mg/$l$ 以下 | 有機物などによる汚れの度合を示し，土壌に起因するほか，し尿，下水，工場排水などの混入によっても増加する。水道水中に多いと渋みをつける。 | |
| 基礎的性状 | 46. pH値 | 5.8以上8.6以下 | 0から14の数値で表され，pH 7が中性，7から小さくなるほど酸性が強く，7より大きくなるほどアルカリ性が強くなる。 | |
| | 47. 味 | 異常でないこと | 水の味は，地質または海水，工場排水，化学薬品などの混入および藻類など生物の繁殖に伴うもののほか，水道管の内装などに起因することもある。 | |
| | 48. 臭気 | 異常でないこと | 水の臭気は，藻類などの生物の繁殖，工場排水，下水の混入，地質などに伴うもののほか，水道水では使用される管の内面塗装剤などに起因することもある。 | |
| | 49. 色度 | 5度以下 | 水についている色の程度を示すもので，基準値の範囲内であれば無色な水といえる。 | |
| | 50. 濁度 | 2度以下 | 水の濁りの程度を示すもので，基準値の範囲内であれば濁りのない透明な水といえる。 | |

＊ 基準値設定事由および用途は東京都水道局インターネット資料を参考に作成した。

表1.15 水道水質管理目標設定項目

| 区分 | 項目 | 目標値 | 目標値設定事由 | 主な用途 |
|---|---|---|---|---|
| 無機物・重金属 | 1. アンチモンおよびその化合物 | 0.015 mg/$l$ 以下 | 鉱山排水や工場排水などの混入によって河川水などで検出されることがある。 | 活字, ベアリング, 電極, 半導体材料 |
| | 2. ウランおよびその化合物 | 0.002 mg/$l$ 以下(暫定) | 主に地質に由来して地下水などで検出されることがある。天然に存在する主要な放射性物質の一つである。 | 原子力発電用核燃料 |
| | 3. ニッケルおよびその化合物 | 0.01 mg/$l$ 以下(暫定) | 鉱山排水, 工場排水などの混入やニッケルメッキからの溶出によって検出されることがある。 | 合金, メッキ, バッテリー |
| | 4. 亜硝酸態窒素 | 0.05 mg/$l$ 以下(暫定) | 生活排水, 下水, 肥料などに由来する有機性窒素化合物が, 水や土壌中で分解される過程でつくられる。 | 窒素肥料, 食品防腐剤 |
| 一般有機物 | 5. 1,2-ジクロロエタン | 0.004 mg/$l$ 以下 | 殺虫剤, 有機溶剤として使用される有機化学物質である。 | 塩化ビニル原料 |
| | 6. トランス-1,2-ジクロロエチレン | 0.04 mg/$l$ 以下 | 他の塩素系溶剤の製造工程中に生成する有機化学物質である。 | 溶剤, 香料, ラッカー |
| | 7. 1,1,2-トリクロロエタン | 0.006 mg/$l$ 以下 | 油脂, ワックスの溶剤などとして使用される有機化学物質である。 | 溶剤, 脱脂剤 |
| | 8. トルエン | 0.2 mg/$l$ 以下 | 染料, 有機顔料などの原料である。代表的な有機溶剤で, シンナー, 接着剤などに広く使用される。 | 香料, 火薬, ベンゼン原料 |
| | 9. フタル酸ジ(2-エチルヘキシル) | 0.1 mg/$l$ 以下 | プラスチック添加剤(可塑剤)などとして使用される有機化学物質である。 | 化粧品, 印刷物などの溶剤 |
| 消毒副成生物 | 10. 亜塩素酸 | 0.6 mg/$l$ 以下 | 二酸化塩素の原料または分解生成物である。二酸化塩素の使用に伴って処理水中に残留するおそれがある。次亜塩素酸ナトリウムの分解生成物である。 | 漂白剤 |
| | 11. 塩素酸 | 0.6 mg/$l$ 以下 | 二酸化塩素および消毒剤の次亜塩素酸ナトリウムの分解生成物である。 | 除草剤, 爆薬 |
| 消毒剤 | 12. 二酸化塩素 | 0.6 mg/$l$ 以下 | 浄水処理過程において主に酸化剤として使用される。 | セルロース, 紙パルプの漂白剤 |
| 消毒副生成物 | 13. ジクロロアセトニトリル | 0.04 mg/$l$ 以下(暫定) | 原水中の一部の有機物質と消毒剤の塩素が反応して生成される。 | |
| | 14. 抱水クロラール | 0.03 mg/$l$ 以下(暫定) | | |
| 農薬 | 15. 農薬類 | 1以下 | 各農薬ごとの検出値を各目標値で除した値を合計して, その合計値が1以下であることを確認する。 | 殺虫剤, 除草剤, 殺菌剤 |

| | | | | |
|---|---|---|---|---|
| 臭気 | 16．残留塩素 | 1 mg/$l$ 以下 | 水道法では，衛生確保のため塩素消毒を行うことが定められている。残留塩素とは，水道水の中に消毒効果のある状態で残っている塩素のことをいう。 | |
| 味 | 17．カルシウム，マグネシウム等(硬度) | 10 mg/$l$ 以上 100 mg/$l$ 以下 | 基準項目に同じ。 | 基準項目に示す |
| 着色 | 18．マンガンおよびその化合物 | 0.01 mg/$l$ 以下 | 基準項目に同じ。 | 基準項目に示す |
| 味 | 19．遊離炭素 | 20 mg/$l$ 以下 | 水中に溶けている炭酸ガスのことで，水にさわやかな感じを与える。多いと刺激が強くなる。また，水道施設に対し腐食などの障害を生じる原因となる。 | |
| 臭気 | 20．1,1,1-トリクロロエタン | 0.3 mg/$l$ 以下 | 工場排水などの混入によって地下水で検出されることがあり，高濃度に含まれる異臭味の原因となる。 | 脱脂剤，エアゾール |
| 一般有機物 | 21．メチル-t-ブチルエーテル(MTBE) | 0.02 mg/$l$ 以下 | オクタン価向上剤やアンチノック剤としてガソリンに添加される有機化学物質である。 | オクタン価向上剤，アンチノック剤，溶剤 |
| 味 | 22．有機物等(過マンガン酸カリウム消費量) | 3 mg/$l$ 以下 | 有機物の指標として基準項目の「有機物」とは別の測定法により求めた量。水中の有機物などの量を一定の条件下で酸化させるのに必要な過マンガン酸カリウムの量として表したものである。 | |
| 臭気 | 23．臭気強度(TON) | 3 以下 | 臭気の強さを定量的に表す方法で，水の臭気がほとんど感知できなくなるまで無臭味水で希釈し，臭気を感じなくなった時の希釈倍数で臭気の強さを示したものである。 | |
| 味 | 24．蒸留残留物 | 30 mg/$l$ 以上 200 mg/$l$ 以下 | 基準項目に同じ。 | |
| 基礎的性状 | 25．濁度 | 1 度以下 | 基準項目に同じ。 | |
| | 26．pH 値 | 7.5 程度 | 基準項目に同じ。 | |
| 腐食 | 27．腐食性(ランゲリア指数) | －1 程度以上とし，極力 0 に近づける | 水が金属を腐食させる程度を判定する指標で，数値が負の値で絶対値が大きくなるほど水の腐食傾向は強くなる。 | |

\* 基準値設定事由および主な用途は東京都水道局インターネット資料を参考に作成した。

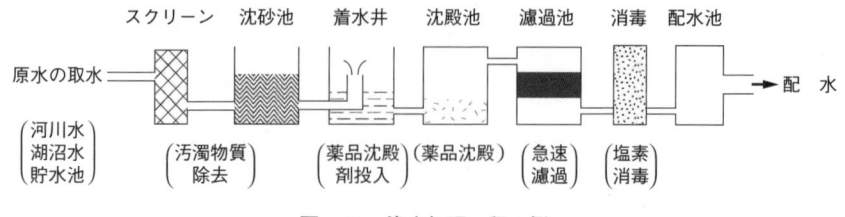

図1.11 浄水処理工程の例

べる。

(1) 浄水法

　河川，湖沼，地下水あるいは貯水池などから，水道水の原水を取水して浄水場へ送り，沈殿→濾過→消毒の工程で浄化し，この浄化水を配水池から各家庭や事業所に配水する。これが水道水の浄水基本工程である。さらに，着色や有害物質，臭気物質，鉄，マンガンなどの金属成分，合成洗剤などの除去には，別の特殊処理が行われている。

　この浄水工程における沈殿・濾過の方法には，緩速濾過法，急速濾過法の2つの方式がある。

　緩速濾過法は砂と砂利による濾過で，BOD値が3 mg/$l$以下の比較的きれいな原水の処理に適用され，その濾過速度は3〜5 m/日である。この方法は広い濾過池面積を必要とする。原水の濁度が高くなると，濾過閉塞が起こるという欠点はあるが，細菌に対する除去能，浄化力は高い。一方，急速濾過法はわが国の都市部でもっとも広く採用されている方法である。しかし，細菌に対する除去能は低く，このため塩素消毒に頼っているのが現状である。

　ここでは急速濾過による除去法について，図1.11に示した処理工程の流れ図にそって述べる。

① 取水した原水をスクリーンに導き，ここで粗大な汚濁物質を除去し，ついで沈砂池でそれより細かい汚濁物質を沈殿させたのち，着水井を通し薬品沈殿池に導水する。なお着水井とは，沈砂池から原水を導入し，前塩素処理および薬品沈殿剤処理を行う箇所をいう。

② 着水井で次に示す薬品沈殿剤と原水をよく混和する。
　無機系低分子凝集剤：硫酸アルミニウム，硫酸第一鉄

無機系高分子凝集剤：ポリ塩化アルミニウム，ポリ硫酸アルミニウム
　有機系高分子凝集剤：ポリアクリルアミド
　アルカリ剤：炭酸ナトリウムなど
　凝集補助剤：活性ケイ酸，アルギン酸ナトリウム
③ 薬品沈殿剤（硫酸アルミニウム）による反応は以下のように示される。

$$Al_2(SO_4)_3 + 3\,Ca(HCO_3)_2 \rightarrow 2\,Al(OH)_3 + 3\,CaSO_4 + 6\,CO_2$$

$$Al_2(SO_4)_3 + 3\,Na_2CO_3 + 3\,H_2O \rightarrow 2\,Al(OH)_3 + 3\,Na_2SO_4 + 3\,CO_2$$

　$Al(OH)_3$ は，水中のごみ，微粒子（プランクトン，細菌など）を吸着・凝集して凝集魂（フロック）を形成する。十分にフロックが育ったところで沈殿池にゆっくり導入され，この池で大きなフロックは沈殿する。その後，厚さ60 cm の砂層で形成されている急速濾過池に導き，100～150 m/日の速さで濾過する。この急速濾過では，目づまりを起こさないように，一日に数回，逆洗を行っている。

　この薬品沈殿―急速濾過法は，物理化学的方法を利用した高能率の処理法ではあるが，濁りはほぼ100% 除去できるものの，色度や細菌は数% 残る。藻類，プランクトンも5% 程度，水中に残るという欠点がある。そのため，塩素消毒が必要不可欠となる。安全な水とするため，沈殿―濾過操作を終えた段階で，塩素消毒を行って配水池に導き，各家庭や事業所に給配水する。

### (2) 塩素消毒

　塩素は，①微量で殺菌効果が確実，②経済性が高い，③残留性が高いなどの利点があることから，水道水の消毒剤として用いられている。しかし，あとで述べるように，異臭のするクロロフェノール類の生成や，あるいは発がん性をもつトリハロメタン類を生成するなどの問題がある。

　純粋な水と塩素は，次のように反応する。

$$Cl_2 + H_2O \rightarrow HClO + HCl \tag{1.1}$$

　次亜塩素酸($HClO$)は水の pH が 5 以下では解離せず $HClO$ の状態で存在し，pH 4 以下では一部 $Cl_2$ も生じる。pH が 10 以上では次のように解離し，次亜塩素酸イオン($ClO^-$)となる。

$$HClO \underset{\text{pH 4〜5 以下}}{\overset{\text{pH 10 以上}}{\rightleftarrows}} H^+ + ClO^- \tag{1.2}$$

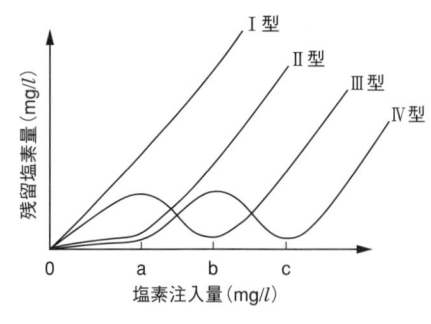

図 1.12　塩素注入量と残留塩素量の関係

　これらの HClO, ClO⁻ を遊離型残留塩素または遊離型有効塩素と呼ぶ。塩素の殺菌効果は HClO の酸化力による菌体膜の破壊と酵素（SH 酵素）の失活によるものと考えられている。

　通常，水道水あるいは濾過された水にも，わずかながらアンモニア，アミン類，アミノ酸類が存在し，HClO はこれらとも反応してクロラミン類を生成する。このクロラミンは結合型残留塩素と呼ばれ，遊離型残留塩素の 1/20〜1/100 程度の殺菌効果を有する。アンモニアとの反応は，pH により，次のような反応となる。

pH 7.5 以上：$NH_3 + HClO \rightarrow NH_2Cl$（モノクロラミン）$+ H_2O$　　(1.3)

pH 5.0〜6.5：$NH_3 + 2HClO \rightarrow NHCl_2$（ジクロラミン）$+ 2H_2O$　　(1.4)

pH 4.0 以下：$NH_3 + 3HClO \rightarrow NCl_3$（トリクロラミン）$+ 3H_2O$　　(1.5)

なお，中性付近では $NH_2Cl$ と $NHCl_2$ が混在している。

　一方，アンモニアやクロラミンは反応式 (1.6)〜(1.8) で示されるように，クロラミンの自己分解あるいは過剰の次亜塩素酸との反応により，$N_2$ ガスを発生して分解する。

$$2NH_3 + 3HClO \rightarrow N_2 + 3HCl + 3H_2O \quad (1.6)$$

$$NH_2Cl + NHCl_2 \rightarrow N_2 + 3HCl \quad (1.7)$$

$$2NH_2Cl + HClO \rightarrow N_2 + 3HCl + H_2O \quad (1.8)$$

　図 1.12 は塩素注入量と残留塩素濃度の関係を示したものである。

　I 型：ほぼ純水中の場合，塩素の消費がなく，注入量に比例して遊離型残留塩素も直線的に増加する。

Ⅱ型：a点までの塩素が簡単に酸化されやすい物質，たとえば無機還元性 $Fe^{2+}$ および $NO_2^-$ などを含む水の場合である．

Ⅲ型：クロラミンを形成しやすいアンモニア，アミン類などを含有する水の場合で，b点が塩素要求量となる．このb点から遊離型残留塩素となり，直線的に増加する．最初，塩素注入量とともに残留塩素が上昇し，山形となり，しだいに減少してb点にいたる．この点を不連続点といい，塩素消毒はこの点を越えるように行う．この方法を塩素の不連続点処理法という．この山形は反応式（1.3）～（1.8）のように，最初，クロラミンが生成し，次いで再びクロラミンが HClO と反応して $N_2$ を生じ，あるいは自己分解によって同様の $N_2+HCl$ を生成するために減少する．

Ⅳ型：無機還元物質とアンモニア，アミン類をともに含む水の場合である．

## 1.3.4 塩素処理と副生成物

塩素消毒は殺菌効果には優れているが，次のような問題がある．

### (1) クロロフェノールの生成

塩素は原水に含まれているフェノール類と反応し，次に示すような過程を経て異臭物質であるクロロフェノールを生成する．フェノール類は工場排水に由来することが多い．

フェノール　1mg/l 以上でないと臭気を感じない

クロロフェノール　0.005mg/l で臭気を感じる

### (2) トリハロメタンの生成

トリハロメタンの前駆物質であるフミン酸（humic acid）は次のように塩素

$-CO-CH_2-CO-\ \cdots\cdots\xrightarrow{Cl_2} CHCl_3$

$CH_3-CH-COO-\ \cdots\cdots\xrightarrow{Cl_2} -CH_3-CO-CCl_3 \xrightarrow{H_2O} CHCl_3+CH_3COOH$

$\text{レソルシノール} \cdots\cdots\xrightarrow{Cl_2} CHCl_3$

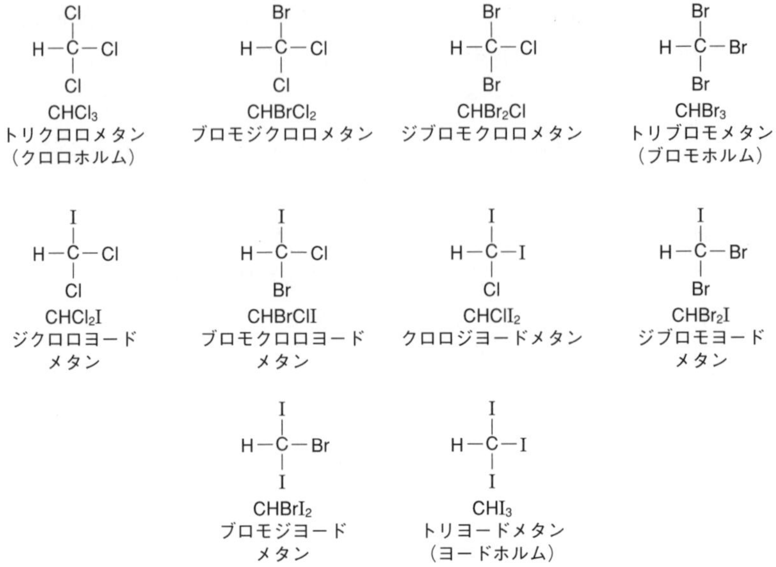
$CHCl_3$
トリクロロメタン
（クロロホルム）
$CHBrCl_2$
ブロモジクロロメタン
$CHBr_2Cl$
ジブロモクロロメタン
$CHBr_3$
トリブロモメタン
（ブロモホルム）
$CHCl_2I$
ジクロロヨード
メタン
$CHBrClI$
ブロモクロロヨード
メタン
$CHClI_2$
クロロジヨードメタン
$CHBr_2I$
ジブロモヨード
メタン
$CHBrI_2$
ブロモジヨード
メタン
$CHI_3$
トリヨードメタン
（ヨードホルム）

**図 1.13　トリハロメタン類**

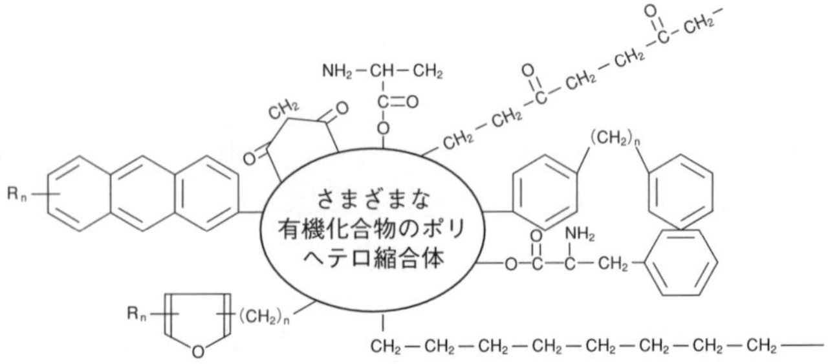
さまざまな
有機化合物のポリ
ヘテロ縮合体

**図 1.14　フミン酸の想像モデル構造**

糖類，アミノ酸，カルボン酸，ベンゼンカルボン酸，フランカルボン酸ケトンなど，多種の有機化合物がポリヘテロ縮合体の無定形巨大分子をつくっていると推定される。R＝H，OH，COOH。

と反応して，図 1.13 に示すトリハロメタン類を生成する。

また，フミン酸は枯れた植物の分解により生成し，土壌中に存在する水に不溶の酸性物質で，わずかながら水道原水に含まれている。その推定構造式は図

表1.16 トリハロメタンの基準値

| 化合物名 | 分子式 | 基準値($\mu g/l$以下) | 備考 |
|---|---|---|---|
| クロロホルム（トリクロロメタン） | $CHCl_3$ | 60 | 発がん性 |
| ブロモジクロロメタン | $CHCl_2Br$ | 30 | 変異原性 |
| ジブロモクロロメタン | $CHClBr_2$ | 100 | 変異原性 |
| ブロモホルム（トリブロモメタン） | $CHBr_3$ | 90 | 変異原性 |

＊ 総トリハロメタンの基準値は $100\ \mu g/l$ 以下（$1\ \mu g=10^{-6}\ g$）

1.14に示すようなもので，フミン酸の巨大分子の分解産物が塩素と反応（生成）するのである。

また最近，下水処理場等で生分解されない難分解性で低分子の親水性酸および難分解性の溶存有機物（DOM：dissolved organic matter）などが河川に放流され，上水浄化処理工程での塩素注入でフミン酸よりも高い寄与率でトリハロメタンの生成にかかわっていることが独立法人国立環境研究所の今井章雄博士らの研究で明らかにされ，その対策の決定的な方法がなく大きな課題となっている。

このトリハロメタンは，細菌，藻類，臭気物質，アンモニア，鉄，マンガン，フェノールなどを除去する濾過前の塩素処理工程で，塩素の酸化作用によりとくに生成しやすい。

トリハロメタンとは水道原水を塩素処理する際に副生する物質であり，**表1.16**には4種のトリハロメタンの基準値および総トリハロメタンの基準値が示されている。WHOではこれらの基準値の設定にあたっては，いき値なしの統計モデル（多段階線型モデルの95％値）を用い，生涯リスクの増加を $10^{-5}$ としている。

これは1人一日あたり $2\ l$ の水を一生涯，70年間飲用するという前提にたっており，日本の人口を1億2000万人として計算すると，年間17人程度，発がんが増加することになる。したがって，基準値以下であるからといって安心するのではなく，今後，より安全な水の確保に向けて水道原水の汚染防止が必要である。

### (3)　クロラミンによる芳香族化合物ベンゼン環などの開裂と塩化シアンの生成

芳香族化合物はクロラミンと反応してベンゼン環を開裂し，塩化シアンを生成する。この塩化シアン（CNCl）はシアンとほぼ同じ毒性をもつことが知られている。その例を以下に示す。

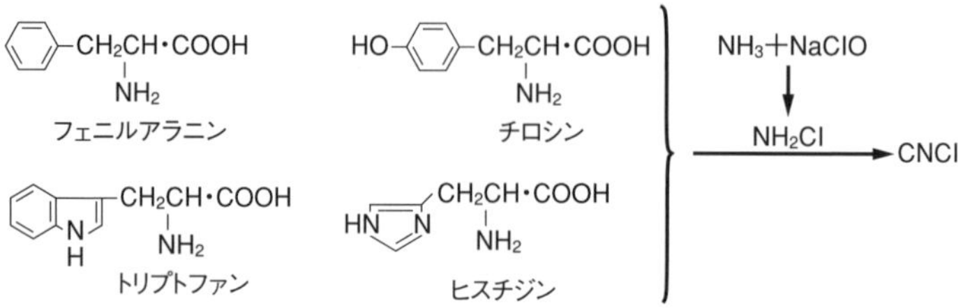
CH2CH·COOH
NH2
フェニルアラニン
HO
CH2CH·COOH
NH2
チロシン
NH3+NaClO
NH2Cl
CNCl
CH2CH·COOH
N
H
NH2
トリプトファン
CH2CH·COOH
HN
N
NH2
ヒスチジン

そのほか，発がん性が疑われているクロロ酢酸などもトリハロメタンと同じ程度の量が発生することがわかっている。

## 1.3.5　カビ臭発生と原因物質

東京や近畿圏の水道水にしばしばカビのような異臭が出て，社会問題となっている。これは河川や湖沼の水質汚濁が進行しNとPの濃度が高くなり，富栄養化状態となり，異常増殖した *Phormidium tenue* や *Anabaena macrospora* などの藍藻類や放線菌（*Streptomyces*）から発生されるジオスミン，2-メチルイソボルネオールなどが原因物質と考えられ，これら2つの物質は上水の水質基準・快適水質項目に基準値が示されている。異臭味物質の構造例を図

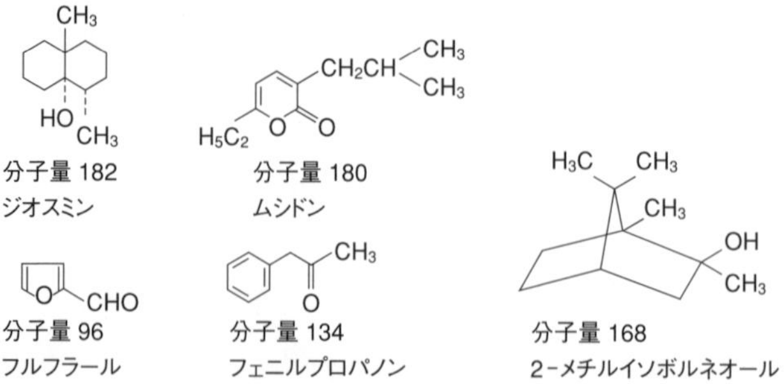
CH3
HO
CH3
分子量 182
ジオスミン
CH2CH
CH3
CH3
H5C2
O
O
分子量 180
ムシドン
H3C
CH3
CH3
OH
CH3
O
CHO
分子量 96
フルフラール
CH3
O
分子量 134
フェニルプロパノン
分子量 168
2-メチルイソボルネオール

図1.15　異臭味物質の構造例

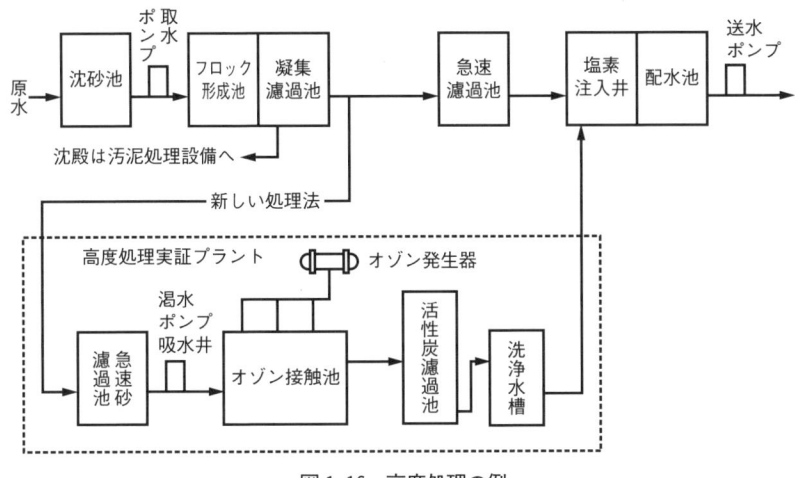

図 1.16　高度処理の例

1.15 に示した。

　このような異臭物質，着色物質などの除去には着水井に原水を導入した直後，薬品沈殿処理をする前に活性炭を投入することにより，かなり除去できる。しかし，水の味は思うほど改善されない。

### 1.3.6　上水の高度処理と課題

　前塩素処理は，消毒効果の強化やアンモニア，鉄，マンガンなどを除去する方法として有効ではあるが，前項で述べたように副生成物として変異原性や発がん性が疑われるトリハロメタンや異臭物質であるクロロフェノール類などが発生し問題となっている。その解決手段として，図 1.16 に示されるような急速濾過池のあとにオゾン接触池と活性炭濾過池を組み合わせた高度処理法がある。この方法では，オゾンの酸化力によって異臭物質などが分解除去される。また，活性炭を同時に用いることで，その効果はより増す。

　水中でのオゾンの作用はオゾン分子と化学物質との直接的な反応と，オゾン分子が光，アルカリあるいは水との加水分解によって生成するオゾン分子より酸化力の強いヒドロキシラジカル（OH ラジカル）と化学物質との反応の2つがある。OH ラジカルは化学物質との酸化力，反応性に富み，有機物と反応

表1.17 オゾン処理による主な副生成物

| | |
|---|---|
| $O_3$＋有機物 | → $RCHO$, $CHOCHO$, $RCOOH$, $H_2O_2$ |
| $O_3$＋$Br^-$ | → $HBrO/BrO^-$ → $BrO\cdot$ → $BrO_2^-$ → $BrO_3^-$ |
| $HBrO$ | → $BrO^-$＋有機物 → $CHBr_3$ |
| | → モノブロモ酢酸, ジブロモ酢酸, トリブロモ酢酸 |
| $O_3$＋$NH_3$ 等 | → $NH_2Br$, $NHBr_2$, $NBr_3$ |

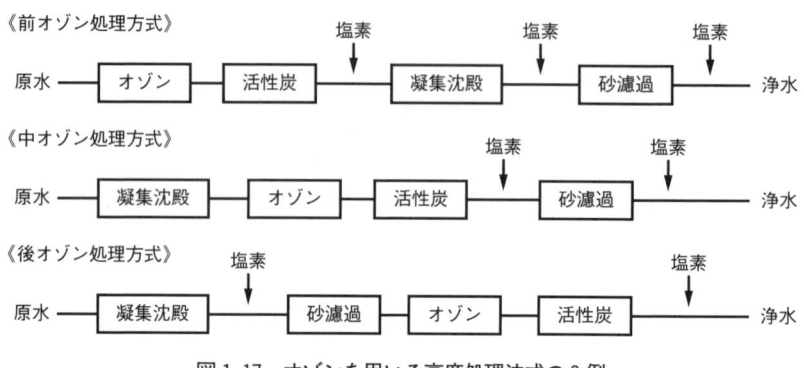

《前オゾン処理方式》
原水 ─ オゾン ─ 活性炭 ─↓塩素─ 凝集沈殿 ─↓塩素─ 砂濾過 ─↓塩素─ 浄水

《中オゾン処理方式》
原水 ─ 凝集沈殿 ─ オゾン ─ 活性炭 ─↓塩素─ 砂濾過 ─↓塩素─ 浄水

《後オゾン処理方式》
原水 ─ 凝集沈殿 ─↓塩素─ 砂濾過 ─ オゾン ─ 活性炭 ─↓塩素─ 浄水

図1.17 オゾンを用いる高度処理法式の3例

し, ホルムアルデヒド, アセトアルデヒドなどのカルボニル化合物, ギ酸, 酢酸や安息香酸などのカルボン酸, 炭化水素類, ブロモ酢酸, そして臭素酸や次亜臭素酸など種々の副生成物を生ずる。これら主な副生成物を**表1.17**に示したが, 反応生成物やその生成量はpH, オゾン量, 温度などにもよって異なる。

臭素酸イオン（$BrO_3^-$）はオゾン処理により生成するが, 発がん性があるだけに, その生成抑制技術の開発が急務となっている。米国, カナダや欧州では古くからオゾン処理が行われているが, 取水原水中に臭化物イオンが比較的高い場合が多く, それによる臭素酸イオンの生成が大きな社会問題となっている。日本では現在, 大都市やその周辺都市でオゾン処理による高度処理が行われているが, 欧米ほど臭素酸イオン濃度の高い例はない。しかし, 地質起源や人為起源により臭素含量の多い河川やダムあるいは海岸付近の地下水を取水源とする地域で, 水質汚濁が進行し, オゾン処理に頼らざるを得ない場合, 粒状活性炭処理あるいは生物活性炭吸着処理工程により, 臭素酸, 有機化合物, ア

**表 1.18** 「内分泌撹乱化学物質の水道水からの曝露等に関する調査研究」における調査対象物質リスト

- フタル酸類
  フタル酸ジ-2-エチルヘキシル，フタル酸ジ-n-ブチル，フタル酸-n-ブチルベンジル，フタル酸ジシクロヘキシル，フタル酸ジエチル，フタル酸ジペンチル，フタル酸ジ-n-プロピル
- アジピン酸ジ-2-エチルヘキシル
- フェノール類
  ノニルフェノール，4-n-ノニルフェノール，4-オクチルフェノール，4-tert-オクチルフェノール，ビスフェノールA，4-ヒドロキシビフェニル，3-ヒドロキシビフェニル，2-ヒドロキシビフェニル，2-tert-ブチルフェノール，2-sec-ブチルフェノール，3-tert-ブチルフェノール，4-tert-ブチルフェノール，4-sec-ブチルフェノール，4-エチルフェノール，フェノール
- スチレンダイマー，トリマー
  1,3-ジフェニルプロパン，cis-1,2-ジフェニルシクロブタン，2,4-ジフェニル-1-ブテン，trans-1,2-ジフェニルシクロブタン 2,4,6-トリフェニル-1-ヘキセン，1e-フェニル-4e (1′-フェニルエチル) テトラリン
- 17β-エストラジオール
- 塩化ビニルモノマー
- スチレンモノマー
- エピクロロヒドリン

ンモニア性窒素などを除去することが必要で，図 1.17 に示した工程例ではかなり安全な水道水となる。

### 1.3.7 外因性内分泌撹乱物質など化学物質汚染と上水

ダイオキシン類，有機塩素系農薬，洗浄剤に使われるアルキルフェノール系の界面活性剤，フタル酸エステル類およびビスフェノールAなどには健康影響が懸念される環境ホルモンとして指摘されているものが多い。それだけに厚生労働省は水道水を介した人への暴露を把握するため，表 1.18 に示す化学物質の調査を実施している。この調査は 2003 年の WHO による飲料水ガイドラインの見直しにも適切な対応を図れることも視野にいれた調査である。

### 1.3.8 クリプトスポリジウムなど原虫類感染症

1994 年 8 月神奈川県平塚市の雑居ビルの受水槽水がクリプトスポリジウムに汚染され，460 人が感染した。また 1996 年 6 月，埼玉県越生町において，水道水を介して約 8,800 人が感染する大規模な集団下痢が発生した。これより

前，1993年，米国ミルウォーキー市で水道水を介して約40万人が感染し，大事件に等しい事故が発生した。

このクリプトスポリジウムは，腸管系に寄生する原虫で，環境中では「オーシス」と呼ばれる嚢包体の形（大きさ $4\sim6\,\mu m$）で存在するが，「オーシス」が人間，牛，猫などの動物に経口的に摂取されると，消化管の細胞に寄生し増殖し，そこで形成された「オーシス」糞便とともに体外に排出された感染源となる。また「オーシス」は塩素に対しきわめて強い耐性がある。クリプトスポリジウムに感染すると，腹痛を伴う水様性下痢が3〜7日間程度続く。健康な人の場合は免疫機構が働き自然治癒するものの，有効な治療薬は現在ない。下水道処理や浄水工程で除菌されず，サイクル汚染で集団感染の原因をつくる。

ジルジアやサイクロスポーラもクリプトスポリジウムと同様の感染症を起こすが，日本における発症，感染例は多くない。

厚生労働省が1997年に行った水道水源における検出状況では，全国94水道水源水域，282地点の調査の結果，クリプトスポリジウムは6水源水域8地点で検出された。また，ジルジアは16水源水域24地点で検出された。

クリプトスポリジウムは塩素耐性が強く，従来の水道水管理手法，とりわけ塩素消毒での死滅は困難であり，高度な濾過膜技術を上水処理に取り込む必要がある。しかし，現実的には対応できないため，浄水工程の管理強化と，原水の濁度レベル管理，浄水工程濾過池出口の水の濁度を0.1%以下に常時把握し，維持管理することなどで対応している。

**参考および引用文献**

1) 国土交通省 土地・水資源局水資源部編：平成15年版日本の水資源（2003）
2) 環境省編：平成16年版環境白書（2004）
3) 及川紀久雄，北野 大，久保田正明，川田邦明：環境と生命，三共出版（2004）

# 2章　空気の安全

## 2.1　空気の組成

　われわれは空気を呼吸して生命を維持しているのに，あまりその質について考えない。しかし，空気に清々しさを感じたり，おいしさを感じたりすることがある。時には空気の濁りの感を抱くこともある。

　地球の大気は地球誕生以来 46 億年変わらないのではない。地球が誕生した時は二酸化炭素が 98%，窒素が 2%，酸素が微量という大気組成であったと考えられている。種々の生物が誕生して以来，生物にとって好適環境がつくられ，今のような窒素 78.09%，酸素 20.94%，アルゴン 0.93% の空気組成となったのである。

　表 2.1 は清浄空気の大気組成の主要なものを濃度の高い順に示したものである。正常な空気の組成にはこの他 1〜3% の水蒸気がある。

　この大気組成は南極や北極の極地では地上からは 7〜8 km，赤道地帯は地上から 28 km の対流圏では変化はほとんどない。われわれが住んでいる日本の上空は地上約 18 km までは対流圏，そして地上から垂直に 18 km から 50

表 2.1　清浄な乾燥空気の組成

| 成分 | 含有量 | | 成分 | 含有量 | |
|---|---|---|---|---|---|
| | [vol %] | [ppm] | | [vol %] | [ppm] |
| 窒素 | 78.09 | 780 900 | 一酸化二窒素 | 0.000 025 | 0.25 |
| 酸素 | 20.94 | 209 400 | 水素 | 0.000 05 | 0.5 |
| アルゴン | 0.93 | 9 300 | メタン | 0.000 15 | 1.5 |
| 二酸化炭素 | 0.031 8 | 318 | 酸化窒素 | 0.000 000 1 | 0.001 |
| ネオン | 0.001 8 | 18 | オゾン | 0.000 002 | 0.02 |
| ヘリウム | 0.000 52 | 5.2 | 二酸化硫黄 | 0.000 000 02 | 0.000 2 |
| クリプトン | 0.000 1 | 1 | 一酸化炭素 | 0.000 01 | 0.1 |
| キセノン | 0.000 008 | 0.08 | アンモニア | 0.000 001 | 0.01 |

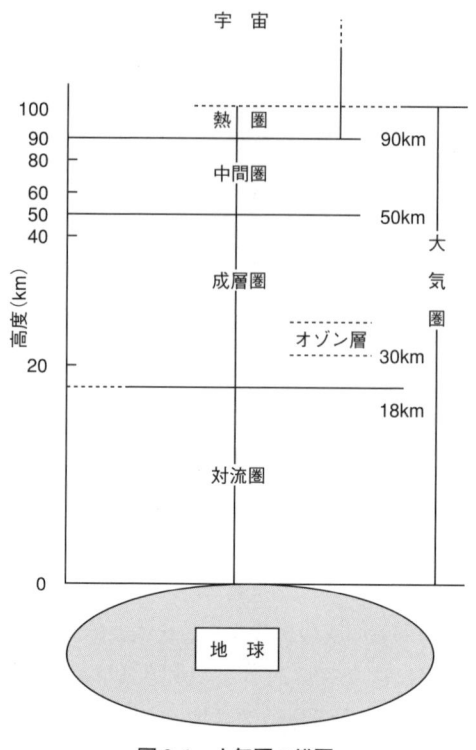

図2.1 大気圏の構図

kmの範囲が成層圏，成層圏の地上から上空30 kmを中心にオゾン層が存在する。このオゾン層が，生物体のDNAに重大な損傷を与える280 nmより波長の短い領域の有害紫外線をカットしてくれるのである。それが故に地球上に生命体が誕生し，脈々と生き，悠久の旅を続け，そして進化してきたのである。

さらに成層圏の上50〜90 kmは中間圏と呼ばれ，太陽から強い紫外線が何かのフィルターによっても遮られることなく注がれている層である。その上が宇宙との接点の熱圏で地上90 kmから500 kmまで続く。この熱圏の層の中に電離層の大部分があり，美しいオーロラはこの熱圏で起こる。図2.1はこれらの大気の層を示したものである。

表2.1の空気組成表は大気のものであるが，自然界では火山の活動によって

硫黄酸化物，塩化水素，フッ化水素，硫化水素，二酸化炭素，水銀などが広範囲の大気中に拡散される。また，塩化ナトリウム，硫酸ナトリウムなど種々の海洋成分の大気中への拡散などもある。

しかし，これらの自然由来成分に加え，人為的活動によって硫黄酸化物，窒素酸化物，一酸化炭素，光化学オキシダント，トリクロロエチレンなどの有機塩素化合物，ベンゼンなど，さらに現在では製造・使用が禁止されているフロン類や，時には農薬類も大気中に存在することもある。次にこれらの人為的発生によることの多い大気汚染物質の環境基準と，その基準設定の根拠について述べることとする。

## 2.2 大気環境基準と汚染の現状

大気の汚染にかかわる環境基準は，人の健康を保護する観点から**表**2.2に示す10種の物質について定められている。1)～5) の物質はかつて深刻な大気汚染を引き起こし，住民に対して健康上の問題をもたらしたり，またはもたらす恐れのある物質である。たとえば，二酸化硫黄や二酸化窒素は四日市ぜんそくの原因物質である。

近年，クロロホルムやベンゼンなど発がん性が認められる有害大気汚染物質の環境濃度と健康へのリスクも見過ごせなくなっている。したがって，**表**2.2には旧来の 1)～5) の環境基準物質に，新たにトリクロロエチレン，テトラクロロエチレン，ジクロロメタン，ベンゼン，およびダイオキシン類対策特別措置法に伴いダイオキシン類の基準が加えられた。

**表2.2 大気汚染物質と環境基準およびその発生源と健康影響**

| 物質名 | 基準値 | 発生源と健康影響 |
|---|---|---|
| 1) 二酸化硫黄($SO_2$) | 1時間値の一日平均値が0.04 ppm以下,かつ1時間値が0.1 ppm以下であること | [主な発生源] 石油,石炭等の化石燃料の燃焼(ボイラー,鉄鋼所溶鉱炉,ゴミ焼却場,火力発電所,コークス炉,石油精製所)<br>[健康への影響] 呼吸器系への影響<br>[森林・土壌への影響] 酸性雨の生成による森林被害,土壌の酸性化<br>化石燃料→燃焼→ $SO_2 \xrightarrow{H_2O,\ 金属等触媒} H_2SO_4$ |
| 2) 二酸化窒素($NO_2$) | 1時間値の一日平均値が0.04〜0.06 ppm以下であること | [主な発生源] 自動車等の移動発生源で空気中の酸素と窒素が反応し NO, $NO_2$ が発生する。ことに高速時により濃度が高く排出される。<br>$O_2 + N_2 \rightarrow 2NO,\ 2NO + O_2 \rightarrow 2NO_2$<br>[健康への影響] 呼吸器系,感染抵抗性の低下,血液ヘモグロビンに作用しメトヘモグロビン血症の発現(酸素欠乏)<br>[森林への影響] 酸性雨の発生原因となり森林への影響が懸念される。土壌の酸性化<br>$NO \rightarrow NO_2 + H_2O \rightarrow HNO_3$ |
| 3) 一酸化炭素(CO) | 1時間値の一日平均値が10 ppm以下で,かつ1時間の8時間平均値が20 ppm以下であること | [主な発生源] 自動車等の移動発生源で,ことにアイドリング時や低速時に発生濃度が高くなる。また練炭,ガスや灯油等の暖房時の不完全燃焼で発生し,一酸化炭素(CO)中毒を起こすことがある<br>[健康への影響] COは血液中のヘモグロビンと結合して酸素を運搬する機能を阻害する。ヘモグロビンに対する親和力は酸素($O_2$)の200〜300倍である |
| 4) 光化学オキシダント(Ox) | 1時間値が0.06 ppm以下であること | [オキシダントの生成] 窒素酸化物($NO_x$)および炭化水素(HC)は,太陽光の作用による光化学反応によって,2次生成物である過酸化物やオゾンなどが生成されるが,この過酸化物が光化学オキシダントといわれるもので,光化学スモッグの原因となる<br>$NO_2 + 紫外線(h\nu) \rightarrow NO + [O]$<br>$[O] + O_2 \rightarrow O_3$<br>$[O] + CxHy \rightarrow CxHy\,O\cdot$<br>$O_3 + NO \rightarrow NO_2 + O_2$<br>$O_2 + CxHy\,O\cdot \rightarrow CxHy\,O_3\cdot$(アシルペルオキシラジカル)<br>$CxHy\,O_3\cdot + NO_2 \rightarrow CxHy\,O_3NO_2$《ペルオキシアシルナイトレート》(PAN)<br>[影響] 光化学オキシダントは酸化力が強く,高濃度で目やのどへの刺激や呼吸に影響を及ぼす。<br>また0.2 ppm程度の濃度で野菜等の農作物の葉,かんきつ類や朝顔の花や葉に影響を及ぼす |

| | | | |
|---|---|---|---|
| 5) 浮遊粒子状物質 (SPM) | 1時間値の一日平均値が 0.10 mg/m³ 以下で、かつ1時間値が 0.20 mg/m³ 以下であること | [発生源] 土壌の巻上げ由来、工場・事業所の煤煙、自動車、ことにディーゼル自動車からの黒煙の芳香族炭化水素類、また、排ガス中の窒素酸化物や工場等からの硫黄酸化物などのガス状物質が大気中で粒子状物質に変化したもの、いわゆる酸性雨に含まれる乾性大気汚染物質などがある。<br>[影響] 硫酸ミストと粒子状物質が共存するとき呼吸器へ与える影響は大きい。また、ディーゼルエンジン排ガス中に含まれるベンツ(a)ピレンのような多環芳香族炭化水素類やニトロピレンのように発がん性のある物質もある | |
| 6) トリクロロエチレン | 1年平均値が 200 μg/m³ 以下であること | [発生源] 精密工業の部品脱脂洗浄、金属産業の部品脱脂洗浄、化学工業の合成原料、羊毛の脱脂洗浄、繊維工業の脱脂洗浄、抽出剤を扱う産業<br>[影響] 変異原性、発がん性、労働現場でめまい、頭痛、吐き気、不安感の事例、また肝臓、腎臓への影響が懸念されている | |
| 7) テトラクロロエチレン | 1年平均値が 200 μg/m³ 以下であること | [発生源] ドライクリーニング溶剤、原毛洗浄、溶剤、石鹸溶剤などを扱う産業<br>[影響] 変異原性、ラットの実験で肝がんが報告されている。<br>労働現場ではクリーニング工場でめまい、頭痛等の症状、ならびに肝障害の発現例がある | |
| 8) ジクロロメタン | 1年平均値が 150 μg/m³ 以下であること | [発生源] 金属産業、プリント基盤製造産業の洗浄、脱脂溶剤としての使用、ウレタン発泡助剤、ラッカー、ペイント剝離剤を製造・使用する産業、エアゾール噴射剤製造・使用による発生など<br>[影響] 麻酔作用、マウス、ラットの動物実験では肝がんが報告されている。<br>労働環境では高濃度暴露による意識喪失、死亡例がある。また急性呼吸器粘膜刺激症状の例がある | |
| 9) ベンゼン | 1年平均値が 3 μg/m³ 以下であること | [発生源] 合成原料として染料、合成ゴム、農薬、防虫剤、合成樹脂などの製造産業、ガソリンの添加剤として含まれている。<br>[影響] 造血機能障害、発がん性、作業現場で貧血、血小板減少、倦怠感、さらに白血病の報告がある | |
| 10) ダイオキシン類 (ダイオキシン類対策特別措置法) | 1年平均値が 0.6 pg-TEQ/m³ 以下であること | [発生源] ごみ焼却過程、塩素漂白過程および農薬製造過程、および不純物としてダイオキシン類が含まれている農薬の使用と土壌への残留など非意図的に副生、生成する。<br>[影響] 発がん性、外因性内分泌撹乱作用 | |

## 2.3 大気汚染の状況と経年変化

環境省は一般環境大気測定局（一般局）と自動車排出ガス測定局（自排局）を全国に設け，二酸化硫黄，一酸化炭素，二酸化窒素および光化学オキシダントについては1970年（昭和45年）から，また浮遊粒子状物質については

**表2.3　大気汚染状況の推移と現状**

| 汚染物質 | 大気汚染の状況 | 汚染の経年変化 |
|---|---|---|
| 1) 二酸化硫黄 ($SO_2$) | 1970年頃から火力発電所や大規模な工場での脱硫装置の設置が本格的に稼働し始め，また1971年からは燃料中の硫黄分の規制，煤煙発生施設ごとの排出量の規制，また1974年からの地域ごとの工場の排出総量の規制（K値規制）等が実施され，それにともない工場の排出対策が徹底し始め，経年的に減少をたどった。1970年から経年的に減少傾向にある。2002年の二酸化硫黄（$SO_2$）に係る測定局数は一般局1468局，自排局数は97局であったが，年平均値の平均値は一般局では0.004 ppm，自排局では0.005 ppmとやや横ばいである | 資料：環境省「平成14年度大気汚染状況報告書」より作成<br>**二酸化硫黄濃度の年平均値の推移** |
| 2) 一酸化炭素 (CO) | 1970年からの経年変化を見ると1971年からは暫時減少傾向が続き，2002年度は一般局126局，自排局204局すべてにおいて環境基準の10 ppm以下を大きく下回り基準を達成している | 資料：環境省「平成14年度大気汚染状況報告書」より作成<br>**一酸化炭素濃度の年平均値の推移** |

1974年（昭和49年）から大気汚染の状況を観測しつづけている。

1960年から1975年代はいわゆる"公害"時代で硫黄酸化物，窒素酸化物および浮遊粒子状物質等による汚染の深刻な状況から，1976年頃から種々の防止と対策の規制の効果により大きな減少傾向を示しているが，窒素酸化物は横ばい，光化学オキシダントは大きな改善が見られない状況がつづいている。

| | | |
|---|---|---|
| 3) 浮遊粒子状物質 (SPM) | 浮遊粒子状物質(SPM：suspended particulate matters)とは，大気中に浮遊する粒子状の物質のことで環境基準では粒子の粒径が10 $\mu$m以下のものをいう。浮遊粒子状物質は長時間滞留し，肺や呼吸器に沈着し影響を及ぼす。1974年から急激に減少し，その後暫時緩い減少が続き，2002年度は一般局1538局，自排局359局の年平均値は一般局0.027 mg/m$^3$，自排局0.035 mg/m$^3$に減少している | 資料：環境省「平成14年度大気汚染状況報告書」より作成<br>**浮遊粒子状物質濃度の年平均値の推移** |
| 4) 二酸化窒素 (NO$_2$) | 環境基準は1978年に定められ，工場や個々の自動車などの発生源に対する各種の規制，汚染の著しい地域に限って工場，事業者の総排出量の規制などの各種の削減政策を行っている。しかし，図にも見られるように1980年頃までは減少傾向が見られたものの，それ以後は一般局での二酸化窒素の経年変化は0.014〜0.018 ppmレベルの横ばいで推移している | 資料：環境省「平成14年度大気汚染状況報告書」より作成<br>**二酸化窒素濃度の年平均値の推移** |

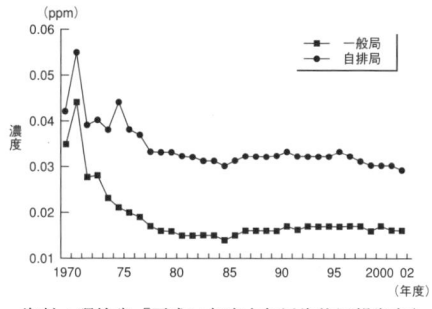

（注） ― ■ ― 一般局：一般環境大気測定局
　　　― ● ― 自排局：道路沿道に設置されている自動車排出ガス測定局

| | | | |
|---|---|---|---|
| 5) 光化学オキシダント (Ox) | 環境基準は1時間値で0.06 ppm以下に設定されているが，濃度の1時間値が0.12 ppm以上で，気象条件から見て，その状態が継続すると認められるときは，大気汚染防止法によって，都道府県知事等が光化学オキシダント注意報を発令し，報道等，教育機関を通じて住民，工場・事業所に情報を提供し対策を求めると共に自動車の運行の自主的制限について協力を求めている。2002年の一般局1160局，自排局29局で環境基準の達成状況は低く，一般局と自排局を合わせて昼間に環境基準を達成した測定局および1時間値の最高値が0.12 ppm未満であった測定局数を図に示した | 資料：環境省「平成14年度大気汚染状況報告書」より作成<br><br>**光化学オキシダント濃度レベルごとの測定局推移**<br>（一般局と自排局の合計） | |
| 有害大気汚染物質<br>6) ベンゼン<br>7) トリクロロエチレン<br>8) テトラクロロエチレン<br>9) ジクロロメタン | 有害大気汚染物質として環境基準が設定されているこれらの2002年度の結果は表のとおりであるが，ベンゼンが8.3%で環境基準を超過している。ジクロロメタンは0.3%で超過していた | **有害大気汚染物質のうち環境基準の設定されている物質の調査結果**<br><br>| 物質名 | 地点数 | 環境基準値超過割合(%) | 平均値($\mu g/m^3$) | 濃度範囲($\mu g/m^3$) | 環境基準値($\mu g/m^3$) |<br>|---|---|---|---|---|---|<br>| ベンゼン | 409 | 8.3 | 2.0 | 0.49〜5.7 | 3 |<br>| トリクロロエチレン | 341 | 0 | 1.0 | 0.0012〜70 | 200 |<br>| テトラクロロエチレン | 355 | 0 | 0.43 | 0.029〜7.6 | 200 |<br>| ジクロロメタン | 351 | 0.3 | 2.9 | 0.16〜190 | 150 |<br><br>注：月1回以上測定を実施した地点に限る。<br>資料：環境省「平成14年度大気汚染状況報告書」より作成 | |

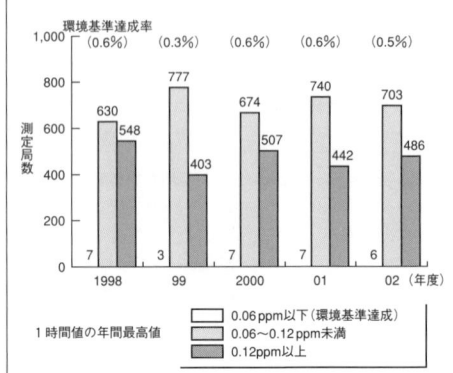

## 2.4 室内空気の汚染と健康

### 2.4.1 外気より汚染されている室内空気

　家を新築，あるいは改築・改装後入居して，その新鮮さ，快適な住まいに喜ぶ間もなく，目がチカチカする，のどが痛い，頭が重い，頭痛がする，めまいがする，吐き気がするなどの，いわゆるシックハウス症候群症状を訴える人が少なくない。その原因は，建材や家具などの接着剤として使われているホルムアルデヒドや，トルエン，キシレンなどの塗料などに使われている揮発性有機

## 2.4 室内空気の汚染と健康

**本書で用いている濃度の単位**

| | | | |
|---|---|---|---|
| 重さ | g（グラム） | | |
| | mg（ミリグラム） | 1000 分の 1 g | $10^{-3}$g |
| | μg（マイクログラム） | 100 万分の 1 g | $10^{-6}$g |
| | ng（ナノグラム） | 10 億分の 1 g | $10^{-9}$g |
| | pg（ピコグラム） | 1 兆分の 1 g | $10^{-12}$g |
| | fg（フェムトグラム） | 1000 兆分の 1 g | $10^{-15}$g |
| 濃度 | ％(percent) | | 100 分率 |
| | ppm(parts per million) | | 100 万分の 1 |
| | ppb(parts per billion) | | 10 億分の 1 |
| | ppt(parts per trillion) | | 1 兆分の 1 |
| | ppq(parts per quardrillion) | | 1000 兆分の 1 |

化合物の溶剤が疑われている。

1995 年 1 月 17 日に起こった阪神・淡路大震災では，死者 6 千人あまりと 25 万戸の全半壊の被害が発生した。被災後，建て替えや改築した住居で，目やのどの痛みを訴える人が頻発し，シックハウス症候群が大きな問題となった。

厚生省（現厚生労働省）が 1997 年度から全国の公立研究機関の協力を得て一般住宅 385 戸を対象に，シックハウス症候群の原因と考えられる有機塩素化合物等 44 種の物質について室内と室外の環境空気の調査を行った。その結果，**表** 2.4 に示されるようにヘキサン，ヘプタン，オクタン，ノナン，ベンゼン，トルエン，キシレン，p-ジクロロベンゼンおよびエチルベンゼンなどほとんどの化合物において室内の方が室外より平均で 3 倍以上の濃度であった。本来安らぎを求め，長期間，長時間居住する家屋内の方が，室外より汚染されていることの結果に，国民はじめ行政，住宅企業関係者に衝撃となった。

### 2.4.2 室内化学物質汚染とシックハウス症候群

1973 年の第 1 次オイルショック以降，建造物の省エネ対策が進み，断熱効果を高めるための高気密化が進んだ。ことにその気密化のためにアルミサッシや樹脂サッシ，複層ガラスが急激に増加したとともに換気回数が 1960 年代に比し 1980 年代以降では 10 分の 1 にまで低下した。また，合板の使用量は

表2.4 室内濃度・室外濃度の比較

| 物質名 | 室内濃度($\mu g/m^3$) | | 室外濃度($\mu g/m^3$) | |
|---|---|---|---|---|
| | 平均値 | 最大値 | 平均値 | 最大値 |
| ヘキサン | 7.0 | 97.5 | 3.4 | 110.6 |
| ヘプタン | 7.8 | 163.2 | 0.9 | 25.8 |
| オクタン | 12.7 | 257.7 | 1.2 | 63.2 |
| ノナン | 20.8 | 346.9 | 2.2 | 62.4 |
| デカン | 21.0 | 342.7 | 3.5 | 109.0 |
| ウンデカン | 13.0 | 228.6 | 2.1 | 74.2 |
| ドデカン | 10.2 | 141.6 | 1.8 | 43.9 |
| トリデカン | 13.1 | 453.1 | 5.0 | 87.8 |
| テトラデカン | 18.7 | 1114.8 | 2.1 | 56.5 |
| ペンタデカン | 5.3 | 316.3 | 0.4 | 5.1 |
| ヘキサデカン | 2.3 | 77.5 | 1.3 | 161.7 |
| 2,4-ジメチルペンタン | 0.5 | 13.0 | 0.3 | 3.6 |
| 2,2,4-トリメチルペンタン | 7.1 | 1095.6 | 0.6 | 20.2 |
| ベンゼン | 7.2 | 433.6 | 3.3 | 45.8 |
| トルエン | 98.3 | 3389.8 | 21.2 | 444.7 |
| m,p-キシレン | 24.3 | 424.8 | 4.3 | 65.9 |
| o-キシレン | 10.0 | 144.4 | 2.2 | 26.9 |
| スチレン | 4.9 | 132.6 | 0.2 | 6.7 |
| 1,2,3-トリメチルベンゼン | 3.1 | 53.2 | 0.6 | 12.2 |
| 1,2,4-トリメチルベンゼン | 12.8 | 577.2 | 2.4 | 31.8 |
| 1,3,5-トリメチルベンゼン | 4.2 | 231.3 | 0.8 | 34.2 |
| 1,2,4,5-テトラメチルベンゼン | 0.7 | 16.8 | 0.2 | 3.5 |
| エチルベンゼン | 22.5 | 501.9 | 4.9 | 90.1 |
| クロロホルム | 1.0 | 12.8 | 0.4 | 8.2 |
| 1,1,1-トリクロロエタン | 3.0 | 65.1 | 0.5 | 8.8 |
| 四塩化炭素 | 1.5 | 18.5 | 1.0 | 14.3 |
| トリクロロエチレン | 2.4 | 104.7 | 1.1 | 14.4 |
| テトラクロロエチレン | 1.9 | 43.4 | 0.7 | 10.8 |
| 1,2-ジクロロエタン | 0.5 | 11.5 | 0.5 | 17.1 |
| 1,2-ジクロロプロパン | 0.5 | 19.9 | 0.3 | 4.7 |
| クロロジブロモメタン | 2.0 | 313.0 | 0.2 | 0.2 |
| p-ジクロロベンゼン | 123.3 | 2246.9 | 4.9 | 129.3 |
| 酢酸エチル | 11.9 | 288.0 | 2.8 | 44.0 |
| 酢酸ブチル | 11.7 | 340.9 | 1.4 | 22.7 |
| ノナナール | 15.8 | 421.2 | 1.4 | 32.9 |
| デカナール | 9.7 | 169.0 | 2.7 | 106.1 |
| メチルエチルケトン | 5.8 | 101.0 | 1.6 | 30.3 |
| メチルイソブチルケトン | 4.8 | 179.1 | 1.0 | 20.5 |
| ブタノール | 6.8 | 174.5 | 0.9 | 42.4 |
| $\alpha$-ピネン | 77.6 | 2231.8 | 5.7 | 575.2 |
| リモネン | 42.1 | 554.8 | 1.1 | 23.4 |

(1998年度調査 厚生労働省資料より)

1965年から30年で4.5倍に，ビニールクロスは1975年から20年間で7.5倍にも増加した。

一方，高度経済成長とともに科学技術の進歩が多くの化学物質を生み出し，これらの揮発性化学物質を含有した建材，壁材，難燃性のプラスチック，カーテンなどの見せかけの高級感あふれる材料が生産されていった。

人々は機能性の他に安価であること，形・見た目の良さを求めて，住宅構造物に使用した。その結果，一見快適でやすらぎ感のある住居を手にしたものの，誰もが多くの化学物質が放散されている住居環境であることは知る由もなかった。まさに図2.2に示されるように住宅はサイレントキラー，有害な化学物質の貯蔵庫と化したのである。多数の有害な化学物質が居住環境にあることに驚く。主な室内汚染に関係する化学物質と健康への影響について表2.5に示した。

## (1) シックハウス症候群

医学的に確立した単一の疾患ではなく，居住環境に由来するさまざまな健康障害の総称を意味する用語である。学校での居住が原因と考えられる場合は「シックスクール症候群」と呼ぶ場合もある。WHO（世界保健機関）がシックハウス症候群の主要な症状として示しているものは，「のどの痛み，頭痛，頭重，目のチカチカ，傾眠，集中力欠如，めまい，不安などの中枢神経症状，涙目，充血，目の乾燥などの眼の症状，鼻づまり，鼻汁，風を引いたような症状，吐き気，呼吸困難などの気道症状，発疹，皮膚乾燥，皮膚の痒みなどのアレルギー性皮膚症状，倦怠感，疲労感などの全身症状」などである。これらの症状が時間を経過しても改善されないケースが多い。

発症原因の関連因子としてホルムアルデヒドやベンゼン，パラジクロロベンゼンなどの化学物質の暴露や，他にもカビやダニなども挙げられている。

発症メカニズムをはじめ，科学的に未解明な点が多いのが現状である。また，発症した患者の居住環境の疑われる化学物質の環境濃度が，室内濃度指針値以下の必ずしもシックハウス症候群を引き起こす域値でない濃度であっても発症しているケースが少なくない。指針値の見直しの考え方も出ているが，科学的，医学的な説明根拠がまた不十分である。

58　2章　空気の安全

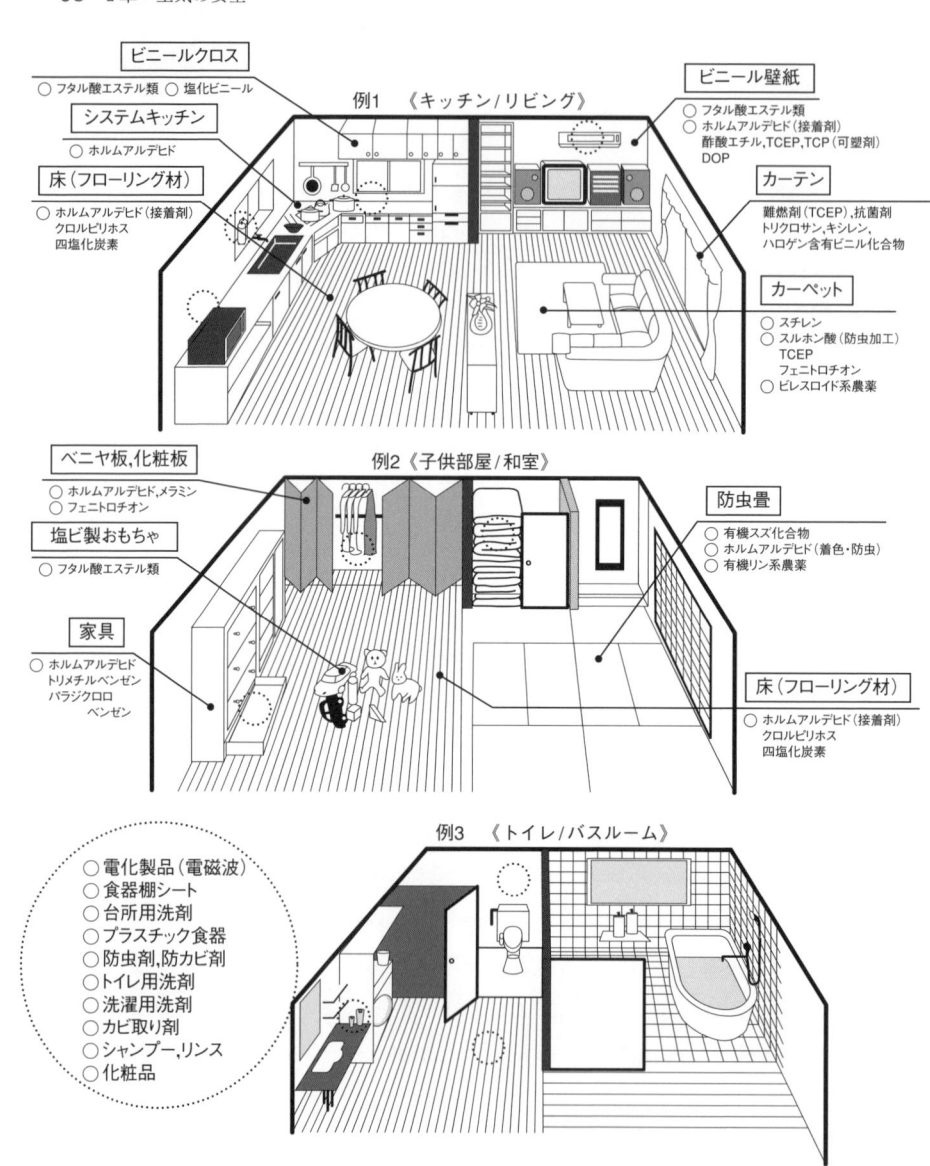

例1　《キッチン/リビング》

**ビニールクロス**
- フタル酸エステル類
- 塩化ビニール

**システムキッチン**
- ホルムアルデヒド

**床（フローリング材）**
- ホルムアルデヒド（接着剤）
- クロルピリホス
- 四塩化炭素

**ビニール壁紙**
- フタル酸エステル類
- ホルムアルデヒド（接着剤）
- 酢酸エチル、TCEP、TCP（可塑剤）
- DOP

**カーテン**
- 難燃剤（TCEP）、抗菌剤
- トリクロサン、キシレン、
- ハロゲン含有ビニル化合物

**カーペット**
- スチレン
- スルホン酸（防虫加工）
- TCEP
- フェニトロチオン
- ピレスロイド系農薬

例2　《子供部屋/和室》

**ベニヤ板,化粧板**
- ホルムアルデヒド、メラミン
- フェニトロチオン

**塩ビ製おもちゃ**
- フタル酸エステル類

**家具**
- ホルムアルデヒド
- トリメチルベンゼン
- パラジクロロ
- ベンゼン

**防虫畳**
- 有機スズ化合物
- ホルムアルデヒド（着色・防虫）
- 有機リン系農薬

**床（フローリング材）**
- ホルムアルデヒド（接着剤）
- クロルピリホス
- 四塩化炭素

例3　《トイレ/バスルーム》

- 電化製品（電磁波）
- 食器棚シート
- 台所用洗剤
- プラスチック食器
- 防虫剤,防カビ剤
- トイレ用洗剤
- 洗濯用洗剤
- カビ取り剤
- シャンプー、リンス
- 化粧品

\* TCEP（トリスクロロエチルホスフェート）
　TCP（トリクレジルホスフェート）
　DOP（ジオクチルフタレート）

図2.2　住居環境の化学物質汚染

表 2.5 室内汚染の主な化学物質と健康への影響

| 汚染化学物質 | 健康への影響 |
|---|---|
| ホルムアルデヒド<br>消毒剤，防腐剤，接着剤<br>HCHO | 揮発性が高く，眼・鼻・のどに刺激を与える。0.01〜0.03ppm程度では眼への刺激，異常感であるが，0.03ppm以上になると鼻・気道の刺激，眠気，頭痛，吐き気が，さらに高濃度になるとのどの刺激，乾き感が出る。しかし個人差がある。湿疹，かゆみが出ることもある |
| トルエン<br>塗料溶剤<br>(ベンゼン環)—$CH_3$ | 興奮・幻覚・麻酔作用のある劇物。トルエンを使う作業所に見られる症状は頭痛，頭重，下肢倦怠感など。脂溶性が強く，脳に移行し中枢神経系抑制作用がある。シンナーや接着剤遊びで酩酊感を享受し，幻覚，妄想などの症状も起こり，依存性がある |
| キシレン<br>塗料溶剤<br>(ベンゼン環)—$(CH_3)_2$ | 吸入，経口による体内への吸収性は高く，中枢神経系の抑制作用を有する。眼・鼻・のどを刺激し，皮膚への繰り返し接触は，皮膚炎を起こす |
| 酢酸nブチル<br>$CH_3COO(CH_2)_3CH_3$<br>塗料溶剤 | 眼・鼻・のどを刺激。高濃度になると激しいのどへの刺激症状が出る |
| パラジクロロベンゼン<br>防虫剤<br>$Cl$—(ベンゼン環)—$Cl$ | 疲労，頭痛，めまい，視野のぼけ，弱視化，眼・のどへの刺激，皮膚への刺激。動物実験により発がん性が報告されている。ラットによる実験で生殖毒性を示す報告がある |
| クロルピリホス<br>殺虫剤，防虫剤，シロアリ駆除<br>$(C_2H_5O)_2P(=S)-O-$(ピリジン環with 3 Cl) | 神経伝達物質であるアセチルコリンを分解する酵素，アセチルコリンエステラーゼを阻害することによって毒性が発現する。免疫低下でカゼを引きやすくなる。視力低下，視野狭窄などの視力障害，吐き気，頭痛，めまい，下痢などの自律神経障害などが出る。繰り返して暴露すると慢性化する。動物実験では催奇性，変異原性あり |
| ペルメトリン<br>殺虫剤，防虫剤<br>$Cl_2C=CHCH-C(CH_3)_2-COO-CH_2-$(フェノキシフェニル) | 花卉のアブラムシ，ハエ，カ，ゴキブリ用のエアゾール，畳ダニ剤に一般家庭でも用いられる。1981〜1989年ハイチ難民の男性に女性化乳房が集団発生，その原因はピレスロイド系殺虫剤のフェンチオンやペルメトリンによるアンドロジェン受容体に対する性ホルモンとの競合作用，いわゆる環境ホルモン作用が原因と見られている |
| ダイアジノン<br>殺虫剤，防虫剤<br>$(C_2H_5O)_2P(=S)-O-$(ピリミジン環，$CH_3$, $CH(CH_3)_2$) | 眼・皮膚を刺激する。アセチルコリンエステラーゼ阻害作用があり毒性を発現する。神経系に影響を与え，痙攣，呼吸不全を生じることがある |
| リン酸トリス(2-クロロエチル)（別名：TCEP，トリス2-クロロエチルホスフェート）<br>難燃剤 | 揮発性の高い物質。皮膚刺激性はない。コリンエステラーゼ活性阻害効果は弱い。変異原生はハムスターなどの試験において陽性。しかし，発がん性を述べている報告もあるが，現段階においては明確ではない |

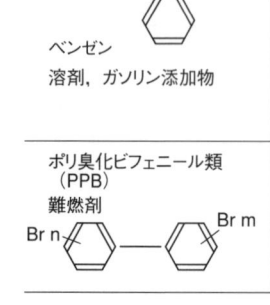

| | |
|---|---|
| ベンゼン<br>溶剤，ガソリン添加物 | 体内での侵入は，通常蒸気の経気道吸収であるが，作業所などでは経皮吸収もある。神経毒性を有するほか，肝臓，腎臓を侵す。また造血機能障害を起こし，白血球減少，貧血，血小板が減少する。臨床的症状としては倦怠感がある。発がん性，生殖毒性，免疫毒性が認められている。 |
| ポリ臭化ビフェニール類<br>（PPB）<br>難燃剤<br>Br n　　　　Br m | PCBとは類似の化合物であるが，難燃剤として混入されたプラスチックの通常の使用で室内環境への暴露はほとんどないが，プラスチックの異常加熱や火災時は暴露，またはダイオキシン類化が予想される。環境ホルモン作用があり，動物のブタなどの実験では甲状腺ホルモン撹乱，胎児への影響が確認されている。 |

### (2) 化学物質過敏症

通常，一般の人に有害といわれている濃度より，ごく微量の化学物質の暴露でも，体の多くの器官にいろいろな症状が発現し，しかも再発性がある。いわゆる化学物質に敏感に反応する体になってしまうことである。最初に比較的高濃度の化学物質に暴露されると，アレルギー症状でいう「感作」と同じような症状になり，2度目以後は，同じような物質の少量に暴露しても過敏に反応し症状を呈するのが特徴である。

発症の仕組みはいくつかに整理される。

① 長期間，化学物質に暴露されるとストレスの総量（トータル・ボディ・ロード）が各自の適応能力を超え，中毒量をはるかに下回る，一般的には生体に反応が見られない濃度，いわゆる無作用量に近い極めて微量の化学物質に暴露されただけで，肩こり，頭痛，冷え症状，下痢症状，腹痛，疲労感などさまざまな症状が出るようになる。

② 特定の化学物質に対して一度過敏性体質を獲得してしまうと，以後非常に微量でも種々の症状を呈するようになる。また，多発性化学物質過敏症といわれる病状があるが，これは最初は1種類の化学物質に暴露されて出てくる症状が，その後性質的にまったく無関係な多種類の化学物質によって，多くの器官に症状が出現してくる。症状そのものは化学物質過敏症と同じと見てよい。

表2.6 厚生労働省が定める室内汚染化学物質の濃度指針値一覧（2004年3月現在）

| 化学物質名 | 室内濃度指針値 | 主な用途 |
| --- | --- | --- |
| ※ホルムアルデヒド | 100 μg/m³ (0.08 ppm) | 合板，パーティクルボード，壁紙用接着剤等に用いられるユリア系，メラミン系，フェノール系等の合成樹脂，接着剤・一部ののり等の防腐剤 |
| トルエン | 260 μg/m³ (0.07 ppm) | 内装材等の施工用接着剤，塗料等 |
| キシレン | 870 μg/m³ (0.20 ppm) | 内装材等の施工用接着剤，塗料等 |
| パラジクロロベンゼン | 240 μg/m³ (0.04 ppm) | 衣類の防虫剤，トイレの芳香剤等 |
| エチルベンゼン | 3800 μg/m³ (0.88 ppm) | 内装材等の施工用接着剤，塗料等 |
| スチレン | 220 μg/m³ (0.05 ppm) | ポリスチレン樹脂等を使用した断熱剤等 |
| ※クロルピリホス | 1 μg/m³ (0.07 ppb)，ただし小児の場合は 0.1 μg/m³ (0.007 ppb) | シロアリ駆除剤 |
| フタル酸ジ-n-ブチル | 220 μg/m³ (0.02 ppm) | 塗料，接着剤等の可塑剤 |
| テトラデカン | 330 μg/m³ (0.04 ppm) | 灯油，塗料等の溶剤 |
| フタル酸ジ-2-エチルヘキシル | 120 μg/m³ (7.6 ppb) | 壁紙，床材等の可塑剤 |
| ダイアジノン | 0.29 μg/m³ (0.02 ppb) | 殺虫剤 |
| アセトアルデヒド | 48 μg/m³ (0.03 ppm) | ホルムアルデヒド同様一部の接着剤，防腐剤等 |
| フェノブカルブ | 33 μg/m³ (3.8 ppm) | シロアリ駆除剤 |
| 総揮発性有機化合物（TVOC） | 400 μg/m³［暫定目標値］ | |

※は建築基準法の規制対象物質

### 2.4.3 化学物質の室内濃度指針値と対策

室内空気汚染問題，ことにシックハウス症候群に対応した厚生労働省，国土交通省を中心に，化学物質の室内濃度指針値の制定，シックハウス対策を盛り込んだ改正建築基準法の制定等，国レベルでの積極的な施策が行われている。それにともない，建築材料，室内設備・装飾材料の業界でもホルムアルデヒドや揮発性化学物質の発散のない材料の開発と生産が進んできた。

厚生労働省は1997年6月にホルムアルデヒドの指針値100 μg/m³（0.08 ppm）を定め，以後2002年1月まで13物質の指針値，ならびに総揮発性有機化合物（TVOC）の暫定目標値400 μg/m³が決められ（表2.6），今後さら

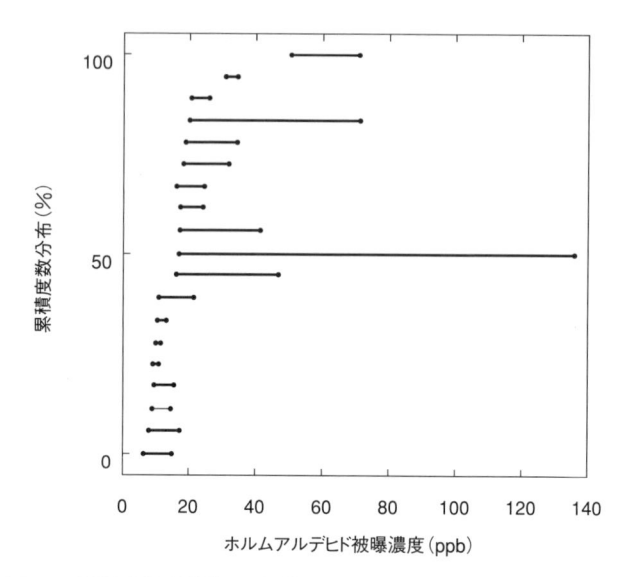

図2.3 過敏症状を誘発した可能性のあるホルムアルデヒド被曝濃度
(出典：柳澤幸雄 建築雑誌 vol. 119. No. 1521, 2004年7月号, 15 p)

に，指針値の見直しと追加が検討されている．

しかし，病院で化学物質過敏症と診断されている患者の場合，ホルムアルデヒドの例が多くある．したがって，室内指針値はシックハウス症候群や化学物質過敏症を起こさない予防的な目的には有効な指針値であるが，すでに過敏性を獲得している患者にとっては，指針値よりかなり低い濃度で過敏症状を誘発していること（図2.3），またその発症濃度に個人差もあることから，その指針値は科学的に，医学的にさらに研究が必要であろう．

国土交通省は，住宅，学校，オフィス，病院等，すべての建築物に対しシックハウス対策のために使用する建材や換気設備に関する法律，改正建築基準法を2003年7月1日から施行した．

ホルムアルデヒドに関する建材，換気設備の規制，シロアリ駆除に使われるクロルピリホスの使用禁止が主な規制である．表2.7は内装仕上げに使用するホルムアルデヒドを発散する建材の規制制限である．

しかし，改正建築基準法では，クロルピリホスの使用禁止とホルムアルデヒ

表2.7　内装仕上げのホルムアルデヒドの制限

| 建築材料の区分 | ホルムアルデヒドの発散 | JIS, JAS などの表示記号 | 内装仕上げの制限 |
| --- | --- | --- | --- |
| 建築基準法の規制対象外 | 少ない　放散速度　$5\,\mu g/m^2h$ 以下 | F ☆☆☆☆ | 制限なしに使える |
| 第3種ホルムアルデヒド発散建築材料 | $5\,\mu g/m^2h$ 以下 ～$20\,\mu g/m^2h$ 以下 | F ☆☆☆ | 使用面積が制限される |
| 第2種ホルムアルデヒド発散建築材料 | $20\,\mu g/m^2h$ 以下 ～$120\,\mu g/m^2h$ 以下 | F ☆☆ | |
| 第1種ホルムアルデヒド発散建築材料 | $120\,\mu g/m^2h$ 超　多い | 旧 $E_2$, $Fc_2$ または表示なし | 使用禁止 |

規制対象となる建材は，木質建材（合板，木質フローリング，パーティクルボード，MDFなど），壁紙，ホルムアルデヒドを含む断熱材，接着剤，塗料，仕上塗材などである。
(注) 建材からのホルムアルデヒドの発散量によって等級が定められ，JIS，JAS等の表示記号が等級3（F☆☆☆☆），等級2（F☆☆☆・第3種建材），等級1（F☆☆・第2種建材）となった。

ド放散材の使用基準を定めているだけで，出来上がった居住住宅の室内濃度の保証にはならないこと，また，厚生労働省の室内濃度指針値にある揮発性有機化合物（VOC）など11物質については制限がなされていないこと等から，今後の策定が期待される。

　改正建築基準法だけでは化学物質過敏症，シックハウス対策は不十分で，自分で生活環境を守ることが大事で，次のようなことに気をつける必要がある。

### 室内の換気

- 24時間換気システムのスイッチは切らずに，常に運転するようにする。
- 新築やリフォーム当初は，室内の化学物質の発散が多いので，しばらくの間は，換気や通風を十分行うように心がける。
- 特に夏は化学物質の発散が増えるので，室内が著しく高温高湿となる場合（温度28℃，相対湿度50％超が目安）には窓を閉め切らないようにする。
- 窓を開けて換気する場合には，複数の窓を開けて，汚染空気を排出するとともに新鮮な空気を室内に導入するようにする。
- 換気設備はフィルターの清掃など定期的に維持管理する。

## 揮発性の有機化合物の沸点と分類

- POM（粒子状物質）
- SVOC（半揮発性有機化合物）
- VOC（揮発性有機化合物）
- VVOC（高揮発性有機化合物）

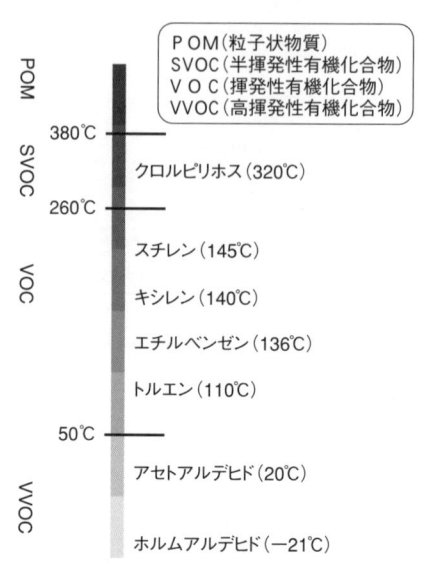

| 分類 | 沸点 | 物質 |
|---|---|---|
| POM | | |
| | 380℃ | |
| SVOC | | クロルピリホス（320℃） |
| | 260℃ | |
| VOC | | スチレン（145℃）<br>キシレン（140℃）<br>エチルベンゼン（136℃）<br>トルエン（110℃） |
| | 50℃ | |
| VVOC | | アセトアルデヒド（20℃）<br>ホルムアルデヒド（-21℃） |

（出典：国土交通省住宅局資料）

建材や塗料などから住宅の室内に放散する化学物質を「揮発性有機化合物」と呼ぶ。全体としてVOCと総称されることもあるがこれはVolatile Organic Compoundsの頭文字をとったものである。WHO（世界保健機関）では揮発性有機化合物を揮発性の高さ（沸点）に応じていくつかに分類している。

### 化学物質の発生源

- 新しい家具やカーテン，じゅうたんにも化学物質を発散するものがあるので注意が必要。
- 家具や床に塗るワックス類には，化学物質を発散するものがあるので注意が必要。
- 防虫剤，芳香剤，消臭剤，洗剤なども発生源となることがある。
- 化粧品，香水，整髪量なども影響することがある。

- 室内でタバコを吸うことは避けたほうが望ましい。
- 開放型ストーブ，排気を室内に出す暖房器具（ファンヒーター等）の使用は避け，排気を外部に出すもの（FF式ストーブ）など室内空気の汚染が少ない暖房器具を使用することが望ましい。

## 2.5 悪臭と悪臭防止法

　工場，事業所や農業畜産，あるいはごみ，下水処理など，またわれわれの生活の身のまわりから発生する悪臭物質は大気中に拡散し，微量でも人に不快感や嫌悪感を与える。この悪臭の問題は生活に密着した感覚公害の一つであるだけに，典型7公害のうち，自治体の環境部門に寄せられる地域住民からの苦情件数が騒音について多く，環境省の調査では2003年度は24,587件で1970年度の調査開始以来，過去最高の苦情件数となった。1995年度（9,972件）以来件数は上昇している。

　悪臭防止法では，悪臭の原因となる悪臭物質を特定し，工場や事業所からの排出を規制して生活環境を保全し，国民の健康を保護することを目的に，規制地域の指定および**表2.8**に示すような規制基準を設定している。

　この悪臭防止法の施行のために，次のような基本的なことが定められている。

① 悪臭物質の排出規制の対象となる地域を都道府県知事が指定する「指定地域制度」をとっている。
② 都道府県知事は規制地域について，その自然，社会的条件を考慮して，必要に応じて地域区分し，悪臭物質ごとに，①敷地境界線，②煙突などからの気体排出口，排出水の3種類の基準を定めることとしている。
③ 悪臭を生ずるものの焼却の禁止。

　なお，**表2.8**中で，＊印を付した硫黄系の悪臭4物質の排出水中の濃度と，大気中に拡散した当該物質の濃度との関係は，悪臭防止法第4条第3号に規定する規制基準を定める方法として，次の関係式により規定されている（平成6年4月21日公布，平成7年4月1日施行）。

$$C_{Lm} = k \times C_m$$

表2.8 悪臭物質の規制基準（1994年度）

| 物質名 | 規制基準の範囲 (ppm) | 物質名 | 規制基準の範囲 (ppm) |
|---|---|---|---|
| アンモニア | 1〜5 | イソバレルアルデヒド | 0.003〜0.01 |
| メチルメルカプタン* | 0.002〜0.01 | アセトアルデヒド | 0.05〜0.5 |
| 硫化水素* | 0.02〜0.2 | スチレン | 0.4〜2 |
| 硫化メチル* | 0.01〜0.2 | プロピオン酸 | 0.03〜0.2 |
| 二硫化メチル* | 0.009〜0.1 | ノルマル酪酸 | 0.001〜0.006 |
| トリメチルアミン | 0.005〜0.07 | ノルマル吉草酸 | 0.0009〜0.004 |
| プロピオンアルデヒド | 0.05〜0.5 | イソ吉草酸 | 0.001〜0.01 |
| ノルマルブチルアルデヒド | 0.009〜0.08 | 酢酸エチル | 3〜20 |
| ノルマルバレルアルデヒド | 0.009〜0.05 | メチルイソブチルケトン | 1〜6 |
| イソブチルアルデヒド | 0.02〜0.2 | トルエン | 10〜60 |
| イソブタノール | 0.9〜20 | キシレン | 1〜5 |

表2.9 定数 $k$ の値

| 物質名 | $Q \leq 10^{-3}$ | $10^{-3} < Q \leq 10^{-1}$ | $10^{-1} < Q$ |
|---|---|---|---|
| メチルメルカプタン | 16 | 3.4 | 0.71 |
| 硫化水素 | 5.6 | 1.2 | 0.26 |
| 硫化メチル | 32 | 6.9 | 1.4 |
| 二硫化メチル | 63 | 14 | 2.9 |

［注］$Q$（単位：m³/s）＝事業場の敷地外に排出される排出水の量

ただし，$C_{Lm}$：排出水中の悪臭物質の濃度の許容限度（単位：mg/$l$），$k$：定数（**表2.9**に示す値で，単位：mg/$l$），$C_m$：事業場の敷地境界線における規制基準値（単位：ppm）である．また，規制基準値は**表2.8**に示される範囲で，都道府県知事等が地域の実情に応じて定める値となっている．

## 参考および引用文献
1) 環境省編：平成16年版環境白書（2004）
2) 及川紀久雄，北野 大，久保田正明，河内邦明：環境と生命，三共出版（2004）

3) 及川紀久雄:知っていますか暮しの有害物質―いのちを守る安全学―, NHK出版（2000）
4) T. G. Spiro 他著, 岩田元彦, 竹下英一訳:地球環境の化学, 学会出版センター（2000）

# 3章　食の安全

　食品は生命，健康の維持に直接かかわるものであり，安全性の確保が大前提であることはいうまでもない．しかしながら，この大前提を覆すような食品事故が相次いでいる．古くは，1955年に西日本の各地で発生した森永ヒ素ミルク事件，1968年のカネミ油症事件，1985年のジエチレングリコール汚染ワイン事件などがある．最近では1996年のO-157集団食中毒事件，2001年のBSE(Bovine Spongiform Encephalopathy, 牛海綿状脳症(狂牛病))の発生，2002年の中国産ホウレンソウからの基準値を超える残留農薬の検出など，枚挙に遑(いとま)がない．本章では，わが国の食品の安全性確保対策について学ぶことからはじめる．次に食品添加物，食品に含まれる有害性物質，そして食の安全保障としての自給率，さらに遺伝子組換えの食品等について考えていく．

## 3.1　食品安全基本法

　政府は，BSE問題にかかわる行政の対策の不十分さ，また国民の不信感に対処するため「BSE問題に関する調査検討委員会」を2001年に発足させ，その報告書が2002年に提出された．この報告書は以下の7つの面において行政対応上の問題があったと指摘した．それらは

① 危機意識の欠如と危機管理体制の欠落
② 生産者優先・消費者保護軽視の行政
③ 政策決定過程の不透明な行政機構
④ 農林水産省と厚生労働省の連携不足
⑤ 専門家の意見を適切に反映しない行政
⑥ 情報公開の不徹底と消費者の理解不足
⑦ 法律と制度の問題点と改革の必要性

であり，これらの指摘を受け政府は2003年5月に『食品安全基本法』を制定し，同年7月には『食品安全委員会』が設置された．

### 3.1.1 法の目的と基本理念

本法の目的は「科学技術の発展，国際化の進展その他の国民の食生活を取り巻く環境の変化に適切に対応することの緊急性にかんがみ，食品の安全性の確保に関し，基本理念を定め，並びに国，地方公共団体及び食品関連事業者の責務並びに消費者の役割を明らかにするとともに，施策の策定に係わる基本的な方針を定めること」と第1条に述べられている。

また，上記基本理念としては，以下の

第3条　国民の健康保護が最優先されること

第4条　農林水産物の生産から販売に至る食品供給行程の各段階において適切な措置を講じること

第5条　国民の健康への悪影響を未然に防止すること

を挙げている。

### 3.1.2 食品安全委員会

食品安全基本法第22条の規定により，食品安全委員会が内閣府に設置された。その目的は食品の健康影響評価を科学的かつ中立的に行うことである。すなわち，リスク管理という行政上の役割と完全に分離したことにその意義がある。図3.1に食品安全委員会とリスク管理のシステムを示す。図によるとリスクの評価と管理が独立されていることがわかる。リスク評価については食品安全委員会は，食品の安全性について科学的データに基づき客観的かつ中立公正に評価を行う。迅速さをもった安全性評価の公表が国民から期待されている。

① その物質の一般的な毒性を調べる90日反復投与毒性試験や1年間反復投与毒性試験

② 胎児に奇形が生じるかどうかを調べる催奇形性試験

③ 発がん性があるかどうかを調べる発がん性試験

④ アレルギー性を調べる抗原性試験

⑤ 遺伝子を傷害するかどうかを調べる変異原性試験

などのさまざまな試験の成績が厚生労働省に提出される。この委員会は，それらの試験成績等を踏まえ，その物質の安全性を科学的に評価する。

本委員会の行う具体的な評価対象は，食品添加物，遺伝子組換え食品，健康

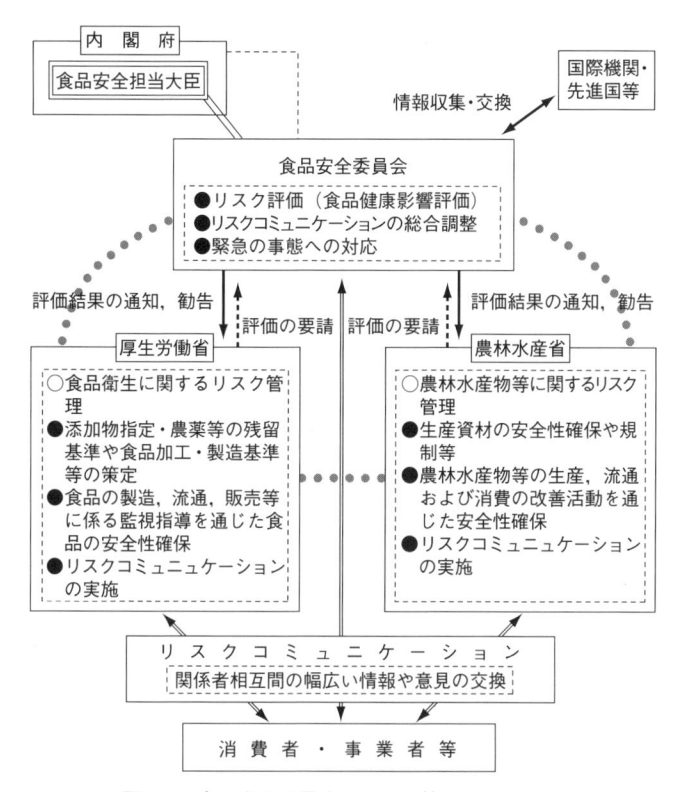

図3.1 食品安全委員会とリスク管理のシステム
(出典:農林水産省資料)

食品,家畜飼料,肥料,農薬などである。

## 3.2 食品添加物と安全性

　農薬・化学肥料に頼らざるを得ない穀物を含む農産物生産,抗生物質を使う畜産,そして食品添加物が不可欠とされる加工食品生産,それらの化学物質の健康への影響・安全性が大きな課題となっている。
　まず,食品添加物の安全とその課題について見てみよう。
　カマボコなどの練り製品,乳製品などの加工食品は全国どこでも同一価格で,かつ鮮度を保ちスーパーマーケットなどの店頭に並べられている。包装や

殺菌技術の進歩と食品添加物の利用技術が食品の安定保存と高品質での全国流通を可能とした。しかし生活者にとって，食品添加物の安全性に対して不安を抱くのも否定はできない。

ソーセージの歴史はとても古く，ギリシャ時代のホメロスの英雄叙情詩「オデッセイ」には，すでに山羊の腸に詰めて作ったソーセージが登場し，さらにポリス（都市国家）には腸詰屋が存在していた。そのころのソーセージ作りは岩塩と香辛料としてハーブのセージを肉とともに腸に詰めたという。岩塩は亜硝酸ナトリウムを微量含有しており，発色剤の役目を，セージは殺菌防腐剤の役目をなしていたと考えられる。蛇足ではあるがソーセージの語源は雌ブタを意味する sow とハーブのセージ（sage）からきたと言われている。

昔から豆腐は豆乳ににがり（塩化マグネシウム）が添加され，固められてでき上がったものである。また，こんにゃくの凝固剤には古来より，石灰（水酸化カルシウム）が用いられている。こんにゃくがヌルリとしているのは石灰によるものであり，pH が 12 と強いアルカリ性を示しほとんどの細菌を殺す。石灰は凝固作用だけでなく，殺菌防腐効果が強く，腐りにくくする。

ソーセージの食塩，亜硝酸ナトリウム，豆腐のにがり，こんにゃくの凝固剤である石灰もいずれも製品の形作りのための基本的添加物となっている。梅干し漬には塩だけでなく，赤紫蘇の葉を入れ色と香りを着ける。これらの添加物はず〜と以前，ず〜と昔から食品の加工に，保存に，そして色や香りで美味しさを出すために必要なものとして使われてきた。

これらのものは，現在の食品衛生法でいう「食品添加物」に該当するものである。食品添加物は，食品に対して何らかの効果が得られ，かつ意図的に使われるもので，食品の品質を改善したり，保存性をよくするために使われるものである。

食品添加物がなければ食品の保存も，加工も，料理もできなくなってしまう。食中毒も多発するだろう。やはり食品の安全という点で食品添加物は必要なのである。食品添加物は厚生労働大臣が安全性と有効性を確認して指定した「指定添加物」，天然添加物として使用実績が認められ品目が確定している「既存添加物」，「天然香料」や「一般飲食物添加物」に分類される（図3.2 参照）。

天然香料，一般飲食物添加物を除き，今後新たに開発される添加物は，天然

```
                    ┌─ 指定添加物(350品目) ──── 厚生労働大臣が指定した添加物
                    │                              (天然添加物も含む)
食品添加物 ─────────┤─ 既存添加物(450品目) ┐
                    │─ 天然香料            ├─ 天然添加物
                    └─ 一般飲食物添加物    ┘
```

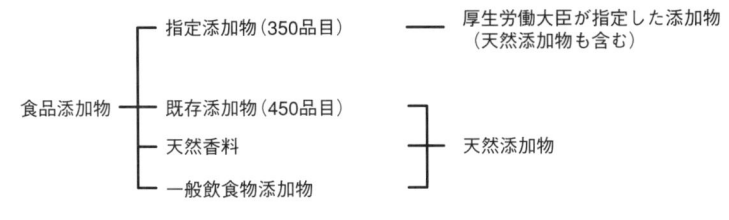

図3.2 食品添加物の分類

や合成の区別なく指定添加物となる。

既存添加物に指定された天然添加物は，安全性が必ずしも確認されたものではなく昔から使用されており，格段の有害性の問題がなかったということから，見込み認可的色彩のものである。既存添加物の使用にあたっての安全性の責任所在は使用者に委ねられているともいえる。

一般に〔天然物〕＝〔安全〕と考えがちではあるが，既存添加物についてはまだ安全性評価が十分でないため，安全宣言は早計である。

事実，着色料としての既存添加物である「アカネ色素」は遺伝毒性，腎肝への発がん性が認められたことから，2004年7月厚生労働省は消除を緊急に行うべきものとした。このアカネ色素はアカネ科の植物であるセイヨウアカネの根茎から得られる色素で，アリザリンおよびルベリトリン酸を主成分とするもので，生産量は年3〜5tである。EUおよびアメリカでは使用は認められていない。

厚生労働省は2005年1月現在，天然系の添加物など39品目を消除している。その中にはイチジク葉抽出物（製造用剤），オオムギ殻皮抽出物（乳化剤），クサギ色素（クマツヅラ科クサギの果実から抽出した青色色素），ホオノキ抽出物（モクレン科ホオノキ樹皮抽出物で保存料），ピーナッツ色素など天然添加物が含まれている。

食品添加物として指定される要件として以下に示す事項が挙げられている（**表3.1**参照）。

### (1) 食品添加物の安全性の確認

食品添加物の人への安全性はほ乳動物であるラットやマウスなどの実験動物を使って，発がん性の可能性がないか，胎児の発生や成育に悪影響を及ぼすこ

**表 3.1　食品添加物として指定される要件**

(1) 安全性が実証または確認されるもの
(2) 使用により消費者に利点を与えるもの
　① 食品の製造，加工に必要不可欠なもの
　② 食品の栄養価を維持させるもの
　③ 腐敗，変質，その他の化学変化などを防ぐもの
　④ 食品を美化し，魅力を増すもの
　⑤ その他，消費者に利点を与えるもの
(3) すでに指定されているものと比較して，同等以上か別の効果を発揮するもの
(4) 原則として化学分析等により，その添加を確認し得るもの

**表 3.2　安全性を確認するための主な試験**

| | | |
|---|---|---|
| 一般毒性試験 | 28日間反復投与毒性試験 | 実験動物に28日間繰り返し与えて生じる毒性を調べる |
| | 90日間反復投与毒性試験 | 実験動物に90日間以上繰り返し与えて生じる毒性を調べる |
| | 1年間反復投与毒性試験 | 実験動物に1年以上の長期間にわたって与えて生じる毒性を調べる |
| 特殊毒性試験 | 繁殖試験 | 実験動物に二世代にわたって与え，生殖機能や新生児の成育に及ぼす影響を調べる |
| | 催奇形性試験 | 妊娠中の実験動物の母体に与え，胎児の発生，成育に及ぼす影響を調べる |
| | 発がん性試験 | 実験動物にほぼ一生涯にわたって与え，発がん性の有無を調べる |
| | 抗原性試験 | 実験動物でアレルギーの有無を調べる |
| | 変異原性試験<br>(発がん性試験の予備試験) | 細胞の遺伝子や染色体への影響を調べる |

とがないか，アレルギーを引き起こす可能性など**表 3.2** に示されるような項目について試験される。これらの毒性試験の結果を検討し，統計処理によって慢性毒性試験における食品添加物の障害が全く認められない群に投与した量 (mg/kg/日) を無作用量とする。この動物に対する無作用量 (No Observed Effect Level) を人に対する一日あたりの摂取許容量に変換するには，動物と人との感受性の差を 1：10 とし，人の間の感受性の個人差を 1：10 として，人に対する安全係数を 100 とするものである。したがって，動物に対する無作用量の 1/100 が人体一日許容摂取量 (mg/kg/日) となる。これを一日摂取許容

表3.3 アイスクリームに使用される食品添加物の例

| はたらき | 食品添加物名 |
|---|---|
| 乳脂肪などを均一に混ぜる(乳化剤) | グリセリン脂肪酸エステル |
| 形を保ち,舌ざわりを良くする(安定剤) | ローカストビーンガム |
| 特有の香りをつける(香料) | バニラ香料 |
| 自然の色を補う(着色料) | $\beta$-カロテン |

表3.4 かまぼこ,ちくわに使われる食品添加物の例

| はたらき | 食品添加物名 |
|---|---|
| 弾力を与える | ピロリン酸ナトリウム(結晶) |
| タンパク質の冷凍変性防止 | D-ソルビトール |
| 味をととのえる(調味料) | L-グルタミン酸ナトリウム |
| 腐敗を抑える(保存料) | ソルビン酸 |

量(ADI：Acceptable Daily Intake)といい,一生食べつづけても安全と認められた量を体重1kgあたり一日に何mgまでと表される。殺菌料や保存料のように安全性の低いものでは1/200ないし1/500の係数が採用されることもある。

(2) 食品添加物とそのはたらき

バニラの香りやストロベリーの色と香りがするマイルドなアイスクリームの食感は清涼感とともに心に和みさえ与えてくれる。アイスクリームは牛乳,卵,砂糖が加えられ,泡立てながら急速に冷やしでき上がる。家庭で作るアイスクリームはこれだけででき上がるが,市場に出すものは表3.3のような食品添加物を加え,さらにマイルドで舌ざわりがよく,色具合をよくし香りを着け,品質を高め,商品としての付加価値の高いものとしている。

板わさの弾力性ある歯ごたえ,魚のように腐敗しにくいのも表3.4に見られるような食品添加物のお陰である。

ハム,ソーセージも色具合,弾力性のある食感,長期保存性,いずれの効果も表3.5に挙げられるような食品添加物があるが故である。

表 3.5  ハム，ソーセージに使われる食品添加物の例

| はたらき | 食品添加物名 |
|---|---|
| 肉の色を保つ(発色剤) | 亜硝酸ナトリウム |
| 味をととのえる(調味料) | 5′-イノシン酸ナトリウム |
| 肉の組織を改良する(結着剤) | ポリリン酸ナトリウム |
| 腐敗を抑える(保存料) | ソルビン酸 |

表 3.6  炭酸飲料に使われる食品添加物の例

| はたらき | 食品添加物名 |
|---|---|
| 酸味をつける，爽快感を与える(酸味料) | クエン酸(結晶)，炭酸ガス |
| 自然の色を補う(着色料) | ニンジンカロテン |
| 香りをつける(香料) | レモン香料 |

　スポーツの後の炭酸入りドリンク，その清涼感は疲れを癒してくれる。クエン酸の酸味，少量の炭酸ガスは爽快感を与え，のどごし感をよくする（**表3.6**）。このように確かに食品を調理，加工，製造する上で，食品の腐敗や変敗を防ぎ，保存性や嗜好性を高め，あるいは栄養強化の目的での食品添加物は必要ではあるが，適切な使用とその添加量であるかが大事である。本来，冷蔵保存が適切であるにもかかわらず常温下の店頭販売をするために保存剤が多用されている食品，必要以上の色素が添加されている食品も少なくない。食品添加物の使用はモラルの欠如した商業ベース本意となり，人の健康に必要な十分な配慮が欠落するようなことがあってはならない。

　**表3.7**は食品添加物の種類と用途と，それに使われる主な添加物の例を挙げたものである。

## 3.3　食品に含まれる有害性物質と安全

　われわれが日常喫食している魚介類，青果・野菜において非意図的に含まれるカドミウムや水銀などの重金属類，ダイオキシン類，あるいは自然界のなかで植物や海草のなかに産生や蓄積される毒性物質などもある。本節ではそれらのいくつかについて述べることにする。

表 3.7 食品添加物の種類と用途例

| 種類 | 目的と効果 | 食品添加物の例 |
|---|---|---|
| 甘味料 | 食品に甘味を与える | カンゾウ抽出物<br>サッカリンナトリウム |
| 着色料 | 食品を着色し，色調を調節する | クチナシ黄色素<br>食用黄色 4 号 |
| 保存料 | カビや細菌などの発育を抑制し，食品の保存性をよくし，食中毒を予防する | ソルビン酸<br>しらこタンパク抽出物 |
| 増粘剤<br>安定剤<br>ゲル化剤<br>糊剤 | 食品に滑らかな感じや，粘り気を与え，分離を防止し，安定性を向上させる | ペクチン<br>カルボキシメチルセルロースナトリウム |
| 酸化防止剤 | 油脂などの酸化を防ぎ保存性をよくする | エルソルビン酸ナトリウム<br>ミックスビタミン E |
| 発色剤 | ハム・ソーセージの色調・風味を改善する | 亜硝酸ナトリウム<br>硝酸ナトリウム |
| 漂白剤 | 食品を漂白し，白く，きれいにする | 亜硫酸ナトリウム<br>次亜硫酸ナトリウム |
| 防かび剤<br>(防ばい剤) | 輸入柑橘類等のかびの発生を防止する | オルトフェニルフェノール (OPP)，ジフェニール |
| イーストフード | パンのイーストの発酵をよくする | リン酸三カルシウム<br>炭酸アンモニウム |
| ガムベース | チューインガムの基材に用いる | エステルガム<br>チクル |
| 香料 | 食品に香りをつけ，おいしさを増す | オレンジ香料<br>バニリン |
| 酸味料 | 食品に酸味を与える | クエン酸(結晶)<br>乳酸 |
| 調味料 | 食品にうま味などを与え，味をととのえる | L-グルタミン酸ナトリウム<br>タウリン(抽出物) |
| 豆腐用凝固剤 | 豆腐を作る時に豆乳を固める | 塩化マグネシウム<br>グルコノデルタラクトン |
| 乳化剤 | 水と油を均一に混ぜ合わせる | グリセリン脂肪酸エステル<br>植物レシチン |
| pH 調整剤 | 食品の pH を調節し品質をよくする | DL-リンゴ酸<br>乳酸ナトリウム |
| かんすい | 中華めんの食感，風味を出す | 炭酸カリウム(無水)<br>ポリリン酸ナトリウム |
| 膨張剤 | ケーキなどをふっくらさせ，ソフトにする | 炭酸水素ナトリウム<br>焼ミョウバン |
| 栄養強化剤 | 栄養素を強化する | ビタミン A<br>乳酸カルシウム |
| その他の食品添加物 | その他，食品の製造や加工に役立つ | 水酸化ナトリウム<br>活性炭，液体アミラーゼ |

(出典：日本食品添加物協会資料)

## (1) カドミウムと安全

カドミウムは全国各地にある鉛・銅・亜鉛の鉱山開発や精錬所などの人為的活動によって，あるいは過去においてはゴミ焼却場などからも環境中に排出され，耕作地や河川流域の水田土壌に蓄積してきた。また必ずしも鉱山や製錬所からの汚染由来ではなく，地域の土壌特性としてカドミウム濃度のやや高いところもある。カドミウム濃度の高い食品を数十年に渡って摂取し続けた場合，体内に吸収・蓄積され，腎機能障害を引き起こす可能性がある。

イタイイタイ病は大正の初め頃（1912年）から富山県神通川流域で原因不明の病気として多発した。高濃度のカドミウムを数十年に渡って摂取し，かつ，栄養不足が重なり，特に女性に多く発病したものである。その症状は大腿部や腰をはじめ全身的疼痛が起こり，骨の萎縮，骨からのカルシウムの脱離が所見的に見られ，更年期以後の女性，ことに経産婦が多く，男性は少なかったという。

米などの穀類のカドミウム含量が主として取り上げられるが，野菜，果物，肉，魚など多くの食品に含まれている。

わが国の米のカドミウム基準値は「玄米：1 mg/kg」で，これ以上含んでいるものは販売・加工が禁止されている。農水省は0.4 ppm以上1 ppm以下の玄米は農家から買い上げ，主に工業用の糊として処理している。

ちなみに日本産の米のカドミウム含量は平均0.06 ppmで，厚生労働省の機関である国立医薬品食品衛生研究所で1977年から毎年行っている日常食の汚染物質の摂取調査によると，2001年では29.3 $\mu$g/日/人で，この値は10年間ほとんど変化がないという。

カドミウムの摂取量をFAO/WHO合同食品添加物専門家会議が定めた暫定耐容摂取量（人の体重1 kgあたり1週間7 $\mu$gまで）と比較すると，体重50 kgとすると，食品からのカドミウムの摂取量は暫定耐容摂取量の約60%にあたり，影響のあるレベルではない。

## (2) 水銀と安全

2003年2月に英国・食品基準局（UK Food Standards Agency：FSA）はメチル水銀が胎児に影響するとして「妊娠女性は週ツナ缶詰2個，またはマグロステーキ1枚以下とすること」と勧告を更新した。また厚生労働省は2003

年6月にサメ，メカジキ，キンメダイ，クジラ類の一部について，妊婦等を対象に摂食に関する注意事項を出した．表3.8はマグロ等の摂食に関する各国の注意事項を示したものである．

メチル水銀は，母親が摂食することによる胎児に及ぼす神経毒性や発達中の幼児への神経毒性，いわゆる神経の発達に影響を及ぼすことが懸念される．それによって胎児性水俣病，流産・死産，麻痺・痙攣，意識障害，知覚障害，言語障害，視力障害などのメチル水銀中毒の特異的病状の発現を危惧したものである．

しかし，日本人の平均的摂取量は総水銀で平均 $8.4\,\mu g$/人/日でその88%は魚介類から摂食している．その摂取した水銀をすべてメチル水銀と仮定すると，一般人に対する暫定的摂取量限度の約35%で，平均的な食生活をしている限り，健康への影響が懸念されるレベルではないと，厚生労働省は見解を述べている．なお，国際専門家会議の胎児への影響を考慮した再評価（2004年）によると暫定的摂取量限度（$1.6\,\mu g$/体重1kg/週）と比較した場合では約70%である．

わが国の妊婦に対する摂食指導では1回60〜80gの摂取と仮定した場合
　　バンドウイルカは1回以下／2カ月，
　　ツチクジラ，コビレゴンドウ，マッコウクジラ，サメ（筋肉）1回以下／
　　1週間
　　メカジキ，キンメダイ 2回以下／1週間
としている．

魚介類は，表3.9に示されるように良質なタンパク質，多種のビタミン類，動脈硬化等に効果があるといわれるDHA，EPAなどを多く含み，また，微量栄養素の摂取源であるなど，健康的な生活を営む上で重要な食材である．したがって過剰な摂食を避け，バランスのとれた食事がより重要である．

### (3) ダイオキシン類と魚介類中の蓄積

われわれは食事や呼吸を通じて，毎日平均して体重1kgあたり約1.53 pg-TEQのダイオキシン類を摂取している．このうち魚介類からは平均1.29 pgの摂取で，摂取量全体の約84%になる．ダイオキシン類は脂肪に溶けやすいために脂肪組織に残留しやすく，魚介類に蓄積されやすい．

表3.8 各国の注意事項の比較

| | | 日本 | 米国 | 英国 | カナダ |
|---|---|---|---|---|---|
| 機関 | | 厚生労働省 | FDA（食品医薬品庁）/EPA（環境保護庁） | Food Standard Agency | Health Canada |
| 実施年，月 | | 2003年6月 | 2001年1月<br>2004年3月 | 2002年5月<br>2003年2月<br>2004年3月 | 2002年5月 |
| 最新の注意事項 | 対象生物 | サメ，メカジキ，キンメダイ，クジラの一部 | ①サメ，メカジキ，サワラ(King Mackerel)*，アマダイ(Tilefish)*<br>②エビ，ライトツナ缶詰，サケ，タラ，ナマズ<br>③ビンナガマグロ | サメ，メカジキ，マグロの缶詰，マグロステーキ | メカジキ，サメ，マグロ |
| | 対象者 | 妊婦，妊娠の可能性のある方 | 妊娠する可能性のある女性，妊婦，授乳中の母親，幼児 | 妊婦，妊娠を考えている女性，16歳以下の小児 | すべての人。さらに，幼児，妊娠可能年齢の女性 |
| | 注意事項内容 | バンドウイルカ：1回60〜80gとして2カ月に1回以下<br>ツチクジラ，コビレゴンドウ，マッコウクジラ，サメ（筋肉）：1回60〜80gとして週に1回以下<br>メカジキ，キンメダイ：1回60〜80gとして週に2回以下 | 1. 上記の①の魚の摂取を避けるべき<br>2. 水銀含有量が少ない魚種（上記②）は週に12オンス（340g）とすべき<br>・水銀含有量が少ない魚介類：エビ，ライトツナ缶詰，サケ，タラ，ナマズ<br>・週に2回魚介類を摂取する場合は，ビンナガマグロは6オンス（170g）とすべき<br>3. 地域の湖等で個人が捕獲した魚については，各地域の勧告を確認などをすべき<br>4. 幼児に魚介類を与える際には，上記勧告に従いかつ量を減らすべき | 【妊婦，妊娠を考えている女性】<br>サメ，メカジキ，マカジキの摂取を避けると共に，1週間に中型のマグロ缶詰4個（560g）以下またはマグロステーキ2枚（280g）以下とすべき<br>【16歳以下の小児】<br>サメ，メカジキ，マカジキの摂取を避けるべき | 上記の魚の摂取は週に1食とすべき<br>また，幼児，妊娠可能年齢の女性は月に1食とすべき |

\* わが国で摂食されているサワラ，アマダイとは異なる。

（資料：農林水産省）

　しかし，わが国のダイオキシン類の耐容一日摂取量は4 pg-TEQ/kg体重で，これは一生涯にわたって毎日摂取し続けても健康影響が現れない指標であ

**表 3.9 魚介類に含まれる栄養成分と機能成分**
○魚介類に含まれる栄養成分の例

| 栄養成分 | 多く含む魚介類 | 欠乏症 |
| --- | --- | --- |
| ビタミン A | ウナギ，ウニ，魚の肝臓 | 夜盲症，網膜機能低下，皮膚疾患 |
| ビタミン $B_{12}$ | カキ，シジミ，アサリ，カツオ，サンマ | 悪性貧血，知覚異常，精神障害 |
| ビタミン $D_3$ | ベニザケ，クロカジキ，ニシン | 骨軟化症（くる病），骨粗しょう症 |
| ビタミン E | ウナギ，ニジマス，アユ | 歩行失調，位置感覚障害，貧血 |
| カルシウム | 小魚，ドジョウ | 成長障害，骨や歯の弱体化 |
| 鉄 | ドジョウ，イカナゴ，シジミ | 貧血，口腔疾患 |
| 亜鉛 | カキ，カニ，イワシ類 | 味覚障害，発育不全，生殖機能低下 |
| セレン | イワシ，ニシン，マグロ，ワカサギ | 心筋障害，筋肉障害 |

○魚介類に含まれる機能成分の例

| 機能成分 | 多く含む魚介類 | 期待される効果 |
| --- | --- | --- |
| DHA | クロマグロ脂身，スジコ，ブリ，サバ | 脳の発達促進，痴呆予防，視力低下予防 |
| EPA | マイワシ，クロマグロ脂身，サバ，ブリ | 血栓予防，抗炎症作用，高血圧予防 |
| タウリン | サザエ，カキ，コウイカ，マグロ血合肉 | 動脈硬化・心疾患予防，胆石予防 |
| アスタキサンチン | サケ，オキアミ，サクラエビ，マダイ | 生体内抗酸化作用，免疫機能向上作用 |

（資料：農林水産省）

る。

　表 3.10 は，水産庁が 1999 年から魚介類に蓄積されているダイオキシン類の実態を把握するための調査を実施しているその結果である。これらの濃度レベルでは健康に影響を及ぼす可能性はない。

　ダイオキシン類についての詳細は § 4.4 を参照されたい。

**(4) 野菜等の硝酸塩と安全**

　近年，野菜中の硝酸塩と健康との関係が話題となっている。ヒトが水，ハム・ソーセージなどの加工食品や野菜等を介して摂取した硝酸塩は，主に消化管上部から吸収され，血液に移行し，一部が唾液中に分泌され，大部分は腎臓を通じて尿中に排泄される。唾液中に分泌された硝酸塩の一部は口腔内の微生物により，還元されて亜硝酸塩になる。

　亜硝酸塩の一部は魚や肉などの二級アミンと胃酸の酸性条件で発がん性のニ

**表 3.10 魚介類中ダイオキシン類濃度調査結果**
　　　　（検体濃度の単純平均値）

上段：ダイオキシン類
下段：PCDD＋PCDF のみ

|  | 2003 年度平均 | 1999〜2002 年度平均 |
|---|---|---|
| 魚介類 | 0.754 pg-TEQ/g<br>0.253 pg-TEQ/g | 0.908 pg-TEQ/g<br>0.302 pg-TEQ/g |
| うち魚類 | 0.982 pg-TEQ/g<br>0.299 pg-TEQ/g | 1.162 pg-TEQ/g<br>0.344 pg-TEQ/g |
| うち貝類 | 0.159 pg-TEQ/g<br>0.088 pg-TEQ/g | 0.253 pg-TEQ/g<br>0.184 pg-TEQ/g |
| うち甲穀類 | 1.053 pg-TEQ/g<br>0.522 pg-TEQ/g | 1.236 pg-TEQ/g<br>0.575 pg-TEQ/g |
| うちその他の水産動植物 | 0.109 pg-TEQ/g<br>0.053 pg-TEQ/g | 0.230 pg-TEQ/g<br>0.103 pg-TEQ/g |

1999 年〜2002 年は 102 種，423 検体
2003 年 137 種，344 検体

（資料：水産庁）

　トロソアミン（N-ニトロソジメチルアミン，N-ニトロソジエチルアミンなど）を生成する。

　ニトロソアミンは発がん性があるとともに膵臓のランゲルハンス氏島の $\beta$ 細胞に作用し，インシュリンの正常な生成に影響を及ぼし，糖尿病にもかかわることが懸念されている。

　また胃の中の pH 状況によっては，硝酸塩から亜硝酸塩が生成して血液中のヘモグロビンと結合してメトヘモグロビンを生成しメトヘモグロビン血症を引き起こし，3 カ月未満の乳児（乳児は胃酸の分泌が少なく，胃内の pH が高いため亜硝酸が生成しやすい）に発生した事例がヨーロッパにある。これらはことに野菜中の硝酸塩が体内で亜硝酸に転換することから始まる。

　植物は，窒素を硝酸塩やアンモニウム塩の形で根から吸収し，これと炭水化物からアミノ酸やタンパク質を合成する。吸収される硝酸塩の量が多すぎたり，日光が十分に当たらないと吸収された硝酸塩がアミノ酸やタンパク質に合成されないで，植物体中に蓄積される。このサイクルの関係を図 3.3 に示した。

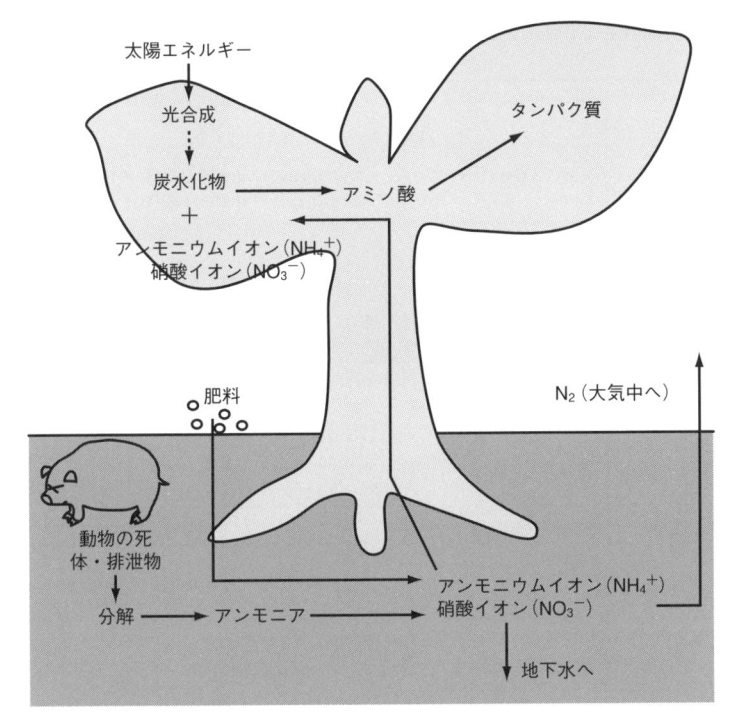

図3.3 植物の光合成における硝酸塩からアミノ酸・タンパク質生成サイクル

（資料：農林水産省）

表3.11にわが国の主な野菜の硝酸塩含量とEU基準値および英国のデータを示す。

一般に硝酸の多い野菜は糖度が低く，酸味が強い。また大根は硬く筋が多く，甘みが少なく，早く痛みやすい。

野菜等の栽培において化学肥料過多，完熟していない作物への有機肥料の過多使用などに日光不足などが重なると，さらに硝酸塩の多い野菜ができる。

野菜中の含量を減らすにはゆでることが，また漬物は水洗するのが最も効果的である。生野菜の摂食では十分な注意が必要である。これらの野菜等の硝酸の問題は，健康との関係評価と野菜中濃度の低下のための方策など，今後大きな課題としてクローズアップされるであろう。

表 3.11 わが国の主な野菜の硝酸塩含量と EU 基準値

(単位:mg/kg)

| 品 目 | 厚生労働省データ | 参 考 | | EU の基準値 |
|---|---|---|---|---|
| | | 英国のデータ(1999〜2000 年) | | |
| ほうれんそう | 3560±552(6) | 11〜12 月 2180-2560(2) 【平均 2370】 | | 11 月〜3 月 3000 |
| サラダほうれんそう | 189±233(6) | 4〜10 月 25-3910(21) 【平均 1487】 | | 4 月〜10 月 2500 |
| レタス(結球) | 634±143(3) | 施設<br>4〜9 月 937-3740(18) 【平均 2247】<br>10〜3 月 1040-4425(19) 【平均 3158】 | | 施設 2500<br>露地 2000 |
| サニーレタス | 1230±153(3) | 露地<br>4 月 775-1461(2) 【平均 1118】<br>5〜8 月 244-3073(26) 【平均 1045】 | | 施設<br>4 月〜9 月 3500<br>10 月〜3 月 4500 |
| サラダ菜 | 5360±571(3) | 9 月 308-2119(17) 【平均 1090】<br>10〜12 月 670-3000(11) 【平均 1348】 | | 露地<br>4 月〜9 月 2500<br>10 月〜3 月 4000 |
| 春菊 | 4410±1450 | — | | — |
| ターツァイ | 5670±1270 | — | | — |
| 青梗菜 | 3150±1760 | — | | — |

(注 1) 国立医薬品食品衛生研究所および英国 food standard agency ホームページより
(注 2) データの欄の( )内は分析件数
(注 3) 施設:温室内での栽培,露地:屋外での栽培

(資料:農林水産省)

## 3.4　わが国の食糧事情,自給率について

### 3.4.1　食料自給率とその算出方法

食料自給率とは,国内の食糧消費について国産でどの程度まかなえているかを示す指標であり,下記の 3 種の算出方法がある。

① 品目別自給率(重量ベース)

特定の品目についての自給度合

② 穀物自給率(重量ベース)

基礎的な食料である穀物に着目した自給度合

③ 総合食料自給率(カロリーベースまたは金額ベース)

各品目を基礎的な栄養素であるカロリーまたは経済的価値である金額という

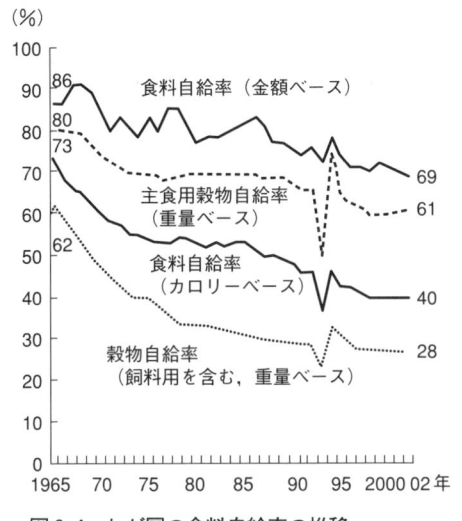

図3.4 わが国の食料自給率の推移
(出典：我が国の食料自給率，農林水産省，2003)

共通のものさしで総合化した食品全体の自給度合

図3.4に1965年から2002年までのわが国の食料自給率の推移を示す。カロリーベースで見た場合，1965年度の73％から2002年度では40％と大きく低下している。なお，1993年の37％と大きく低下した原因は米の不作によるものである。

図3.5にカロリーベースの食料自給率の計算方法を示す。まず，品目ごとの一人一日あたりの供給純食料（g）を供給熱量（cal）に換算し合計する。図3.5では合計2,599 kcalとなる。次に品目ごとの供給熱量に品目別供給熱量自給率を乗じて国産熱量を求め，合計する。たとえば，図3.5では米の供給熱量自給率は96％であるので，国産熱量としては612×0.96＝586 kcalとなる。

なお，豚肉，牛肉などは国内生産の割合，さらに飼料の自給率を掛けて国産熱量とする。これらの合計が1,048 kcalとなる。

最終的に国民一人一日あたりの国産熱量の合計を国民一人一日あたりの供給熱量で除して自給率を求める。

|  | 一日あたり供給純食料 | 供給熱量 | 品目別供給熱量自給率 | 国産熱量 |
|---|---|---|---|---|
| 米 | 一日 172g | 612kcal | 96% | 586kcal |
| 野菜 | 一日 265g | 77kcal | 80% | 62kcal |
| 豚肉 | 一日 31g | 71kcal | 53%×10%（飼料自給率）（＝5%） | 4kcal |

国内生産分（豚肉の53%）
自給飼料による生産分（豚肉の5%）
輸入部分（豚肉の47%）

合計　2,599kcal　　1,048kcal

$$\text{カロリーベースの食料自給率} = \frac{\text{国民一人一日あたり国産熱量}}{\text{国民一人一日あたり供給熱量}} = \frac{1{,}048\text{kcal}}{2{,}599\text{kcal}} \times 100 = 40\%$$

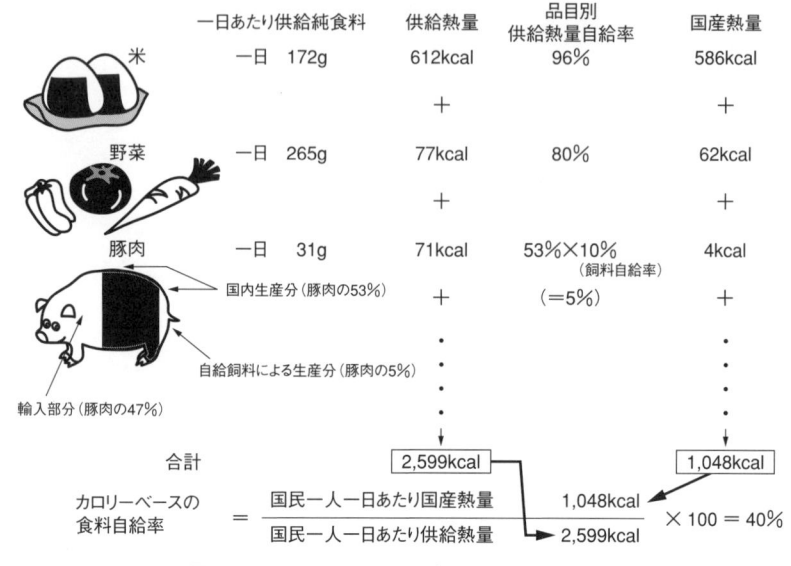

**図 3.5　カロリーベースの食料自給率の求め方**
（出典：我が国の食料自給率，農林水産省，2003）

### 3.4.2　自給率低下の原因と対策

　それではなぜこのように自給率が低下したのであろうか．ちなみに先進主要国の食料自給率（カロリーベース）の推移を**図 3.6** に示す．食料輸出国のフランスやアメリカを除いてもわが国はかなり低いことがわかる．

　食料自給率の低下の最大の原因は食生活の変化，特に米消費量の減少である．**図 3.7** に示すように米の消費は 1960 年から 2002 年の間に 40％ も減少しており，そのぶん畜産物と油脂類が増えている．畜産物や油脂類を生産するためには大量の飼料や油糧原料（大豆，なたね）が必要であり（**表 3.12** 参照），また**図 3.8** に示すように，わが国の農業生産は人口に比べ農地が狭く平坦でないという国土条件もある．そのため大量の飼料穀物や油糧原料の輸入となり，自給率を低下させてきた．

　自給率は何パーセントが望ましいのであろうか．政府は 2000 年 3 月に食料・農業・農村基本計画を策定し，その中で食料自給率の目標として 2010 年度にカロリーベースとして 45％ とすることを定めた．この目標達成に向けて

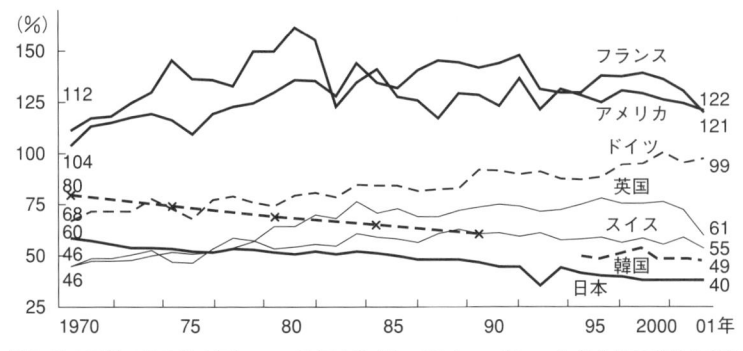

## 3.4 わが国の食糧事情，自給率について

**図3.6 各国の食料自給率（カロリーベース）の推移**
(出典：我が国の食料自給率，農林水産省，2003)

(注) 日本以外のその他の国についてはFAO "Food Balance Sheets" 等を基に農林水産省で試算。ただし，韓国については，韓国農村経済研究院 "Korean Food Balance Sheet 2001" による（1970，1980，1990および1995～2001年）。なお，1990年以前と1995年以降では算出方法が違うため，データは連続しない。

**図3.7 わが国の食生活の変化（一人一日あたり供給熱量の構成の推移）**
(出典：我が国の食料自給率，農林水産省，2003)

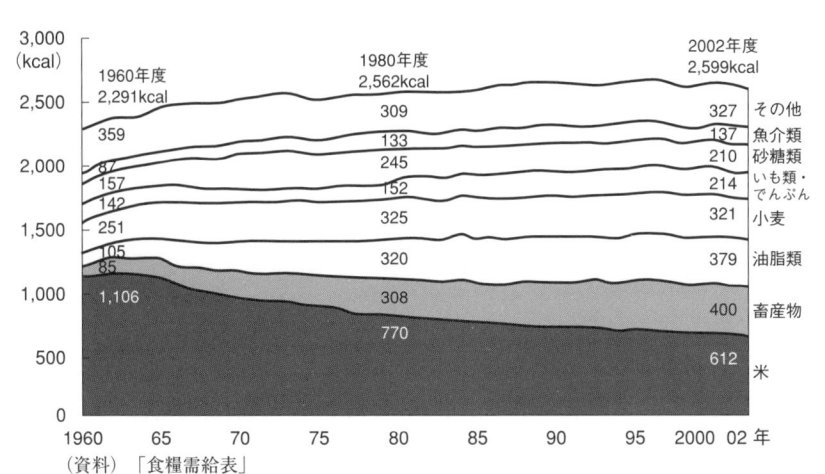

(資料)「食糧需給表」
(参考) 米・畜産物・油脂類の合計（アミかけの部分）の水準にはほとんど変化はない。主食のご飯（米）が減少（1960年度から4割減）する一方で，畜産物（同約5倍），油脂類（同約4倍）が増加してきた事がわかる。

図3.8 の説明:

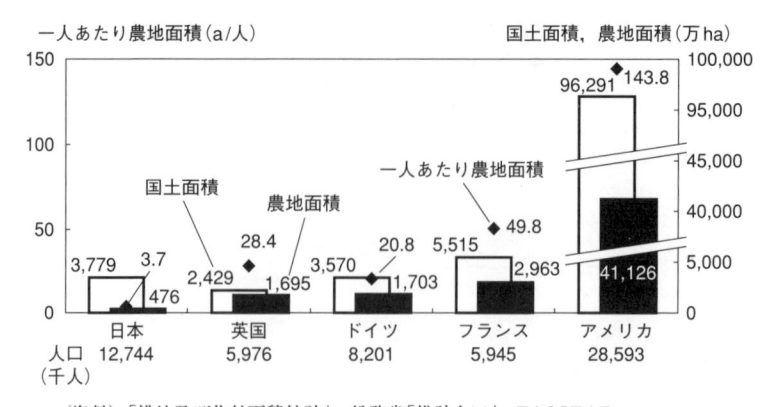

一人あたり農地面積 (a/人) / 国土面積, 農地面積 (万ha)

| 国 | 国土面積 | 農地面積 | 一人あたり農地面積 | 人口(千人) |
|---|---|---|---|---|
| 日本 | 3,779 | 476 | 3.7 | 12,744 |
| 英国 | 2,429 | 1,695 | 28.4 | 5,976 |
| ドイツ | 3,570 | 1,703 | 20.8 | 8,201 |
| フランス | 5,515 | 2,963 | 49.8 | 5,945 |
| アメリカ | 96,291 | 41,126 | 143.8 | 28,593 |

（資料）「耕地及び作付面積統計」，総務省「推計人口」，FAOSTAT
（注）日本は2002年の数値である。

図3.8　主要先進国の人口と農用地面積（2001年）
（出典：我が国の食料自給率，農林水産省，2003）

表3.12　畜産物・油脂1kgを生産するために必要な穀物等の量（試算）

| 牛肉 | 豚肉 | 鶏肉 | 鶏卵 | 大豆油 | なたね油 |
|---|---|---|---|---|---|
| 11 kg | 7 kg | 4 kg | 3 kg | 5 kg | 2 kg |

（注）1. 牛肉，豚肉，鶏肉，鶏卵については，必要な飼料の量をトウモロコシ換算した場合の数値である。
2. 牛肉，豚肉，鶏肉については，部分肉ベースである。
3. 大豆油，なたね油については，それぞれを1kg生産するのに必要な大豆，なたねの量である。

（出典：我が国の食料自給率，農林水産省，2003）

の具体的な課題を表3.13に示す。特に消費者として栄養バランスの改善や食べ残しなどについて注意したい。ちなみに表3.14に和食，洋食，中華による献立と食料自給率を示す。当然のことながら和食が最も自給率が高くなっている。

## 3.5　遺伝子組換え農作物と安全性

現在われわれが口にしている野菜や果物のほとんどは品種改良された作物である。たとえば，トマトはアンデスの中高地に自生している直径3～4 cmの小さな原種（現在のトマトの元になったもの）に病気に強い野生種（トマト属

表3.13 食料自給率目標の達成のための具体的課題

| | 課　題 | 備　考 |
|---|---|---|
| 消費者 | ○ わが国の農業や食料需給事情についての理解<br>○ 栄養バランスの改善や，食べ残し・廃棄の減少等食生活の見直し | ・脂質熱量供給割合 27%<br>・供給熱量と摂取熱量の差の1割低減 |
| 生産者 | ○ 耕作放棄地の解消や耕地利用率の向上<br>○ コストの低減と消費者ニーズに対応した生産 | ・製めん適性 5% 程度向上（小麦）<br>・生産コストの3割低減（麦，大豆）等 |
| 食品産業事業者 | ○ 販路開拓や新製品開発の取組を通じた生産者サイドとの連携の強化<br>○ 消費者の適切な商品選択のための原産地表示等の徹底 | ・JAS法改正による原産地表示等の義務化 |
| 国 | 〈消費面〉「食生活指針」の理解と実践の促進を図りつつ，栄養バランスの改善や食べ残し・廃棄の減少など，食生活の見直しに向けた国民的な運動を展開 | ・食生活指針の認知度の向上 |
| | 〈生産面〉 麦，大豆，飼料作物の本格的生産等に向け，<br>○ 優良農地の確保と流動化の促進<br><br>○ 生産基盤の整備等を通じた生産性の向上<br><br>○ 技術の開発・普及による単収や品質の向上<br><br>○ 消費者や食品加工業者のニーズに即応した生産の推進 | ・農用地区域内農地面積 417万 ha の確保<br>・農地面積 470万 ha の確保<br>・汎用田整備率 53% の達成<br>・畑地かんがい施設整備率 28% の達成 等<br>・低アミロース米等新形質品種の育成（米）<br>・機械化適性を付与した高品質多収品種の育成（単収を10%向上）（大豆）等 |

(出典：我が国の食料自給率, 農林水産省, 2003)

であるが野菜として利用されず野に生育しているもの）をかけ合わせるなどしたものであり，その結果甘くて大きなトマトとなっている．本節ではその開発の目的および安全性評価の方法について詳述する．

### 3.5.1 遺伝子組換え作物開発の目的

農業の三大外敵として雑草，害虫，微生物による病気がある．これらの外敵に対しては品種改良，農薬の開発などにより対処してきたが，後述するように

表3.14 代表的な献立の栄養バランスと食料自給率

| | | 献立 | 供給熱量 | 脂質熱量割合 | 食料自給率 |
|---|---|---|---|---|---|
| 朝食 | 和食 | ごはん, みそ汁, あじの干物, おひたし | 455 kcal | 14% | 85% |
| | | ごはん, みそ汁, 卵焼き, 納豆, 焼きのり | 489 kcal | 21% | 64% |
| | 洋食 | 食パン, オムレツ, サラダ, 紅茶 | 602 kcal | 40% | 13% |
| | | 食パン, ハムエッグ, サラダ, 牛乳 | 663 kcal | 39% | 15% |
| | 中華 | 中華粥, 青菜の炒め物 | 260 kcal | 42% | 43% |
| | | ごはん, チンジャオロースー, わかめスープ | 451 kcal | 26% | 68% |
| 昼食 | 和食 | ちらし寿司, すまし汁 | 407 kcal | 4% | 90% |
| | | 天丼, みそ汁, 漬け物 | 724 kcal | 24% | 59% |
| | 洋食 | スパゲッティボンゴレ, ブロッコリーのサラダ | 582 kcal | 36% | 6% |
| | | ハヤシライス, コールスローサラダ | 812 kcal | 51% | 41% |
| | 中華 | ラーメン, 餃子 | 943 kcal | 27% | 7% |
| | | チャーハン, 中華スープ | 609 kcal | 43% | 48% |
| 夕食 | 和食 | ごはん, すまし汁 (豆腐, 椎茸), あじの塩焼, じゃがいもの炒め煮, 青菜のごま和え | 696 kcal | 21% | 70% |
| | | ごはん, すまし汁, かつおのたたき, 若竹煮, アスパラガスのからし和え | 531 kcal | 13% | 84% |
| | 洋食 | インド風カレーライス, トマトのサラダ | 641 kcal | 33% | 47% |
| | | ガーリックライス, ペッパーステーキ, つけ合わせ, サラダ菜のサラダ | 783 kcal | 46% | 43% |
| | 中華 | ごはん, わかめスープ, 麻婆豆腐, 茹で鶏の中華風サラダ | 693 kcal | 30% | 51% |
| | | ごはん, 豆腐としめじのスープ, かに玉, えびの中華風衣揚げ | 802 kcal | 44% | 43% |

【注意点】
1. 「食料需給表」, 科学技術庁資源調査会編「五訂日本食品標準成分表」等を基に農林水産省で試算。
2. 食料自給率は2002年度概算値による。
3. 通常の生活活動強度の成人の適正な脂質熱量割合は20〜25%である(厚生労働省「第6次改定日本人の栄養所要量」)。
4. 供給熱量, 脂質熱量割合, 食料自給率は, 食材の選び方, 分量等によって異なるため, 本試算においては品目ごとに標準的な栄養量, 自給率を採用しており, 実際と異なる場合もある。

(出典:我が国の食料自給率, 農林水産省, 2003)

表 3.15 遺伝子組換え作物のメリット

| | 作物等の例 | 内　容 |
|---|---|---|
| 食糧供給面 | 安定供給 | 害虫や雑草の被害を減らし，収量増加することにより安定した作物の供給 |
| | 過酷な状況下での栽培 | 砂漠などの乾燥や塩害に強い作物の開発により耕地面積の増大 |
| 健康，栄養面 | 高オレイン酸大豆（悪玉コレステロールの減少） | 従来の大豆の3～4倍のオレイン酸を含む。また飽和脂肪酸（血中コレステロールの増加要因）を30%近くカット |
| | ゴールデンライス | $\beta$-カロテンを多く含み，ビタミンA欠乏症の栄養改善 |
| | 低アレルゲン米 | 米アレルギーの人向け |
| 品質面 | フレーバー・セーバートマト | トマトの実をやわらかくする働きを抑えて日持ちをよくしたトマト。完熟後の収穫も可能 |
| | ウイルス抵抗性パパイヤ | 病気による味の低下を防ぐことが可能 |
| 環境面 | 農薬の有効利用と使用量の減少 | トウモロコシの茎の中に入り込んだアワノメイガへの対策としてBtコーンの開発。このトウモロコシは現在商品化されており，害虫抵抗性のBtコーンが作るBtタンパク質がアワノメイガの消化管を破壊・餓死させる<br>除草剤の影響を受けない大豆。1種類の除草剤だけで，かつ少ない散布回数で雑草のみ枯らすことが可能 |
| | 不耕起栽培 | 土地を耕やすことにより土壌が侵食され，表土が流出するので，これを防ぐためには不耕起栽培が有効であるが，不耕起栽培では雑草量が多いため，農作物が雑草に負けてしまう。そのため除草剤の影響を受けない作物の開発により不耕起栽培が可能となる |

従来型の品種改良技術では必ずしも十分ではなかった。農業をこれらの外敵から守り，生産性を安定させるばかりでなく，新しい機能（たとえば栄養補給効果）をもつ作物の開発，農薬の使用量の減少などの効果も遺伝子組換え作物には期待される面も多い（**表 3.15** 参照）。

　遺伝子組換え作物が世界で最初に商品化されたのは1994年の日持ちのよいトマト（フレーバー・セイバー）であり，2003年現在，大豆，ナタネ，トウモロコシ，綿，パパイアの5作物が世界で商業生産されている。また，その栽培面積は**図 3.9**に示すように全世界で6,770万ha，490万haのわが国の農地

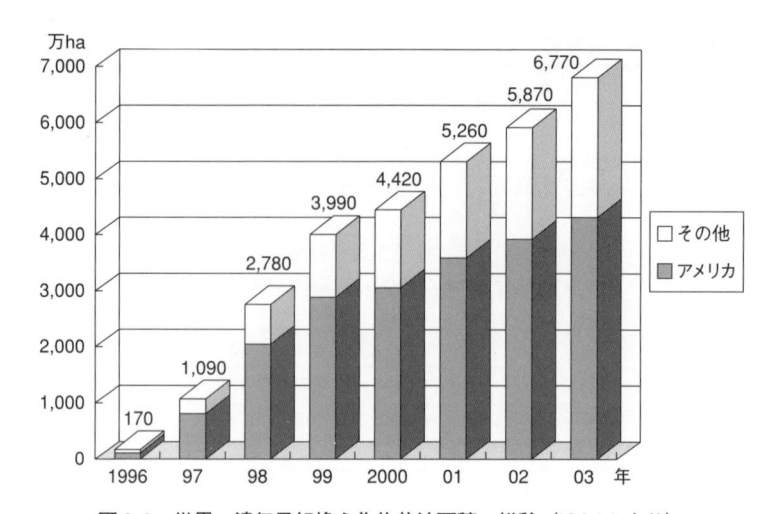

図 3.9 世界の遺伝子組換え作物栽培面積の推移（ISAAA より）
(出典：田部井 豊，環境研究，No. 132, 34-43, 2004)

の10倍以上となっている。たとえば大豆の場合，アメリカでは1996年の組換え体の栽培開始時は約10％にも満たない状況であったが，わずか6年間で作付面積の75％にも増加している。トウモロコシも1/3程度，綿も3/4程度が組換え体である。

### 3.5.2 従来の品種改良方法と遺伝子組換え技術

これまでに主として行われてきた品種改良方法には以下の4方法がある。

① 人工授粉交配

ある品種のメシベに違った品種のオシベの花粉をかけて雑種を作る方法

② 胚培養

種が異なる場合，交配による方法では新しい品種が作れないため，交配した後の胚を取り出し培養して新しい品種を作る方法（例：キャベツとハクサイから作られるハクラン）

③ 細胞融合

植物の細胞壁を溶かしプロトプラストを作り，薬品処理や電気ショックにより細胞どうしを融合させる方法（例：ジャガイモとトマトから作られるポマ

ト)

④ 突然変異育種

植物に放射線を当てるなどして，人工的に突然変異を引き起こさせて品種改良をする方法（例：ナシのゴールド 20 世紀）

しかしながら従来の品種改良の方法は試行錯誤的な要素も多く，目的の品質の作物を得るためには何世代にもわたる交配の繰り返しが必要であった。遺伝子組換え技術も品種改良法の一つであり，直接に遺伝子レベルで改良ができること，種を超えた品種改良ができるなどのメリットがある。遺伝子組換えのヒントは大きさ約 1 $\mu$m のアグロバクテリウムが植物にコブ（クラウンゴールという腫瘍）を作らせる植物ホルモンの遺伝子や，自分たちに必要なアミノ酸を作る遺伝子を導入する能力の発見である。現在でもこのアグロバクテリウムを用いる方法が最も一般的な遺伝子組換え方法となっている。具体的にはアグロバクテリウムはゲノム以外に Ti プラスミドという短い DNA の輪をもっており（T-DNA），ここに入っている遺伝子が植物の染色体に必ず組み込まれるため，まず，制限酵素によりアグロバクテリウムからコブを作らせる遺伝子部分を除去し，かわりに目的とする遺伝子，たとえば除草剤に強くなる遺伝子を組み込み，これを植物に接触させることにより，アグロバクテリウムが有用遺伝子を植物細胞内に導入する方法である。

### 3.5.3　遺伝子組換え作物の安全性

これらには，① 食品としての安全性評価，② 環境に対する影響の安全性評価，③ 動物の飼料としての安全性評価がある。① については厚生労働省が，② については農林水産省，環境省が，③ については農林水産省で審査をしている（図 3.10 参照）。

#### (1)　食品としての安全性評価

基本的な考え方は実質的同等性（Substantial Equivalence）という 1986 年の OECD（経済協力開発機構）で合意された科学的な考え方をベースとしている。すなわち，遺伝子組換え作物からの食品の安全性を評価する場合には，既存の作物からの食品と比較して安全性の程度がどうかということを見ている。

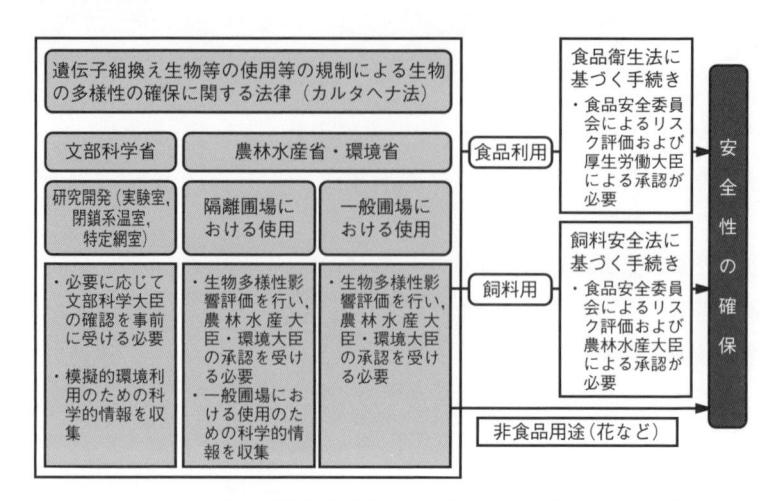

**図 3.10　日本の遺伝子組換え農作物の安全性を確保するための手続き**

**表 3.16　安全性を評価する審査項目**

| 評価項目 | 内　容 |
| --- | --- |
| 組換え体自体の性質 | 宿主，ベクター，供与体，導入遺伝子とその遺伝子産物について，構造や性質が詳細に判明しているか |
| 導入遺伝子と生産物の安全性 | 組み込まれた遺伝子はどんな働きをするか，<br>目的以外の物が作られる可能性はないか，<br>作られる蛋白質は人に対する有害性やアレルギーの原因にならないか，<br>遺伝子を導入したことで成分に意図しない変化を起こす可能性はないか |

　これはもとの食品とまったく同じということを見るのではなく，同程度の安全性，逆にいえばリスクも同程度かということで評価しているわけである。

　なぜこのような実質的同等性という考え方が必要なのか。現在，われわれが口にしている作物についても，たとえばジャガイモ中のソラニンなどのように人の健康に有害な物質も数多く含まれている。すなわち，100％安全とはいえない状態である。したがって，遺伝子組換え体についても「体に良い成分も悪い成分も含めて，これまで安全に食べてきた経験のある現在の作物，食品を基準にして，遺伝子組換え体の安全性を評価する」という考え方ができ，これが実質的同等性になる。表 3.16 に審査する項目とその意味を示す。以下，表

3.16 の項目について追加的に述べる。

　まず，導入する遺伝子は何から採るのか，そして何に入れるのかがはっきり解明されていなければならない。よくわからないが結果として問題がないというだけでは将来どんなことが起こるか不明なので審査上は認められない。

　また，導入された遺伝子により生成するタンパク質の安全については電気泳動法などにより分析をし，既知の毒性物質，既知の食物アレルゲンとの構造の類似性を確認する。また，人工胃液，人工腸液，さらには加熱による処理によって分解されるか否かの知見も重要である。アレルゲンについては組換え体がアレルゲンであってはいけないということではなく，非組換え体と比較して作用が増強されていないかが問題となる。

　なお，これらの情報から安全性の判断が不可能な場合，動物を用いる実験データを要求しうるが，これまでの審査において動物実験データは求められていない。おそらく慢性毒性試験などのデータが評価に必要な場合，このような組換え自体はそもそも認められないことになろう。

(2) **環境に対する安全性の評価**

　生物多様性に影響が考えられる例を図 3.11 に示す。これらのうち最も関心のある事項は，花粉の飛散により遺伝子が他の植物に伝播しないか，たとえば，除草剤耐性の遺伝子組換え農作物を栽培したときに，雑草と交雑し除草剤を散布しても枯れない雑草が発生するかの心配である。この場合には開花時期，花粉の飛散距離が問題となる。確かにトウモロコシやナタネのように他家受粉する作物の場合，組換え体が近くに存在して，かつ開花時期が同じであれば花粉が受粉し交雑する可能性は考えられる。そこでこのようなことが生じる可能性があるか否かの審査が行われる。もちろん，可能性がある場合には隔離圃場での栽培が必要である。

　なお，トウモロコシについては交雑可能なトウモロコシの野生植物はないといわれている。また，ナタネの場合には交雑の可能性があるので，畑から離れた場所での栽培が必要となる。

　直接的交雑ではないが，2004 年 11 月，独立法人国立環境研究所が千葉県の国道沿い 7 カ所で遺伝子組換えセイヨウナタネが自生していることを確認したことが各紙に報じられた。米モンサント社が除草剤「ラウンドアップ」とセッ

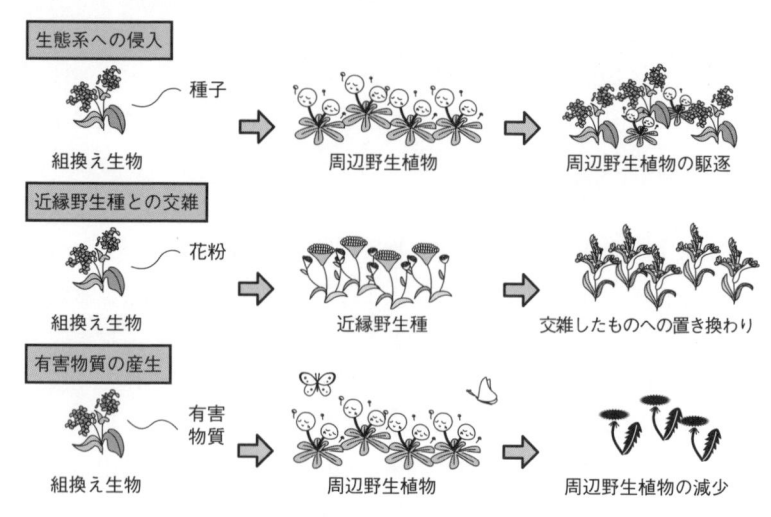

**図 3.11　遺伝子組換え生物の生物多様性への影響の例**
(出典：田部井　豊，環境研究，No. 132, 34-43, 2004)

ト販売しているセイヨウナタネの遺伝子と一致したということである。ナタネの花粉は同じアブラナ科の他の植物と交雑する可能性があり，自然生態系への影響の監視が必要とみている。また市民団体も茨城県鹿島港，三重県四日市港，名古屋港，神戸港，鹿島市内，茨城県取手市などでも遺伝子組換えされた除草剤グリサホート耐性ナタネを発見している。

上記の除草剤耐性であるが，これはある特定の除草剤に耐性が生じるという意味であり，すべての除草剤に耐性をもつという意味ではない。

参考として表 3.17 に生物多様性影響評価書の評価項目を示す。

### 3.5.4　遺伝子組換え作物の安全―推進する立場と懸念する立場

遺伝子組換えを推進する側は GMO (Genetically Modified Organisms) 作物の特性として「除草剤と農薬散布の省力化と農薬代と人件費のコストダウンにより，生産性を大きく向上させるなどの利点，さらに世界の食糧危機解消に大きく寄与する」とその普及に期待するとともに，GMO は実質的同等性が確認され，かつ安全性評価の上でもヒトの健康への影響はないとしている。一

表 3.17 生物多様性影響評価書の評価項目

I 生物多様性影響の評価に先立ち収集した情報
　1．宿主又は宿主の属する分類学上の種に関する情報
　(1) 分類学上の位置付け及び自然環境における分布状況
　　イ　和名，英名及び学名
　　ロ　宿主の品種名又は系統名
　　ハ　国内及び国外の自然環境における自生地域
　(2) 使用等の歴史及び現状
　　イ　国内及び国外における第一種使用等の歴史
　　ロ　主たる栽培地域，栽培方法，流通実態及び用途
　(3) 生理学的及び生態学的特性
　　イ　基本的特性
　　ロ　生育又は生育可能な環境の条件
　　ハ　捕食性又は寄生性
　　ニ　繁殖又は増殖の様式
　　ホ　病原性
　　ヘ　有害物質の産生性
　　ト　その他の情報
　2．遺伝子組換え生物等の調製等に関する情報
　(1) 供与核酸に関する情報
　　イ　構成及び構成要素の由来
　　ロ　構成要素の機能
　(2) ベクターに関する情報
　　イ　名称及び由来
　　ロ　特　性
　(3) 遺伝子組換え生物等の調製方法
　　イ　宿主内に移入された核酸全体の構成
　　ロ　宿主内に移入された核酸の移入方法
　　ハ　遺伝子組換え生物等の育成の経過
　(4) 細胞内に移入した核酸の存在状態及び当該核酸による形質発現の安定性
　(5) 遺伝子組換え生物等の検出及び識別の方法並びにそれらの感度及び信頼性
　(6) 宿主又は宿主の属する分類学上の種との相違
　　イ　移入された核酸の複製物の発現により付与された生理学的又は生態学的特性の具体的内容
　　ロ　生理学的又は生態学的特性について，宿主の属する分類学上の種との間の相違の有無及び相違のある場合はその程度
　　　①形態及び生育の特性
　　　②生育初期における低温又は高温耐性
　　　③成体の越冬性又は越夏性
　　　④花粉の稔性及びサイズ
　　　⑤種子の生産量，脱粒性，休眠性及び発芽率
　　　⑥交雑率
　　　⑦有害物質の産生性
　3．遺伝子組換え生物等の使用等に関する情報
　(1) 使用等の内容
　(2) 使用等の方法
　(3) 承認を得ようとする者による第一種使用等の開始後における生物多様性影響を防止するための措置
　(4) 生物多様性影響が生ずるおそれのある場合における生物多様性影響を防止するための措置
　(5) 実験室等での使用又は第一種使用等が予定されている環境と類似の環境での使用等の結果
　(6) 国外における使用等に関する情報

II　項目ごとの生物多様性影響評価
　1．競合における優位性
　(1) 影響を受ける可能性のある野生動植物等の特定
　(2) 影響の具体的内容の評価
　(3) 影響の生じやすさの評価
　(4) 生物多様性影響が生ずるおそれの有無等の判断
　2．有害物質の産生性
　(1) 影響を受ける可能性のある野生動植物等の特定
　(2) 影響の具体的内容の評価
　(3) 影響の生じやすさの評価
　(4) 生物多様性影響が生ずるおそれの有無等の判断
　3．交雑性
　(1) 影響を受ける可能性のある野生動植物等の特定
　(2) 影響の具体的内容の評価
　(3) 影響の生じやすさの評価
　(4) 生物多様性影響が生ずるおそれの有無等の判断
　4．その他

III　生物多様性影響の総合的評価

引用及び引用文献

方，GMO 作物の開発会社の多くは多国籍企業でアグリビジネスの世界戦略があることは否めない。世界的な環境問題の高まりから農薬の先行きが懸念され，GMO 作物の種子と除草剤のセット販売，バイオビジネスへの転換と利益の追求がある。EU 諸国が GMO 作物の受け入れに消極的なのは，多国籍企業と米国のアグリビジネスの世界戦略を牽制してのことである。また，世界的に GMO 作物の健康上と生態系に影響がないことへの疑念を抱いている立場の人々も多い。ここでは遺伝子組換え食物の安全性についてそれぞれの論点を整理してみることにする。

[推進する立場]

① 今後世界の人口増加は鈍化するものの，アジア，アフリカなどでは増加し 2050 年には 89 億人に達すると推定されているが，食糧不足はさらに深刻になることは確実である。安定した食糧供給にとって GMO は必要不可欠である。

② 寒冷地耐性のある作物，塩害地域でも成育できる作物，あるいは干ばつにも耐性のある作物生産には，ことにこのような成育環境の悪い発展途上国の食糧安定確保のために GMO は必要不可欠である。

③ 病虫害に強い GMO で，農薬使用量の減少は農作業者の職業病からの保護，環境汚染の防止，作物中の残留農薬の減少，さらに農作業の軽減化が推進される。

④ 害虫抵抗性のある農作物は，害虫（例：蛾やコガネムシなど）の天敵微生物（例：バチルス菌）から特定の害虫のみ殺すタンパク質をつくる遺伝子（例：Bt 遺伝子）を取り出し，農作物に導入したもので，人間が食べても十分消化し，例え消化しなかったとしても腸には受容体はないので安全である。

⑤ 現在の安全性評価指針は最新の科学的知見のもとに作成されたもので，この指針にしたがって評価された GMO は，既存の食品と同程度の安全性が確保されている「実質的同等」であるといえる。

⑥ 安全性の判断に際しては，1) 挿入遺伝子の安全性，2) 挿入遺伝子により産生される新たなタンパク質の有無，3) アレルギー誘発性の有無，4) 挿入遺伝子が間接的に作用し，他の有害物質を産生する可能性の有無，5) 遺伝子を挿入したことにより成分に重大な変化を起こす可能性の有無を確認している

ので安全である。

[反対する立場]

① GMO が農業生態系の中で雑草化し，在来植物の生態系を壊す恐れがある。

② 除草剤耐性をもった GMO の花粉が飛散し雑草と交配して遺伝子を拡散することによって，除草剤の効かない雑草が新たに誕生しないか。

③ 害虫駆除効果をもった GMO が目的外の昆虫にも作用し天敵を含む生態系を，あるいは土壌微生物にも影響を及ぼすことはないのか。一種の環境破壊にはならないか。

④ より強い耐性をもった害虫が登場し，強い農薬を散布する必要性は生じないだろうか。

⑤ 作物中に新たな有害物質がつくられることはないだろうか。

⑥ GMO と従来作物は基本的に同じであるという「実質的同等性」の概念の安全性評価は科学的な「絶対的同等」評価ではなく，そう見せかけられているだけである。

⑦ ある企業が大豆の栄養価を高めるために，ブラジルナッツの DNA を挿入したところ，それから産生した大豆でアレルギーを起し発売が中止されたが，GMO はアレルギーを起こすことが疑われる。

これらが賛成，反対の主な論点である。GMO 反対側においては科学的論拠に乏しい面があり，合理的な，かつ論理的・科学的な指摘が求められる。

### 参考および引用文献

1) 嘉田良平：食品の安全性を考える，日本放送出版協会（2004）
2) 我が国の食料自給率―平成 14 年度食料自給率レポート，農林水産省（2003）
3) 川口啓明，菊地昌子：遺伝子組み換え食品，文藝春秋（2001）
4) 三瀬勝利：遺伝子組み換え食品のリスク，日本放送出版協会（2001）
5) 中村靖彦：遺伝子組み換え食品を検証する，日本放送出版協会（1999）
6) 及川紀久雄：知っていますか暮らしの有害物質　第 2 版，日本放送出版協会（2004）

# 4章　化学物質と安全

　化学物質はその用途に応じて医薬，農薬，工業薬品などと呼ばれるが，現代社会においてこれらの化学物質の果たしている役割については誰もが認めるところであろう．しかしながら，表4.1に示すように化学物質による環境の汚染と人の健康への被害が生じたことも事実である．

**表4.1　化学物質のリスクと教訓**

| 化学物質 | 年代 | 事項 | 用途 | 教訓 |
|---|---|---|---|---|
| DDT | 1874<br>1939<br>1948<br>1962<br>1948<br>〜1971<br>1981 | 独の科学者が合成<br>スイスのP.ミューラー殺虫効力の発見<br>ノーベル賞（殺虫効力の発見に対して）<br>R.カーソン，Silent Spring(沈黙の春)出版<br>農薬として登録<br><br>化審法第一種特化物 | ダニ，ノミ，シラミなどの防疫および農業用殺虫剤 | 殺虫剤であっても対象とする生物以外への有害な影響を持つこと． |
| PCB | 1929<br>1954<br>1966<br>1968<br>1974 | 米国で工業化<br>国内で製造<br>鳥類や魚類中に検出<br>カネミ油症事件<br>化審法第一種特化物 | 熱媒体<br>電気絶縁油<br>感圧紙など | 工業薬品の中にも微量で長期に摂取すると有害な影響が出るものがあること． |
| ダイオキシン類 | 1988<br>1999 | 廃棄物処理法の改正<br>ダイオキシン類対策特別措置法の制定 | 燃焼過程等から非意図的に発生 | 人により意図的に合成された物質以外の非意図的生成物の中にも有害な物質が存在すること． |
| CFC<br>（フロン類） | 1929<br>1931<br>1941<br>1974<br>1989<br>1996 | T.ミッチェリーが開発<br>生産開始<br>プルーストリー賞（発明に対し）<br>CFCによるオゾン層減少の指摘<br>モントリオール議定書<br>ノーベル賞 | 冷媒，洗浄剤，発泡剤など | 化学物質自体は何の毒性も持たないが，オゾン層などの物理環境の破壊により，間接的に有害な影響を示す物質の存在． |

まずDDTであるが，これは農薬として合成され，使用された有機塩素系化合物による被害の発生である．DDTは，強力な殺虫効果を有することが認められた最初の有機塩素系の合成殺虫剤であり，その殺虫効力の発見者のP. ミューラーは1948年にノーベル賞を受賞している．戦後，DDTはマラリアカ，ノミ，シラミや農業害虫の駆除に転用され"奇跡の薬品"ともいわれた．

DDTの問題点は，その薬効ではなく環境残留性と高い生物濃縮性である．1962年，R.カーソンはその著書『沈黙の春』において，これら残留性有機塩素化合物の害にはじめて警鐘を鳴らした．すなわち，DDTは農薬として使用後も長く環境中に残留し，魚，鳥へと食物連鎖を経て高位の生物に高濃度に蓄積されていく．DDTの毒性の1つとして，卵の殻を軟らかくする作用があり，このため繁殖への影響が野生生物にも見られ，春になっても雛が孵化しない状況を"沈黙の春"と表現したわけである．

ところで，DDTは芳香環をもつ有機塩素系化合物である．一般に，自然界には有機塩素系化合物はきわめてまれな例を除いて存在しない．したがって，環境中での微生物による分解性は期待できない．また，DDTは水には25°Cで$0.002 \text{ mg}/l$の溶解度しかもたない．すなわち，脂溶性であり，また分子サイズ的にも魚介類に取り込まれやすい大きさであること，さらにDDTからDDEへの代謝が，自然界で起こる代謝の中では，例外的ケースの代謝であること（一般的には代謝により，水溶性が増し，生物体内から排泄されやすくなるが，この場合はそのような代謝ではない）などが重なり，高い蓄積性をもつわけである．これらのDDTのもつ性状が逆にはDDTの殺虫剤としての効力，持続性をもたらしたとも考えられる．

次に，PCBによる環境の汚染と被害の発生である．DDTはあらかじめ殺虫剤として開発されており，完全な選択毒性をもたせることは困難であり，昆虫以外の生物にも何らかの毒性が出るのは止むを得ないであろう．ちなみに，DDTのコイへの半数致死濃度は$0.11 \text{ mg}/l$でかなり強い．しかしながら，PCBはコンデンサーやトランスの絶縁油として，またノーカーボン紙や熱媒体として開発された物質であり，生理的活性をもたせることは一切考えていない物質である．また，農薬のように環境に意図的に散布することを目的とした物質でもない．しかし，このPCBが環境中の生物から検出された．これは実

にPCBの商業生産の開始から37年後のことであった。一方，カネミ油症事件（p.136参照）でも明らかになったように，油中に混入したPCBや高温加熱により生成したPCDD，PCDFが混入した米ぬか油を食した消費者に皮膚，内臓，脂質代謝異常，神経などの疾患を伴う全身性疾患ともいうべき被害が発生した。このPCB問題はなんら意図的な生理活性を付与または期待していない化学薬品にあっても，微量を長期的に摂取すれば人の健康への被害が生じること，また正しく使用，廃棄されても化学物質によっては長期に環境に残留することを示すものであった。

このPCB問題の反省と教訓は，従来の化学物質の安全対策が青酸カリやベンジジンなどのように強い急性毒性をもつ物質や発がん性物質に限定されていたことである。また工業薬品ということで，事故時を想定した急性毒性や皮膚や目への刺激性の調査程度の毒性テストしかしていないことである。工業薬品であっても，微量を長期に摂取すれば人の健康に影響が出ること，またDDTと同じように環境残留性があり，かつ高濃縮性物質は意図的に環境に散布しなくても，また，工業薬品として正しい使い方をしていても，長期間の使用によりこのような性質をもつ物質は環境中に見いだされるようになり，食物連鎖を通して生態系へ悪い影響を及ぼすということである。

ダイオキシン類は§4.3に述べるように非意図的な生成物であり，当然のことであるがこれらの非意図的生成物についても有害性の調査が必要なことを示している。

次にクロロフルオロカーボン（フロン，CFC）による問題である。これまで述べてきたDDT，PCB，ダイオキシン類は意図的にせよ，非意図的に生成するにせよその物質自身が強い毒性を有している。一方，フロン類はその物質自体としては全く毒性をもたない。フロンは引火や爆発，腐食の危険もない。実際のところ，その開発者は1941年に化学研究に与えられる最も権威のあるプルーストリー賞に輝いている。フロンはまさに「夢の物質」であった。ところがフロンが誕生して40数年後，2人の科学者（ローランドとモリナー）が"フロンが成層圏に上昇してオゾン層を破壊する"詳細なプロセスを解明し発表した。そしてその功績により，ノーベル賞を受賞している。

すなわち，フロン自体には全く毒性がなく，その対流圏での安定性のゆえに

オゾン層を破壊し，紫外線の有害な波長（B領域）の量を増やしたわけである。反省として，これまでのようなその物質自体のもつ毒性を調べるばかりでなく，オゾン層のような物理環境（physical environment）への影響も調べる必要性をフロンは図らずも示したといえる。

これらに対して，行政的にはDDTについては農薬取締法の改正，PCBについては化学物質審査規制法の制定，ダイオキシン類については廃棄物処理法の改正およびダイオキシン類対策特別措置法の制定，CFC類についてはオゾン層保護法の制定などによって対処してきた。

本章では化学物質の安全性評価方法，および国内外の法的規制について述べることにする。

## 4.1 化学物質のリスクアセスメント

リスクとは"risk"の訳で危険に遭遇する可能性を意味する。化学物質のもつリスクには人や環境生物への有害性，いわゆる毒性の他に引火，爆発などの危険性もある。本節では前者の有害性について述べることにする。

化学物質のリスクは次式により示される。

$$リスク = f（暴露 \times ハザード）$$

ここで暴露とは人の場合には摂取量，環境生物の場合には環境中濃度，またハザードとは物質がもっている固有の毒性である。したがって，リスクの管理にはこの両者の評価が必要である。化学物質のリスクアセスメントは以下の4つの要素からなる。

① ハザード（有害性）の確認
② 用量—反応アセスメント
③ 暴露アセスメント
④ リスクの判定

これらの詳細については§4.1.1，4.1.2に述べるが，ここでは特に②の用量—反応アセスメントについて考えてみる。化学物質によりある影響が生じたと断定するためには暴露量の増加により結果として影響が大きくならねばならない。図4.1においてはこの関係を直線的に示してあるが，物質によっては上に凸または下に凸になる。化学物質の毒性には図4.2に示すように閾値（ある

4.1 化学物質のリスクアセスメント　105

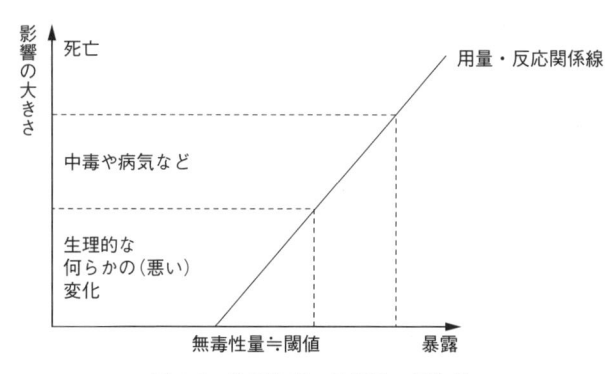

図4.1　化学物質の暴露量・摂取量

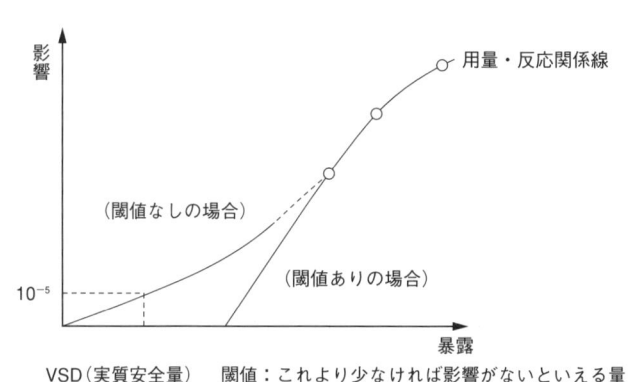

図4.2　化学物質の暴露量・摂取量
VSD（実質安全量）　閾値：これより少なければ影響がないといえる量

---

### ハザードとリスク

　ハザード（hazard）とは対象とする化学物質が人や環境生物に与える有害な影響をいう。
　リスク（risk）とは対象とする化学物質がある暴露条件下（exposure）において人や環境生物に有害な影響を発生させる確率をいう。
　したがって，　　リスク＝f（暴露×影響）
　　　　　　　　　{risk＝f(exposure×hazard)}
で示される。riskを0にするにはexposureを0とするか，またはhazardを0とすることが考えられるが，現実的には0にはできない。

量以下では毒性が生じない）のある毒性と遺伝子に作用して生ずる発がん性のように閾値のない毒性がある。この場合には実質安全量（Virtually Safe Dose；VSD）という考え方を採っている。これは毒性発現の生涯危険率が十分に小さければ実質的に安全であるとし，その用量を閾値とみなす考え方である。一般的には生涯発がんリスクの危険率として $10^{-5}$ が用いられる。具体的には水道水中の総トリハロメタン濃度，大気中のベンゼンの環境基準値の設定には $10^{-5}$ の生涯危険率の考え方が適用されている。

生涯発がんリスクの危険率が $10^{-5}$ ということは日本人の人口を 120,000,000 人，平均寿命を 70 歳とすると年間 17 人程度が新たにがんになることを意味している。

この 17 人が多いか少ないかの判断はリスクマネジメントにより決定される。ここではリスク低減のための技術的可能性，経済的な側面，さらには国民の考え方なども反映される。

$10^{-5}$ は WHO（世界保健機関）も採用しているリスクレベルであり，日本に固有なものではない。

---

**毒性に閾値のある化学物質とない化学物質**

通常，化学物質の毒性は閾値があるものと考え，NOEL（no observable effect level，無作用量），または NOAEL（no observable adverse effect level，無毒性量）を安全係数で割り，ADI や TDI を求めている。しかし発がん物質（ピーナッツのカビ毒のアフラトキシン B1，ベンゼンなど）は発がんの閾値がないものが多い。そこでこの場合には，実質安全量（VSD）が求められる。具体的には人に対する有害な影響が実質的に現れないとみなされる量で，その目安として生涯暴露時の有害な影響の発現確率が $10^{-5}$ または $10^{-6}$ となるような量が選ばれる。この確率を $10^{-5}$ とすると日本では年間約 17 人がその化学物質の実質安全量に生涯暴露されたとき，新たにがんになるおそれがあることを意味する。

---

### 4.1.1 人の健康へのリスクアセスメント

化学物質の人の健康へのリスクアセスメントは §4.1 に示したように下記の 4 つから構成される。

① 有害性の確認

動物実験での毒性試験結果，人についての疫学的観察，調査に基づき化学物

質の健康影響の有無の判定と種類の判定を行う。

② 用量―反応アセスメント

人が暴露されそうな濃度の範囲において，①で確認した有害性のうち，人に対する反応を暴露との関係において定量的に関係づける。この場合，作用機構，代謝速度論的データをもとに動物実験での高濃度から低濃度へ，さらに動物から人への外挿を行う。

③ 暴露アセスメント

人に対する当該化学物質の暴露の質と程度を決定する。これには，環境試料の測定値と推定される暴露量，暴露集団の特定などの作業が含まれる。そして，化学物質が体内に入り毒性を発現させる物質の量を推定する。

④ リスクの判定

人に対するリスクの種類と大きさを推定する作業であり，②の用量―反応アセスメントと，③の暴露アセスメントの両者を用いて行う。そして，特定集団における健康影響の発現する確率を推定する。

なお，§4.1に述べたように，リスクマネジメントとは，リスクの判定を公衆衛生学的，経済的，社会倫理的，政治的側面から考慮しバランスをとったうえで決定される行政措置とその実行を意味する。

### (1) 動物実験による有害性の確認と用量―反応アセスメント

わが国では医薬品の臨床試験を除き，ヒトを実験動物として用いることは禁じられているため，実験動物を用いて標記の情報を得ることになる。

毒性試験は，用いる動物の種類，投与経路，投与期間および毒性観察法により種々に分類される。

実験動物としては通常，マウス，ラット，モルモットなどのげっ歯類，ウサギ，イヌ，サルなどが用いられている。

投与経路は，経口，経皮および吸入が最も一般的なルートであり，医薬ではこのほかに静脈注射，腹腔内投与なども行われている。

毒性試験を一般毒性および特殊毒性に分類する場合が多いが，特殊毒性とは吸入などの特殊な投与経路を用いる方法，また発がん性や催奇形性，皮膚や眼への一次刺激性などの特殊な毒性を調べることを目的として行う毒性試験をいう。経口法での急性，亜急性，亜慢性，さらに慢性毒性は一般毒性と呼ばれる

最も基本的な毒性試験である。

　毒性の観察法には，毒性の発現が試験動物自身に生ずるか否かを目的として観察する方法（一般毒性である急性や慢性毒性，刺激性，アレルギーをみる感作性など）と，投与された動物が次世代の動物に影響を与えるか否かを目的として観察する方法（繁殖毒性，遺伝毒性など）とがある。とくに繁殖毒性のうち，胎児の器官形成期に母親に化学物質を投与して骨格の異常などを調べる毒性を催奇形性と呼んでいる。

**表** 4.2 に主な毒性データの意味とその表示法を示す。

---

### 毒物，劇物の区分

　わが国の毒物および劇物取締法では化学物質の急性毒性値（LD-50）に基づき，次のように分類している。経口投与の場合，

　　　LD-50 値　　30 mg/kg 未満・・・・毒物
　　　LD-50 値　　30 mg/kg 以上 300 mg/kg 未満・・・・劇物
　　　LD-50 値　　300 mg/kg 以上・・・・普通物

---

### 発がん性の分類

　IARC（国際がん研究所，International Agency for Research on Cancer）では化学物質の発がん性を次のように分類している。これは発がん性の強さではないことに注意をする必要がある。

　グループ 1：ヒトに対して発がん性あり（69 種）
　　（例）アフラトキシン（ピーナッツのカビ中に存在），アスベスト，カドミウム，ベンゼン（ガソリン中に存在），アルコール飲料，タバコの煙など
　グループ 2 A：ヒトに対して恐らく発がん性あり（57 種）
　　（例）テトラクロロエチレン（ドライクリーニングの溶剤），ディーゼルエンジンの排気ガスなど
　グループ 2 B：ヒトに対して発がん性があるかもしれない（215 種）
　　（例）アセトアルデヒド（アルコールの代謝物），クロロホルム（有機塩素系溶剤）など
　グループ 3：ヒトに対する発がん性については分類できない（458 種）
　グループ 4：ヒトに対して恐らく発がん性がない

　　　　　　　　　　　　　　　　　　　　　　　　　（1995 年資料による）

---

　動物実験で得られた値から人への毒性を予測する場合，安全係数（不確実性係数）を用いる。

表 4.2 毒性データの意味とその表示法

| 毒性の分類 | 毒性の意味と試験の方法 | 試験結果の表示方法と意味 |
| --- | --- | --- |
| 急性毒性 | 誤って飲み込んだりした時を想定。化学物質を一度に多量に体内に取込んだ時に現れる健康障害。このあとに行われる長期毒性試験に先立って行われる。投与ルートは暴露ルートを考え，経口，経皮，吸入がある。このデータは毒物・劇物取締法での物質の分類（毒物，劇物，普通物）にも用いられる。 | ・LD-50（mg/kg・体重）<br>　半数致死量で，試験に用いた動物の半数を死なせる量，動物の体重1kg あたりの mg で示す。<br>・LC-50（mg/$l$）<br>　半数致死濃度で試験に用いた動物の半数を死なせる濃度。 |
| 慢性毒性 | 通常の使用状況を想定。微量の化学物質を長期，通常は生涯にわたり摂取した時に現れる健康障害をみる。投与ルートは経口，経皮，吸入があるが，経口ルートが一般的。組織病理学，血液学，血液生化学データなどをもとに餌のみを投与した対照群と比較して統計的に有意でない投与量を求める。 | ・NOEL(mg/kg・体重・日)，NOAEL(mg/kg・体重・日)<br>　無影響量または無作用量および無毒性量を意味し，動物の体重1kg あたり，一日あたりの量で示す。 |
| 発がん性（がん原性） | 化学物質が試験動物に対して発がん性を有するか否かを調べる。発がんの判定は対照群と比較して，腫瘍の発生率の増大，発生の時期の短縮，異なる腫瘍の発生から行う。動物で発がん性が認められたら基本的には人に対しても発がん性があると考えるべきである。 | ・発がん性の有無<br>・ユニットリスク<br>　空気中または飲料水中の化学物質の濃度がそれぞれ1mg/m$^3$，1$\mu$g/$l$ のときの生涯発がん危険率として示す。 |
| 繁殖毒性（催奇形性） | 化学物質が動物の発生に及ぼす影響を調べる。化学物質をオス，メス，どちらに投与するか，またメスに投与する場合，妊娠後何日目に行うかなど種々の行い方がある。このうち，とくに胎児に引き起こされる形態的異常の有無を調べるのが催奇形性であり，胎児の器官形成期（ラットでは妊娠後7〜17日）にメスに投与する。 | 生殖能の変化<br>胎児の奇形の発生の有無 |
| 皮膚刺激性 | 局所刺激性の1つで，皮膚への刺激性を調べる。白色ウサギの背部体毛を剃毛し，そこに化学物質を塗布しパッチを当てて固定。24時間後にパッチを取り除き，その直後と72時間後に観察。 | 刺激性の強さは発赤，痂皮形成および浮腫について，その程度に応じ0〜4のスコアを与え，これらの合計点とする。 |
| 変異原性 | 化学物質の遺伝毒性，がん原性の予測のために行われる。ここでは遺伝子突然変異誘発性をみる細菌（サルモネラ菌，大腸菌）を用いる復帰突然変異試験と染色体異常誘発性をみる染色体異常試験がある。このほかにもDNA損傷性をみる方法などがある。 | 出現するコロニー数または染色体異常を示す細胞数。いずれもその作用に再現性あるいは用量依存性が認められた場合に陽性と判定。 |

たとえば，動物実験の無作用量（NOEL，表4.2参照）からヒトへの一日許容摂取量（ADI, Acceptable Daily Intake）を算出する場合，実験動物とヒトとの種差を10，ヒトの間での個人差を10として両者を掛けた100を安全係数として算出する。

$$\text{ADI} = \frac{\text{NOEL（mg/kg・体重・日）}}{10 \times 10}$$

の式を用いる。

この式については種々の考え方が出されている。以下，それらについて述べる。

（i）肯定派

たとえば60 kgのヒトは，実験に用いた300 gのラットよりも200倍も大きいが，上記の式では200倍も大きな人間が100倍も化学物質に対し感受性が高いとしており，この式の適用で十分に安全性の確認ができる。

（ii）否定派

ヒトとラットの相違，すなわち種差は定性的なもので定量的には表現し得ない。すなわち，ヒトは大きなラットではなく，またラットは小さなヒトではない。したがって，100という値には意味はない。

---

**一日耐容摂取量（TDI, Tolerable Daily Intake）と一日許容摂取量（ADI）の相違**

ADIと同様な考え方で算出するが，ADIは食品添加物，残留農薬などに用いられる。一方，TDIはダイオキシン類などの環境汚染物質に用いられる用語であり，本来摂取すべきではないという前提のもとに人が一生涯摂取しても耐容されると判断される量である。許容と耐容の違いは食品添加物や農薬は人の生活に役立っているため許容（acceptable）を，一方ダイオキシン類は全く何の役にも立っていないため耐容（tolerable）となる。ダイオキシン類のTDIは4 pg-TEQ/kg日以下である。

---

この他動物実験自体についても否定的な考え方をする人も多い。これらは，①動物愛護の問題，②動物実験で化学物質の有害性が完全に判断できるかという疑問，③通常の毒性試験では一種の化学物質のみのテストであり，複合的な影響が不明なことなどについてである。

①の動物愛護については OECD（経済協力開発機構）での検討および考え方を以下に示す。

まず対象となる動物の範囲であるが，基本的には痛みを感じることができる生物を対象と考えており，実際には脊椎動物である魚類以上としている。

- Reduction：試験に用いる動物の数の減少。
- Refinement：動物の苦痛を和らげる操作の導入。
- Replacement：下等生物または高等生物の体の一部を用いる方法の導入，構造活性相関の利用。

の3つのRで示される内容が基本的な方向である。

---

**OECD（経済協力開発機構）とは**

Organization for Economic Cooperation and Development が正式名称。1961年に設立，本部はパリ。西側の先進国を主に29カ国と欧州委員会がメンバー（2000年現在）。アジアからはわが国と韓国が加盟国である。OECDでは1971年以来，化学物質の安全対策活動を進めており，テストガイドラインの出版もその一環である。

---

②の批判については確かに動物実験からすべての影響を知ることができないのは事実である。たとえば，§4.4に述べる外因性内分泌撹乱化学物質が子供の"キレル"原因との説を唱える人もいるが，このような現象を動物実験からは判断が難しい。また，実験動物の視力を弱めるような作用も同様である。

③の批判については化学物質の摂取量がきわめて少ないことより相乗的な作用は起こらないと考えている。また，一種類の化学物質の摂取量が一日許容摂取量以下であるならば$\underset{\text{ゼロ}}{0}$と考えてよく，0をいくら加えても0になるとしている。すなわち，許容摂取量の1/2の物質を10種類摂取したとしても，合計として許容摂取量の5倍にはならないとする考え方である。

この他に大きな問題として毒性試験の多額なコストの面もある。

慢性毒性試験，がん原性試験の二種のみでも約3億円と3年の試験期間がかかる。現在は農薬の残留基準の設定，食品添加物の許容量の設定にあたっては，一種類の化学物質での動物実験の結果をもとに行っている。基本的には化学物質の安全管理は動物実験等による事前評価と使用後の事後管理の両面から

*112* 4章 化学物質と安全

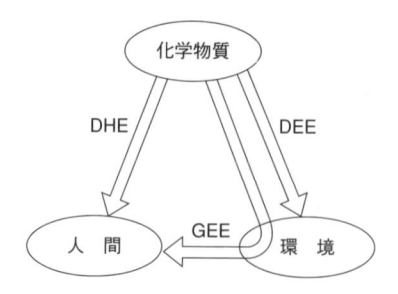

```
           化学物質
         ／      ＼
      DHE         DEE
       ↓           ↓
     人間 ← GEE ← 環境
```

図 4.3　化学物質の人および環境への暴露ルート

のアプローチが必要である。

### (2) 暴露アセスメント

化学物質の人および環境への暴露ルートを図 4.3 に示す。ここで，DHE は直接人間暴露 (direct human exposure)，DEE は直接環境暴露 (direct environment exposure)，また GEE は一般環境暴露 (general environment exposure) を意味している。

DHE はさらに経口，経皮，吸入に分類される。たとえば，色素や保存料を含む食品の摂取は経口ルートの DHE であり，家庭でエアロゾルを噴霧したり，工場で有機溶媒を用いてこれを吸い込むことは吸入ルートの DHE である。このほか，湿布薬が皮膚から吸収されるのは経皮ルートの DHE の例である。

一方，除草剤などの農薬を環境に直接散布することは DEE となる。この場合，農薬が作物に残留し，その作物を通して農薬を摂取することは GEE となる。このほか，化学物質で汚染された水や魚介類を摂取することも GEE となる。すなわち，GEE は化学物質が一度環境に出たあと，水や大気，動植物を通して人がその化学物質に暴露される形態である。これらを整理したのが図 4.4 である。

化学物質の暴露による生体内への侵入経路は，大きく分けて経気道吸入，経口摂取，皮膚および眼との接触，の 3 つがある。このほかに，災害・事故などによるけがの傷から直接体内に入るというケースもあるが，これは通常の事例ではない。

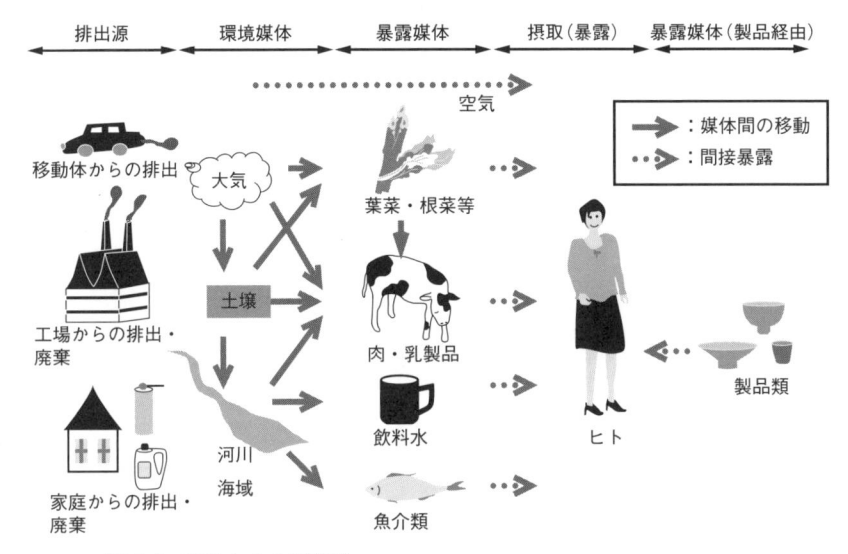

図 4.4　GEE からの暴露例
（出典：化学物質のリスク評価について（独）製品評価技術基盤機構 2004 年）

　また，化学物質の生体内吸収の結果起こる障害には 2 つの型がある。すなわち，作用部位（皮膚や粘膜）に対する直接作用と，呼吸器・皮膚・消化器を経て体内に吸収され，その暴露量が過度になると生体に何らかの毒性を現し，障害すなわち有害効果を起こすというものである。化学物質の吸収と排泄の模式図を図 4.5 に示した。

　ここで消化管とは，口，咽喉，食道，胃，小腸，大腸，直腸，肛門を意味する。化学物質が消化管の内壁を構成している細胞の膜を通過し血流中に移動することを吸収というが，一般には不活性な水に不溶な物質（金箔など）は消化管からは吸収されず糞便として排出される。

　一方，肺からの吸収は，常温でガスや気化しやすい液体は肺胞に達し，血流に入る。しかし，ホコリなどの固体はその粒子の大きさに依存し，$1\,\mu m$ 以下の微粒子は肺胞にまで到達し，そこに沈着するが，$5\,\mu m$ より大きな粒子は呼吸器へ入らず，くしゃみ，タンなどとともに排出される。

　皮膚からの吸収は角質層が化学物質の侵入を防ぐ障壁として存在しており，手のひらや足の裏などは特に通りにくいことが知られている。

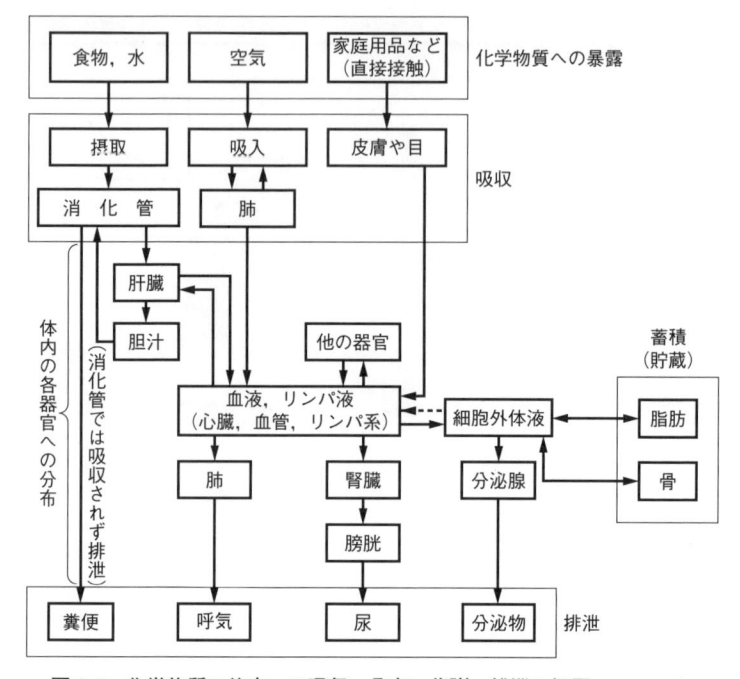

**図 4.5 化学物質の体内への吸収，分布，代謝，排泄の概要**
〔J.V.ロドリックス著 宮本純之訳：危険は予測できるか！―化学物質の毒性とヒューマンリスク，p.58，化学同人（1994）より〕

　吸収され血流中に入った化学物質は体内を移動し，主として肝臓により代謝を受け体外に排出される。

　リスクアセスメントを実施する際，暴露アセスメントにおいては化学物質の摂取量を以下の①〜⑤の暴露量の和として求める。

① 呼吸による暴露量
　大気中の濃度×空気吸入量（20 m³/日）＝暴露量
② 水を飲むことによる暴露量
　飲料水中の濃度×飲料水摂取量（2 $l$/日）＝暴露量
③ 食物による暴露量
　食物中の濃度×食物摂取量＝暴露量
　なお，食物中の濃度データが得られない場合には，魚介類を食べることによ

る暴露量を計算して代用。

　魚介類中の濃度×魚介類摂取量（120 g/日）＝暴露量
　④　他の食品（穀物・野菜・果物，肉・卵類，乳製品）経由の暴露量
　データを入手したり，厚生労働省の研究報告書等の結果を利用して暴露量を推定。
　⑤　家庭用品経由の暴露量
　その用途から，考えられる暴露についてそれぞれ暴露量を推定。

　また，吸収率は人に関する代謝等のデータがない限り 100％として計算する。
　最終的には動物実験での無作用量から一日許容摂取量（ADI）を求め，この値と上記の合計暴露量を比較し，ADI が合計暴露量より十分に大きければ当該化学物質による人へのリスクは当面は問題にしなくともよいと判定する。

## 4.1.2　生態系生物へのリスクアセスメント

　生態系とは図 4.6 に示すように，生物と環境とが相互に依存しあって一定の機能を有している一つのまとまりを意味する。図中，生産者とは二酸化炭素や水などの無機物から有機物を合成する緑色植物を，消費者とは植物を食べる草食動物やその動物を食べる肉食動物を，分解者とは動植物の排泄物や遺骸を分解して生活する細菌などをいう。
　化学物質の生態系への影響は，生態系を構成するそれぞれの種の相対的生物量と食物連鎖などへの影響としてとらえる必要があり，前者を生態系の構造

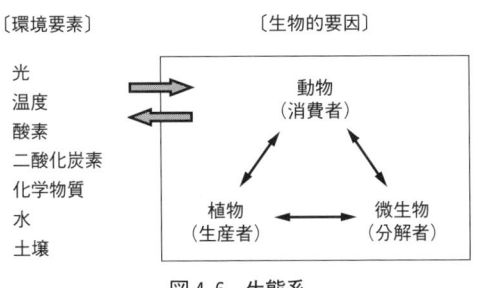

図 4.6　生態系

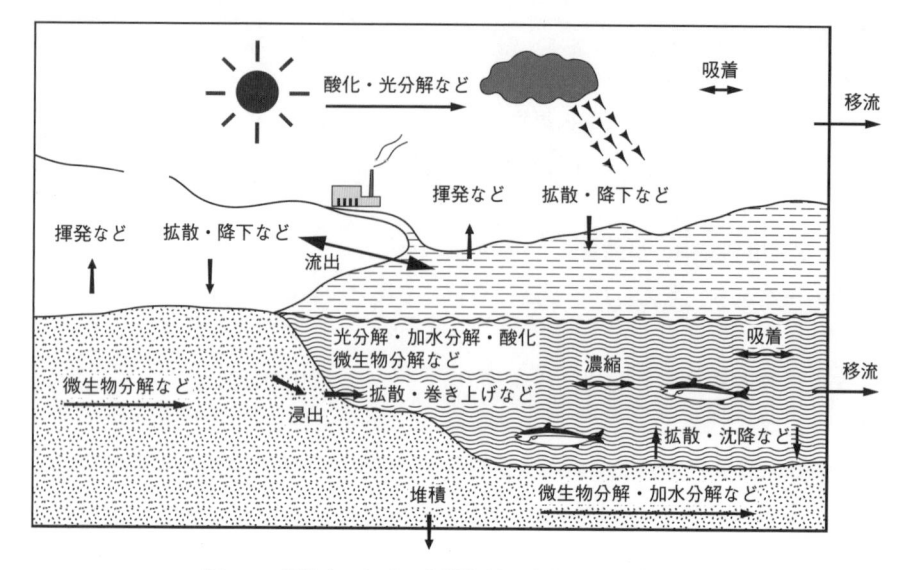

図4.7 環境中における化学物質の移動と分解プロセス

(structure) への影響，後者を機能（function）への影響と呼んでいる。
### (1) 化学物質の環境内運命
　環境中に放出された化学物質は，図4.7に示すように空気，水，底質（土）の各コンパートメント間の移動およびコンパートメント内で変化を受ける。たとえば化学物質の気圏と水圏への分布は，蒸気圧，水への溶解度などを用いて次の式により計算できる。

$$K_{aw} = (P/RT)/(1000\, S/M)$$

　ただし $K_{aw}$：空気－水分配係数，$P$：蒸気圧 $Pa(N/m^2)$，$R$：気体定数（$J/mol\cdot K$）$T$：絶対温度 (K)，$S$：水への溶解度 (g/$l$)，$M$：分子量である

　これらのうち，環境濃度に大きな影響を与える因子として分解性および濃縮性が挙げられる。OECDでは分解性および濃縮性を，表4.3に示すようにその現象が起こるコンパートメントで区分けしている。

　先に述べたように，化学物質の有害性は暴露と影響の両面から考える必要があり，以下に述べる分解性と濃縮性の実験室における試験は，化学物質の環境

表 4.3 化学物質の環境中における分解と濃縮

|  | 分解 | | 濃縮 | |
| --- | --- | --- | --- | --- |
|  | 生物 | 非生物 | 生物 | 非生物 |
| 大気 |  | 光分解 |  |  |
| 水 | 生分解 | 光分解<br>加水分解 | 生物濃縮 |  |
| 土壌<br>底質 | 生分解 |  |  | 岩石など<br>への濃縮 |
|  | 土壌分解 | | | |

中濃度を予測するうえでの重要なデータの一つとなっている。

#### A．生分解

生分解とは"biodegradation"の訳で，微生物による化学物質の分解を意味する言葉である．一般に微生物は化学物質の環境中での分解，すなわち環境浄化の面で最も大きな寄与をしているといわれている．

##### a．微生物による化学物質の変換

環境中の化学物質は微生物により変換・分解などの反応を受けるが，これらのうち，化学結合の切断の例を**表 4.4** に示す．なお，反応例中に [ ] で示したS，M などの記号はこれらの微生物による変換が認められた場所（系）を意味し，それぞれ，M：培養基，S：土壌，W：自然水，を表す．

実際の環境中では種々の反応が同時にまたは連続的に起こり，化学物質の最終的な運命が定められることになる．

##### b．生分解試験の分類

生分解試験の大部分は好気的条件下で行われているため，好気的条件下での生分解試験について述べることにする．生分解試験方法には種々の方法がそれぞれの目的に応じて開発されているが，これらの分類を行うには試験条件で分類するよりも，試験の結果から得られる知見の種類により分類を行うのがより有用である．**図 4.8** に分類例を示す．また，これらの試験の位置づけを**図 4.9** に示す．なお，図 4.8，4.9 中に示した易分解性試験および本質的分解性試験の考え方を**表 4.5** に示す．

表 4.4 微生物による化学結合の切断

| 化学結合 | 例 |
|---|---|
| エステル結合<br>$-\overset{O}{\underset{\|\|}{C}}-O-$ | ![benzene-1,2-dicarboxylic acid dibutyl ester] → ![phthalic acid] [W.M] |
| エーテル結合<br>$-O-$ | 2,4-ジクロロフェノキシ酢酸 → 2,4-ジクロロフェノール [S.W.M] |
| C-N 結合 | ![N-alkyl aniline derivative] → 2,6-ジエチルアニリン [S.M] |
| ペプチド結合<br>$-\overset{O}{\underset{\|\|}{C}}-NH-$ | $(CH_3O)_2\overset{S}{\underset{\|\|}{P}}-S-CH_2-\overset{O}{\underset{\|\|}{C}}-NHCH_3$ → $(CH_3O)_2\overset{S}{\underset{\|\|}{P}}-S-CH_2-\overset{O}{\underset{\|\|}{C}}-OH + CH_3NH_2$ [S] |
| $=NO-\overset{O}{\underset{\|\|}{C}}-R$ 結合 | $CH_3S-C(CH_3)_2CH=N-O-\overset{O}{\underset{\|\|}{C}}-NHCH_3$ → $CH_3S-C(CH_3)_2CH=NOH + CH_3-\overset{H}{\underset{\|}{N}}-\overset{O}{\underset{\|\|}{C}}-OH$ [S.M] |
| C-S 結合 | $[(CH_3)_2CHO]_2\overset{O}{\underset{\|\|}{P}}-S-CH_2-C_6H_5$ → $[(CH_3)_2CHO]_2\overset{O}{\underset{\|\|}{P}}-SH + C_6H_5-CH_2OH$ [S.M] |
| P-S 結合 | $C_2H_5O-\overset{O}{\underset{\|\|}{P}}-(SC_6H_5)_2$ → $C_2H_5O-\overset{S}{\underset{\|\|}{P}}-OH$ の $SC_6H_5$ [M] |
| 硫酸エステル<br>$-O-SO_2-OH$ | 2,4-ジクロロフェニル-O-$(CH_2)_2$-O-$SO_2OH$ → 2,4-ジクロロフェニル-O-$(CH_2)_2$-OH [S.M] |
| S-N 結合 | $H_2N-SO_2$-(2,6-ジニトロフェニル)-$N-(CH_2CH_2CH_3)_2$ → $HO-SO_2$-(2,6-ジニトロフェニル)-$N(CH_2CH_2CH_3)_2$ [S] |
| S-S 結合 | $(CH_3)_2N-\overset{S}{\underset{\|\|}{C}}-S-S-\overset{S}{\underset{\|\|}{C}}-N(CH_3)_2$ → $(CH_3)_2N-\overset{S}{\underset{\|\|}{C}}-SH$ [S.M] |

M. Alexander : *Science*, 211, 132 (1981) を改変。

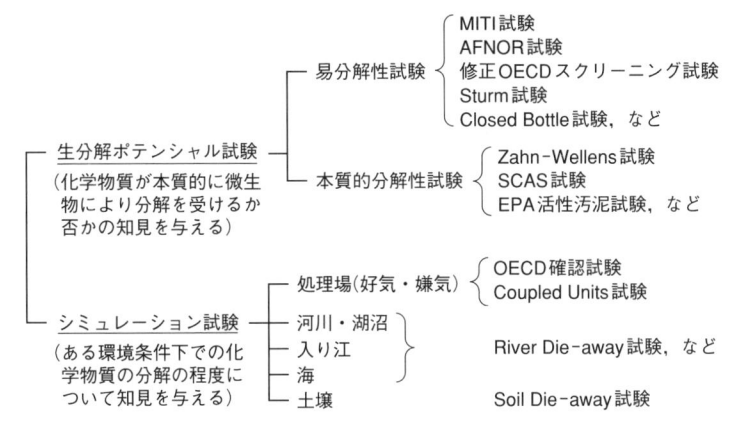

4.1 化学物質のリスクアセスメント　119

```
                                   ┌ MITI試験
                                   │ AFNOR試験
                 ┌─ 易分解性試験  ─┤ 修正OECDスクリーニング試験
                 │                 │ Sturm試験
生分解ポテンシャル試験 ─┤        └ Closed Bottle試験，など
（化学物質が本質的に微生│
物により分解を受けるか  │                 ┌ Zahn-Wellens試験
否かの知見を与える）    └─ 本質的分解性試験 ─┤ SCAS試験
                                            └ EPA活性汚泥試験，など

                 ┌─ 処理場（好気・嫌気） ┬ OECD確認試験
                 │                       └ Coupled Units試験
シミュレーション試験 ─┤ 河川・湖沼     ┐
（ある環境条件下での化 │ 入り江          ├ River Die-away試験，など
学物質の分解の程度に   │ 海             ┘
ついて知見を与える）   └ 土壌             Soil Die-away試験
```

図 4.8　生分解試験の分類

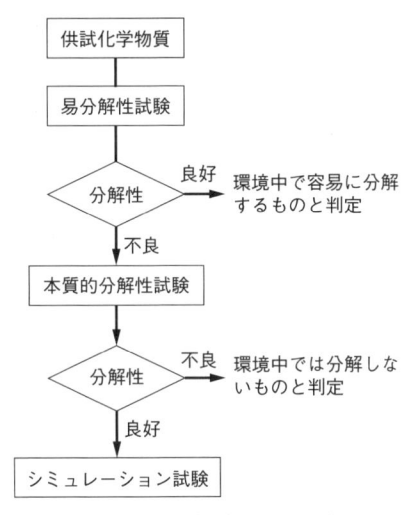

```
         ┌──────────────┐
         │ 供試化学物質 │
         └──────┬───────┘
                ▼
         ┌──────────────┐
         │ 易分解性試験 │
         └──────┬───────┘
                ▼
              ╱╲        良好   環境中で容易に分解
             ╱分╲──────────→ するものと判定
             ╲解╱
              ╲╱
               │不良
               ▼
         ┌──────────────────┐
         │ 本質的分解性試験 │
         └────────┬─────────┘
                  ▼
                ╱╲      不良   環境中では分解し
               ╱分╲─────────→ ないものと判定
               ╲解╱
                ╲╱
                 │良好
                 ▼
         ┌──────────────────┐
         │ シミュレーション試験 │
         └──────────────────┘
```

図 4.9　各生分解試験の位置づけ

## B. 生物濃縮

　生物濃縮とは，主として水生生物が外界より化学物質を体内に取り込み，化学物質の生体中濃度が外界中濃度より高くなる現象をいう．

　生物濃縮性物質はこれまでにも大きな影響を与えてきた．本章の初めに述べ

表 4.5 易分解性試験と本質的分解性試験の相違

| 試験の種類 | 内　　　容 |
|---|---|
| 易分解性試験 | これらの試験においては通常，供試化学物質が唯一の有機炭素源であり，比較的少量の生物に暴露される。また非特異的な分析法を用い，完全分解性についての知見を得ることを目的としている。生物源は事前に供試化学物質で順化しないことにしている。したがって，これらの試験において良分解と判定された物質は，自然環境中においても容易に分解するものと考えられる。しかし逆に分解しないと判定された物質は，必ずしも自然環境中で分解しないわけではない。 |
| 本質的分解性試験 | 化学物質の分解性に対し，最も望ましい分解条件における試験であり，多量の生物量，順化，栄養塩の添加，試験期間の延長などが図られている。したがって，この試験条件下で分解したとしても，これは必ずしも自然環境中における速やかな分解を意味するものではない。逆に，この試験条件下で難分解と判定された物質は，分解しないと考えてよい。 |

たように，DDT，PCBなどはいずれも高い濃縮性をもつ。オンタリオ湖の例でみると，水中のPCB濃度に対し，プランクトン類には250～500倍，さらに食物連鎖上の上位にあるアミ類に45,000倍，マスには280万倍，セグロカモメには2,500万倍もの高い濃度で濃縮されている。

　実際の自然環境内においては，生物はここに示したように，水中から化学物質を直接的に吸収濃縮するルートと，食物連鎖を通して経口的に濃縮するルートが存在し，この両方のルートにより非常に大きな生物濃縮が起きる。

### a．濃縮性試験の意義

　化学物質の濃縮性試験の意義は以下の2つに大別しうる。1つは環境中に放出された化学物質が食物連鎖により人間に到達する可能性およびその量的な把握であり，もう1つは化学物質自体が生態系へ影響をおよぼす可能性の把握である。とくに前者は，魚類を重要なタンパク源として多く摂取している日本人にとっては，食品衛生上きわめて重要な研究課題といえる。

### b．濃縮性試験の分類

　生物を用いた濃縮性試験は，その目的によって種々の因子が組み合わされて行われる。図4.10に示した分類は，主としてどのような生物を用いるか，また生物種は1種のみとするのか，または2種以上を考えるのか，化学物質の投与方法の違い，たとえば魚の場合，水中にテストする化学物質を入れておき，魚のエラや上皮組織から化学物質が体内に入り蓄積する程度を調べるのか，そ

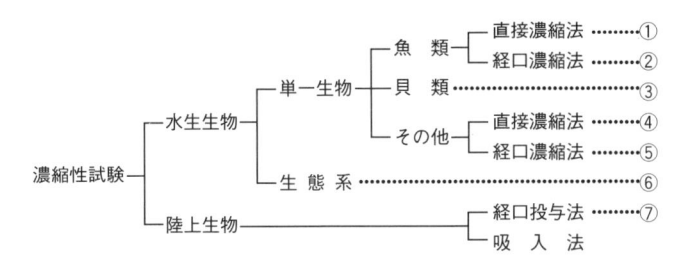

図4.10 生物を用いた濃縮性試験の分類

```
濃縮性試験 ─┬─ 水生生物 ─┬─ 単一生物 ─┬─ 魚 類 ─┬─ 直接濃縮法 ……… ①
           │            │           │        └─ 経口濃縮法 ……… ②
           │            │           ├─ 貝 類 ……………………………… ③
           │            │           └─ その他 ─┬─ 直接濃縮法 ……… ④
           │            │                      └─ 経口濃縮法 ……… ⑤
           │            └─ 生 態 系 ………………………………………… ⑥
           └─ 陸上生物 ──────────────┬─ 経口投与法 ……… ⑦
                                     └─ 吸 入 法
```

れとも餌に化学物質を混ぜておき，口から体内に入り蓄積する程度を調べるのか，などの面から行ったものである。

たとえば，図4.10の①に記した試験方法は，水生生物のうちで魚のみを単一の生物種として用い，水中にテストする化学物質を混入させ，エラや上皮組織を通しての化学物質の蓄積性を調べる方法を示している。また，⑦は陸上に棲む生物を用い，経口的に化学物質を投与して蓄積性を調べる方法である。

### c．魚類を用いた濃縮性試験

自然界において魚類が化学物質を濃縮する際，食物連鎖により経口的に体内に取り込む場合（経口法）と，エラなどから直接体内に取り込む場合（直接法）と，どちらがより大きく濃縮性に寄与しているかについて知ることは大切なことであり，多くの研究者により種々の化学物質や生物種を用いて研究されている。また，濃縮性試験の実験にあたっては試験物質に関する種々の情報が必要であり，これらの情報をもとに試験条件が設定される。図4.11は種々の情報，魚毒性試験と濃縮性試験との関係を示したものである。

なお，国際的には，直接法による生物濃縮を bioconcentration，経口法（食物連鎖）による生物濃縮を biomagnification と区別しており，bioaccumulation という言葉はこの両方を含むものとしている。わが国では蓄積性や濃縮性という言葉が用いられているが，このような厳密な区分けはしていない。

物理化学性状として必要な情報は蒸気圧であり，水への溶解度の情報とともに水槽条件のデザイン（開放式水槽か密閉式水槽か，止水式か流水式か，通気

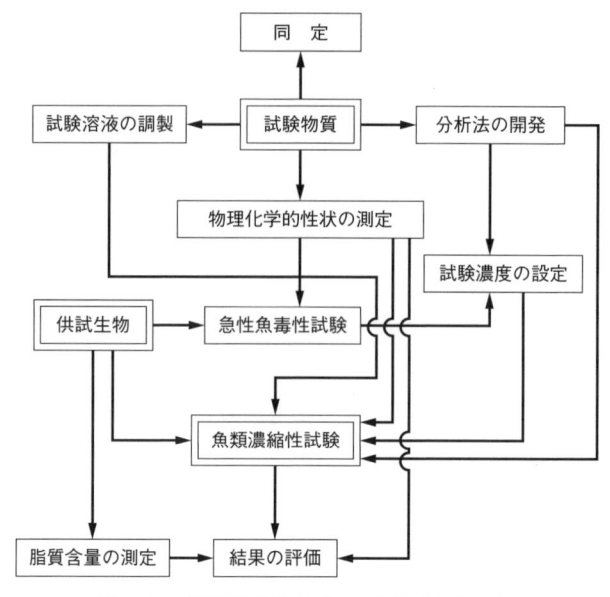

## 図4.11 濃縮性試験のブロックダイヤグラム

は可能か）が行われる。

　このほか，必要な物理化学的情報としては $n$-オクタノール／水間の分配係数，水中での安定性データがあり，前者は試験結果の評価に，また後者は分析対象物質の選定に必要な情報である。

　**結果の評価**　　濃縮倍率に影響を与える因子として，以下の項目が挙げられる。

- ・供試生物に起因する因子：生物種，性別，年齢，脂質含量，体重
- ・試験環境に起因する因子：試験温度，溶存酸素濃度，生物密度，水質
- ・化学物質に起因する因子：化学物質濃度，水中での存在状態（溶解または分散），共存イオン濃度，pH

　有機化合物を対象として考えたとき，濃縮性に最も大きな影響を与える因子として供試生物の脂質含量が挙げられる。後藤らはヘキサクロロシクロヘキサン，テトラクロロビフェニル類を試料とし，コイ，グッピー，ウグイを試験魚として用い，これらの物質の濃縮性がいずれも供試魚の脂質濃度に比例するこ

表4.6 高濃縮性物質と最大濃縮倍率

| 化学物質名 | 最大濃縮倍率 |
|---|---|
| ポリ塩化ビフェニル（Cl＝4） | 21,900 |
| ポリ塩化ナフタレン（Cl＝3〜5） | 11,800 |
| ヘキサクロロベンゼン | 30,000 |
| アルドリン | 20,000 |
| ディルドリン | 14,500 |
| エンドリン | 12,600 |
| DDT | 25,900 |
| クロルデン類（ヘプタクロル） | 17,300 |
| ビス（トリブチルスズ）オキシド | 12,100 |

[出典] 化審法の既存化学物質安全性点検データ集

とを見出している。

#### d．化学物質の濃縮性

後述するように，化学物質の濃縮性はその物理化学的性状に大きく影響される。

表4.6に非常に高い濃縮性を示した物質とそれらの最大濃縮倍率を示す。これらはいずれも $10^4$ のオーダーを示している。生物が化学物質を濃縮する機構として，①生体にとって必要，②排泄する機能を有しない，の2つが考えられるが，これらの物質はいずれも後者の理由によるもの，すなわち排泄速度が非常に遅いことに起因するものと考えられる。

### (2) 生態毒性試験

化学物質の生態系への影響評価を行おうとする際，常在する問題として生態系の多様さと複雑さが挙げられる。生態系の中では，生物によるエネルギー生産から消費に至るサイクルが自然循環の主要部分を形成しており，これは生態系を取り扱う上でも最も重要な側面と考えられる。このような観点から，いわゆる食物連鎖上異なる位置にある生物を用い，それぞれの有害性評価を行うことが第一次の影響評価の基本的な考え方となっている。

また，生態系は大気，陸上，水系のすべてを含めた環境圏に存在するものであるが，汚染化学物質に対する意味あいは各環境圏で異なっており，汚染物質の分布，生息する生物の数などから対象とすべき環境圏が決定される。表4.7

表4.7 各環境コンパートメントのそれぞれの特性に応じた相対的重要性

|  | 生物系存在量(生息地) | 汚染物質の輸送媒体 | | 存在個体群への化合物の危険性 | 汚染物質のたまり場 | 組成の地球的一様性 | 希釈 |
| --- | --- | --- | --- | --- | --- | --- | --- |
|  |  | 輸送距離 | 輸送量 |  |  |  |  |
| 空気 | ＋ | ＋＋＋ | ＋＋ | ＋ | ＋ | ＋＋＋ | ＋＋＋ |
| 水 | ＋＋ | ＋＋ | ＋＋＋ | ＋＋＋ | ＋＋＋ | ＋＋ | ＋＋ |
| 土 | ＋＋＋ | ＋ | ＋＋ | ＋＋ | ＋＋＋ | ＋ | ＋ |

［出典］OECD化学品プログラム「生態毒性グループ最終報告書」(1981)

に各環境コンパートメント（空気，水，土）のそれぞれの特性に応じた相対的重要性を示す。

また，生態毒性が従来の哺乳動物への毒性と最も大きく異なる点は，哺乳動物への毒性試験が各個体に対する有害性を見るものであるのに対し，生態毒性は個々の生物よりも生物群への有害性を見ようとするものである点にある。

理想的には各種の生物に対し長期の毒性試験を行うべきであるが，これは技術的にも経済的にも不可能なことであり，したがって，すべての化学物質についてまず簡単な試験でスタートし，その結果，生態系に対して危険性があると思われる物質に対して，より多くの生物種，より長期の試験を行うという考え方が必要である。

OECD（経済協力開発機構）では以上の考え方をまとめ，1980年に報告書を発表した。ここでは，このOECDでの考え方およびOECD内での作業を中心として，以下に述べることにする。

### A．試験法の種類

すでに述べたように，化学物質の有害性は暴露と影響の2つの関数として表される。そこで，化学物質の環境影響評価を行う場合，この2つの面，すなわち暴露面と影響面を個別に評価する方法と，1つの実験系で同時に評価する方法とがある。ここでは，OECDにおける検討および考え方に基づき前者の例について詳述するが，後者の例としてはメソコズム（mesocosm）による方法およびモデルエコシステム（model ecosystem）による方法がある。

メソコズムとは環境，主として水系環境の一部を他と隔離し，この中に化学物質を導入したときの生物相の変化や化学物質の運命を同時に調べる方法であり，隔離水界とも呼ばれる。一方，モデルエコシステムとは実験室内において

100〜200 l 程度の水槽中に生態系を再現させたものであり，メソコズムと同様に化学物質がこの生態系に与える影響を調べる方法である．しかしながら，メソコズム，モデルエコシステムはいずれも研究的な色彩が強く，また得られたデータの解釈面についてもさらに検討が必要であり，化学物質の環境への影響の事前評価において定常的に行われているものではない．

### B．化学物質の環境生物への影響における基本的因子

化学物質は生物個体に対し種々の影響を与えるが，その影響は可逆的か非可逆的かがまず検討されなければならない．非可逆的とは，当該化学物質濃度がゼロになっても元の正常な状態に戻らないことをいい，これは重大な影響として評価する必要がある．

次に影響の種類であるが，最も大きな影響は個体の死であり，水生生物の場合には半数致死濃度 LC-50 として示される（表 4.8）．LC の前に 48 または 96 といった数字がつくが，これは暴露の時間を意味する．次の影響は生長へ

表 4.8　各種魚類による 24 時間 LC 50 値の比較

| 供　試化学物質 | 淡　水　魚 | | | | | | 海　水　魚 | | |
|---|---|---|---|---|---|---|---|---|---|
| | ヒメダカ (0.35 g) | グッピー ♂ (0.14 g) | グッピー ♀ (0.23 g) | コイ (0.41 g) | キンギョ (2.8 g) | ニジマス (0.39 g) | 海水順化ヒメダカ (0.36 g) | メジナ (0.28 g) | ハゼ (0.09 g) |
| 昇　　　汞 (Hg として) | 0.74 | 0.38 | 0.40 | 0.47 | 0.48 | 0.49 | 3.2 | 2.5 | 2.6 |
| 硫酸亜鉛 (Zn として) | 18 | 11 | 13 | 20 | 26 | 1.1 | 95 | 25 | 46 |
| シアン化カリ (CN として) | 0.43 | 0.43 | 0.37 | 0.33 | 0.55 | 0.09 | 0.40 | 0.24 | 0.33 |
| 塩化アンモン (N として) | 76 | 98 | 136 | 53 | 90 | 16 | 91 | 47 | 34 |
| 酢　　　酸 | 11,000 | 8,800 | 10,200 | 7,700 | 8,400 | 8,400 | 14,000 | 12,000 | 12,000 |
| フェノール | 25 | 50 | 54 | 47 | 34 | 15 | 24 | 10 | 17 |
| タンニン酸 | 140 | 66 | 71 | 46 | 24 | 8.4 | — | — | — |
| Ａ　Ｂ　Ｓ | 56 | 46 | 48 | 38 | 43 | 20 | 5.2 | 6.1 | 5.8 |
| パラチオン | 3.5 | 1.9 | 1.6 | 2.7 | 4.0 | 2.2 | 2.0 | 0.07 | 0.01 |
| ＰＣＰ‐Ｎa | 0.40 | 0.86 | 1.06 | 0.18 | 0.37 | 0.16 | 1.3 | 0.32 | 0.52 |

単位は ppm．試験条件は，水温がニジマス以外はすべて 25℃，ニジマスは 12〜13℃．pH はシアン化カリ，酢酸，タンニン酸については淡水 7.0，海水 8.0 に，塩化アンモンについては淡水，海水とも 8.0 に調節した．[出典] 田端：用水と廃水，**14**, 1297-1303 (1972)

の影響，さらに繁殖性への影響がある。これらは通常，NOEL（no observable effect level；無作用濃度，または無影響濃度）として表される。すなわち，統計的に対照区（化学物質を投与しない区）の生物への影響に差がない化学物質濃度である。

　最も軽微な影響としては挙動への影響がある。生態系への影響として挙動が問題となるのは，たとえば，ある魚類が常に水面付近しか遊泳しない場合，長期的にみてこの魚類の摂餌行動が制限されることになり，また鳥による捕食の可能性が大きくなり，ひいてはこの魚種の生物数に影響を与えることが考えられるからである。

　化学物質の環境生物におよぼす影響として着臭の問題も考えられる。とくに対象生物が有用水産資源である場合には，着臭はその商品価値を大きく減ずるものとなり，この面からも考慮する必要があるが，現在のところ生態系への影響という面では着臭は考慮されておらず，あくまでも人が資源として利用する場合に対する影響面としてのみ考えられている。

## 4.2　安全性試験と定量的構造活性相関

　構造活性相関（Quantitative Structure Activity Relationship：QSAR）とは，化学物質の構造またはそれにともなう物理化学的な性状などと毒性などの生物活性との関係を示すものであり，構造に関係する因子として，ECETOC（European Chemical Industry, Ecology and Toxicology Center）では**表4.9**に示すように，各因子を整理しており，なかでも分配係数（$n$-オクタノール/水）は最も多く用いられている。

　構造活性相関の研究は動物愛護の面で，生物活性の作用機作の研究の面で，さらに，より有害性の高い物質をスクリーニングする目的において行われており，今後の研究の進展が期待される。

　水生生物への適用例として，**図4.12**にVeithらのデータを示す。LC-50値は分配係数と非常によい逆相関にあることがわかる。また，**表4.10**に分配係数から各種生物への濃縮倍率を求める各種の相関式を示した。

### (1)　得られたデータの評価

　先に述べたように化学物質の環境影響評価においては，環境中における化学

表 4.9　構造活性相関の研究に用いられる構造的因子

| | |
|---|---|
| (1) 物理化学的<br>　(a) 一般<br>　　融点<br>　　沸点<br>　　蒸気圧<br>　　解離定数 ($pK_a$)<br>　　活性化エネルギー<br>　　反応熱<br>　　反応速度定数 ($k$)<br>　　還元ポテンシャル<br>　(b) 親水性<br>　　分配係数 ($P$)<br>　　$P_M$ 係数 (逆相クロマトグラフ法)<br>　　水溶性 ($S$)<br>　　パラコール<br>　(c) 電気的<br>　　ハメット定数 ($\sigma$)<br>　　Taft 極置換基定数 ($\sigma^*$)<br>　　イオン化ポテンシャル<br>　　誘電率<br>　　二極モーメント<br>　　水素結合 | (d) 量子化学<br>　分子軌道指数 (原子チャージ, 結合エネルギー, 結合指数, 吸収エネルギー, 電子供与能, 電子受容能, 静電ポテンシャル度, Dewar 数)<br>　電子密度<br>　$\pi$ 結合反応性<br>　電子極性<br>(2) 立体構造<br>　分子容<br>　分子形<br>　分子表面領域<br>　亜構造形<br>　Taft 立体置換基定数 ($E_s$)<br>　分子屈折度 (MR)<br>　Verloop-Sterimol 定数 ($L$；$B_1 \sim B_5$)<br>(3) 構造<br>　原子と結合フラグメント<br>　亜構造<br>　亜構造環境<br>　構造中の原子の数<br>　環の数 (多環体)<br>　分子結合度 (分枝の範囲) |

物質の濃度と環境生物に対する無作用濃度の 2 つのデータが必要である．化学物質の環境濃度の予測は，単純な希釈モデルから種々のパラメータを組み込みコンピュータにより計算する multi-media model まである．

　一方，実際の環境中における無作用濃度の推定は，不確定係数を用いる方法が多い．これらは表 4.11 に示したように $1 \sim 10^4$ と幅が非常に大きく，一般的には長期毒性データがない場合は LC-50 値または EC-50 値を 1,000 で除して無作用濃度としている．

　本来，化学物質の生態系への影響は生態系全体の構造と機能におよぼす影響としてとらえるべきであるが，現在のところは個々の生物に対する影響を暴露とのかかわりで見ていく方法をとっている．この予測環境濃度と無作用濃度の値から安全性の評価を行うが，表 4.12 に示す quotient 法は無作用濃度を予測環境濃度で除した値 (この値を safety margin と呼ぶ) の大きさから安全性を

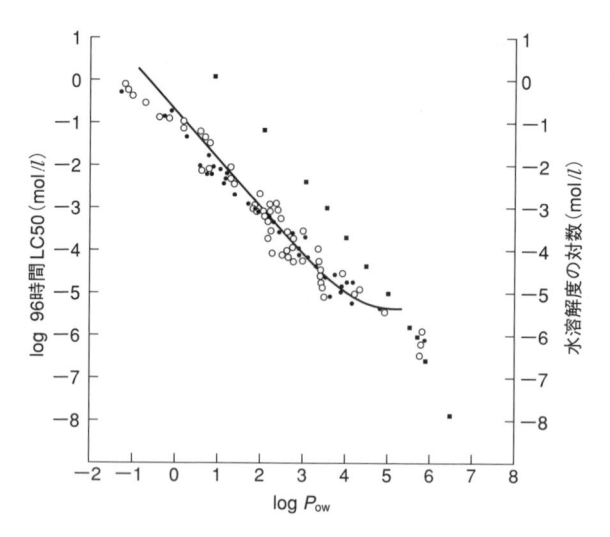

図 4.12 麻酔性毒物に対するファットヘッドミノーの 96 時間 LC 50 値と，オクタノール／水分配係数および水溶解度との関係
●：ファットヘッドミノーの 96 時間 LC 50 値，○：グッピーの 7 日間 LC 50 値，（文献値），■：水溶解度。[出典] Veith et al.: Can. J. Fish. Aqu, Sci., 40, 743-748（1983）

評価する方法である。

このほか，LC-50 値のみから評価する方法（農薬取締法による分類），上市量から評価する方法（§4.5.3 参照）などがある。一般に，種々の生物に対して safety margin が 100 以上であれば，その化学物質の環境への影響は小さいと考えてよいであろう。

---

**アセスメント係数とは**

安全係数，不確定係数ともいう。生態毒性試験（環境生物への毒性試験）は LC-50 値または EC-50 値のような急性毒性値を通常求めるため，これをアセスメント係数で除して予測無影響濃度（PNEC, Predicted Non observable Effect Concentration）としている。

アセスメント係数は LC-50 値または EC-50 値を用いる時は 1,000，NOEC(Non Observable Effect Concentration)を用いる時は 100 とするのが一般的である（表 4.11 参照）。

表 4.10 濃縮性と分配係数との関係

| 提 出 者 | $a$ | $b$ | $n$ | $r$ |
|---|---|---|---|---|
| Neely, 1974 | 0.54 | 0.12 | 8 | 0.95 |
| Lu and Metcalf, 1975 | 0.63 | 0.73 | 11 | 0.79 |
| Metcalf et al., 1975 | 1.16 | 0.75 | 9 | 0.98 |
| Veith et al., 1979 | 0.85 | −0.70 | 55 | 0.95 |
| Kenaga and Goring, 1980 | 0.77 | −0.97 | 36 | 0.76 |
|  | 0.94 | −1.50 | 26 | 0.87 |
| Könemann and v. Leeuwen, 1980 | 0.98 | −0.06 | 6 | 0.99 |
| Ellgehausen et al., 1980 | 0.83 | −1.71 | 8 | 0.98 |
| Veith et al., 1980 | 0.46 | 0.63 | 25 | 0.63 |
| Veith et al., 1980 | 0.76 | −0.23 | 84 | 0.82 |
| Saarikoski and Viluksela, 1982 | 1.02 | −1.82 | 9 | 0.98 |
| Mackay, 1982 | 1.00 | −1.32 | 44 | 0.95 |
| Veith and Kosian, 1983 | 0.79 | −0.40 | 122 | 0.93 |
| Oliver and Niimi, 1983 | 1.02 | −0.63 | 11 | 0.99 |
| Davies and Dobbs, 1984 | 0.60 | 0.19 | 31 | 0.75 |
| Chiou, 1985 | 0.89 | 0.61 | 18 | 0.95 |
| Zaroogian et al., 1985 | 0.61 | 0.69 | 11 | 0.84 |

回帰式　$\log \mathrm{BCF} = a \log p_{\mathrm{ow}} + b$, $n$：物質数, $r$：相関係数
BCF：生物濃縮係数（Bioconcentration Factor）

表 4.11 不確定係数とその適用

| 不確定係数 | 適　用 |
|---|---|
| 1 | フィールド試験データ |
| 10 | 優良長期データ |
| 100 | 限定長期データ |
| 1000 | 非長期データ |
| 10000 | 専門家が特別の考慮が必要と判断 |

表 4.12 データの評価方法

| |
|---|
| quotient 法 |
| 専門家による判断 |
| LC 50 値からの判断 |
| 特別な化学的性質 |
| 上市量 |

## 4.3 化学物質による環境汚染

わが国では環境省が1974年以来,毎年環境中の化学物質濃度を測定し公表している。この作業は世界においても高く評価されている。

調査媒体は水質,底質,大気,魚類等であり,1974年から2001年までに798物質が調べられている。これらの検出状況を表4.13に示す。高度な濃縮が可能という分析操作上の面もあるが大気からの検出が最も多く,調査した物質のうち約2/3が検出されている。

一方,底質,魚類には化学物質が濃縮されていることもあり水質よりも検出割合が高くなっている。

表4.14にこの実態調査の結果が環境行政にどのように反映されているかを示す。

化学物質,特に水域での環境基準に定められている物質の環境基準達成状況を表4.15に示す。一方,大気環境基準に定める有害大気汚染物質の環境基準達成状況を表4.16に示す。

水質においては砒素,フッ素の汚染が目につく。全体として達成率は99.3%と良好に推移しているといえる。一方,大気であるがベンゼンの汚染がある。ベンゼンの大気環境基準値は$3\ \mu g/m^3$以下であるが平均値でもこの値に近く,早急な対策,具体的にはガソリン中のベンゼン濃度の減少が必要である。

他の2つの有機塩素系化合物の基準値はいずれも$200\ \mu g/m^3$以下であるこ

表4.13 環境調査結果における検出状況
(1974年度〜2001年度)

|  | 水質 | 底質 | 魚類 | 大気 | 総数 |
| --- | --- | --- | --- | --- | --- |
| 調査物質数 | 762 | 738 | 249 | 243 | 798 |
| 検出物質数 | 149 | 233 | 100 | 157 | 339 |
| 検出割合(%) | 19.6 | 31.6 | 40.2 | 64.6 | 42.5 |

(注) 1985年度より水質,底質および魚類の検出限界を統一処理している。総数の欄の798は1974年度〜2001年度に調査した物質数であり,339は調査の結果,何らかの媒体から検出された物質数である。

表 4.14 化学物質環境汚染実態調査の行政上の主な成果

| 調査名 | 物質名 | 調査年度 | 成果 |
|---|---|---|---|
| ・総点検調査<br>　(実態調査) | トリクロロエチレン<br>テトラクロロエチレン<br>四塩化炭素<br>(溶剤) | 1974〜83<br>1974〜83<br>1974〜83 | 1986.5　化学物質審査規制法の改正<br>(第二種特定化学物質, 指定化学物質の制度の発足) |
| ・総点検調査<br>　(実態調査)<br>　(生物モニタリング) | クロルデン<br>(防蟻剤) | 1981, 82<br>1983〜 | 1986.9　第一種特定化学物質指定 |
| ・総点検調査<br>　(実態調査)<br>　(生物モニタリング)<br>・指定化学物質等検討調査 | トリブチルスズ化合物<br>(船底塗料等) | 1983, 84<br>1985〜<br>1988〜 | 1988.4　指定化学物質に指定<br>1989.12　TBTO を第一種特定化学物質に指定<br>1990.9　他の TBT を第二種特定化学物質に指定 |
| ・総点検調査<br>　(実態調査)<br>　(生物モニタリング) | トリフェニルスズ化合物<br>(船底塗料) | 1988<br>1989〜 | 1988.7　指定化学物質に指定<br>1990.9　第二種特定化学物質指定 |
| ・非意図的生成化学物質汚染実態追跡調査 | ダイオキシン類<br>(ごみ焼却過程等で発生) | 1985〜97 | 1999.7　ダイオキシン類対策特別措置法公布 |
| ・化学物質環境汚染実態調査 | クロロエチレン<br>エチレンオキシド<br>アニリン他 | 1988〜97 | 2000.3　特定化学物質の環境への排出量の把握等および管理の改善の促進に関する法律施行令第一種指定化学物質および第二種指定化学物質の指定 |

とから, 特に問題はないといえる.

## 4.4　ダイオキシン類の生成と毒性

　ダイオキシン類はその毒性が強いことと, ゴミ焼却炉が最大の発生源であり, 広くわれわれの身に差し迫った脅威として大きな社会問題となっている. このダイオキシン類はゴミの焼却過程, 塩素漂白過程および農薬製造工程において非意図的, いわゆる副生成物として生成するもので, 他の多くの化学物質と異なり, 製造を目的として化学的に合成して利用することはない.
　ダイオキシンと一般的に呼ばれているが, 化学構造的には塩素のつく位置とその数によって多数の種類がある.

表4.15 健康項目の環境基準達成状況（2002年度）

| 測定項目 | 調査対象地点数 | 環境基準値を超える地点数 |
|---|---|---|
| カドミウム | 4,613 | 0 ( 0) |
| 全シアン | 4,165 | 0 ( 1) |
| 鉛 | 4,716 | 6 ( 3) |
| 六価クロム | 4,329 | 0 ( 0) |
| 砒素 | 4,669 | 18 (17) |
| 総水銀 | 4,440 | 0 ( 0) |
| アルキル水銀 | 1,544 | 0 ( 0) |
| PCB | 2,385 | 0 ( 0) |
| ジクロロメタン | 3,655 | 1 ( 0) |
| 四塩化炭素 | 3,680 | 0 ( 0) |
| 1,2-ジクロロエタン | 3,648 | 1 ( 1) |
| 1,1-ジクロロエチレン | 3,635 | 0 ( 0) |
| シス-1,2-ジクロロエチレン | 3,636 | 0 ( 0) |
| 1,1,1-トリクロロエタン | 3,690 | 0 ( 0) |
| 1,1,2-トリクロロエタン | 3,635 | 0 ( 0) |
| トリクロロエチレン | 3,827 | 0 ( 0) |
| テトラクロロエチレン | 3,827 | 0 ( 0) |
| 1,3-ジクロロプロペン | 3,683 | 0 ( 1) |
| チウラム | 3,604 | 0 ( 0) |
| シマジン | 3,603 | 0 ( 0) |
| チオベンカルブ | 3,600 | 0 ( 0) |
| ベンゼン | 3,587 | 0 ( 0) |
| セレン | 3,594 | 0 ( 0) |
| 硝酸性窒素および亜硝酸性窒素 | 4,220 | 4 ( 2) |
| フッ素 | 2,995 | 12 ( 8) |
| ホウ素 | 2,732 | 2 ( 3) |
| 合　計 | 5,695 (5,686) | 42 (34) |
| 環境基準達成率 | 99.3% (99.4%) | |

備考 1：(  ) は2001年度の数値。
　　 2：フッ素およびホウ素の測定地点数には，海域の測定地点のほか，河川または湖沼の測定地点のうち海水の影響により環境基準を超えた地点は含まれていない。
　　 3：合計欄の超過地点数は実数であり，同一地点において複数項目の環境基準を超えた場合には超過地点数を1として集計した。なお2002年度は2地点において2項目が環境基準を超えている。
　　　　（出典：環境省『平成14年度公共用水域水質測定結果』）

表 4.16 有害大気汚染物質のうち環境基準の設定されている物質の調査結果

| 物質名 | 地点数 | 環境基準値超過割合(%) | 平均値 ($\mu g/m^3$) | 濃度範囲 ($\mu g/m^3$) | 環境基準値 ($\mu g/m^3$) |
|---|---|---|---|---|---|
| ベンゼン | 409 | 8.3 | 2.0 | 0.49〜5.7 | 3以下 |
| トリクロロエチレン | 341 | 0 | 1.0 | 0.0012〜70 | 200以下 |
| テトラクロロエチレン | 355 | 0 | 0.43 | 0.029〜7.6 | 200以下 |
| ジクロロメタン | 351 | 0.3 | 2.9 | 0.16〜190 | 150以下 |

注：月1回以上測定を実施した地点に限る。
資料：環境省『平成14年度大気汚染状況報告書』より作成

　通常，ポリ塩化ジベンゾ-$p$-ジオキシン類（PCDDs：polychlorinated dibenzo-$p$-dioxins）とポリ塩化ジベンゾフラン類（PCDFs：polychlorinated dibenzofurans）およびコプラナーPCB（co-planar polychlorinated biphenyls）を総称してダイオキシン類と呼んでいる。いずれの化合物も塩素のつく位置および数によって毒性の強度が異なるが，2,3,7,8-TCDD（2,3,7,8-tetrachlorodibenzo-$p$-dioxin）はダイオキシン類の中で最も毒性が強いとさ

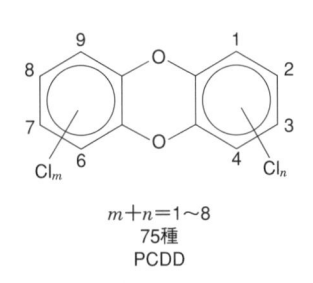

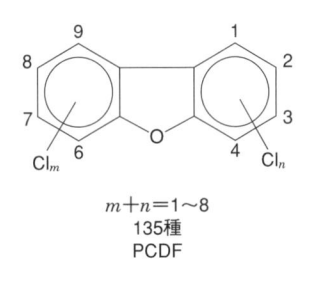

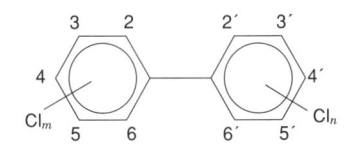

$m+n=1〜8$
75種
PCDD

$m+n=1〜8$
135種
PCDF

$m+n=2〜10$
13種
Co-PCB*

＊：Non-Co-PCB（ノンオルト Co-PCB）
　2,2′,6,6′,の位置にClのないPCB　　　　3種
　Mono-Co-PCB（モノオルト Co-PCB）
　2,2′,6,6′,のどれか1つの位置にClの入ったPCB 8種
　Di-Co-PCB（ジオルト Co-PCB）
　2,6′（2,6には入らない）または2′,6（2,6′には入らない）の位置にClの2個入ったPCB　　　2種
　：構造式中の番号は塩素のつく位置を示す。

図4.13　ダイオキシン類の基本化学構造式

れている．PCDDには75種類，PCDFには135種類，コプラナーPCBには13種類の異性体がそれぞれあるが，各々の基本的化学構造式を図4.13に示す．

### 4.4.1 ダイオキシン類問題と対策の動き
#### (1) 諸外国では

1957年ころアメリカ東部および中西部で，鶏のヒヨコの大量死事件が発生したが，その原因がエサに混ぜられた脂肪の中にダイオキシン類が混入したためであると判明した．

1960年代，米軍がベトナム戦争で使用したオレンジ剤，いわゆる枯葉剤（フェノキシ系除草剤の2,4-Dや2,4,5-Tなど）に副生成物としてダイオキシン類が含まれており，後に散布された地域に肝臓がん，流産，出産欠陥症，奇形児が多発し，世界中にダイオキシン類の脅威を知らしめた．

1976年7月10日にイタリアのミラノの近郊セベソ市にある農薬工場で殺菌剤の原料であるトリクロロフェノールの製造工程で爆発事故が起こり，TCDDが大量に発生し，周辺の広範囲に飛散し3万人を超える人が暴露し，住民に死亡はないものの，皮膚炎の塩素挫瘡の発症が数百人に及び，白血病の発症率は他の地域に比べ2倍近くみられ，ダイオキシン類との関連が疑われている．鶏や猫に事件発生後，大量の死亡が確認されている．

1977年，オランダの環境科学者オリー博士が都市ゴミ焼却炉からダイオキシン類が発生している事実を報告し，世界各国の研究者に新たな問題提起となった．

1978年，アメリカ，ニューヨーク州ラブキャナルにある農薬工場の産業廃棄物のなかにダイオキシン類が含まれており，その飛散汚染で周辺住民200世帯以上が移転した．

1982年にアメリカ，ミズリー州タイムズビーチで農薬工場の廃棄物が油と混ぜられ，道路のほこり止めとして散布され，ダイオキシンの高濃度汚染事件が起こり，町民全員が移転を余儀なくされ町は廃墟と化した．

1991年，米国環境保護庁（EPA）はダイオキシン類の毒性再評価の検討に入る．

1993 年，アメリカ科学アカデミーがダイオキシンと発がん性の相関関係を報告した。

1994 年，アメリカ環境保護庁（EPA）がダイオキシン類は発がん性以外にも健康被害のおそれがあることを発表した。

---

**用語，略語**

2,4 D (2,4 AT)：2,4-ジクロロフェノキシ酢酸（ホルモン型除草剤，植物成長調整剤）

2,4,5-T：2,4,5-トリクロロフェノキシ酢酸（広葉雑草，かん木の除草剤）

オレンジ剤：1960 年代ベトナム戦争で枯れ葉剤として 2,4 D と 2,4,5 T の混合剤を用いたがこれを「オレンジ剤」と呼んだ。

コプラナー PCB：co-planar PCB　2 つのベンゼン環が同じ平面状にあるという意味で，PCDD や PCDF と類似構造を有し毒性が強い。

TEQ：toxic equivalents の略で毒性等量の意味。これはダイオキシン類では塩素のつく位置や数によって毒性の強さが異なるため，毒性を表すために最も毒性の強い 2,3,7,8-TCDD を 1 として，他の異性体の相対的な毒性に毒性等価係数（TEF）を乗じて 2,3,7,8-TCDD の量に換算し，その総和で表すことを毒性等量 TEQ という。

TEF：toxicity equivalency factors の略で毒性等価係数の意味。毒性の最も強い 2,3,7,8-TCDD の毒性を基準として，これを 1 とした時の他のダイオキシンの毒性の強さを相対的に表したもので，表 4.19 に WHO の TEF を示してある。

---

### (2)　日本国内では

1968 年福岡県，長崎県を中心とする西日本一帯で，ライスオイルを食べた人に体全体の皮膚に湿疹，爪，眼などに特徴的な症状を呈する患者が大規模集団発生した。カネミ倉庫が製造した米ぬか油（ライスオイル）に PCB が混入し，摂取されたことに起因するもので，米ぬか油症（カネミ油症）事件として化学物質のリスク管理の重要性を認識させ，国の環境政策に大きな影響を与えた。人への毒性影響は PCB より PCDF，PCDD であったことも後に明らかになった。

1971 年に林野庁は 2,4,5-T 系の除草剤の散布を禁止した。しかし，その後 1990 年代になって大型缶に入れた 2,4,5-T などを当時山林内に埋めた事実が各地で発覚し，ダイオキシン類汚染が懸念され問題となった。

1983 年，愛媛大学立川教授（現名誉教授）らが西日本数カ所のゴミ焼却炉 9

> **米ぬか油症（カネミ油症）事件**
>
> 1968年に米ぬか油（食用ライスオイル）を食べた人々に，全身の皮膚に吹き出物が，皮膚，爪，歯茎の黒変，頭痛，食欲不振，めまい，関節痛などの症状が現れ，その原因を調査したところ，米ぬか油の製造工程に熱媒体として用いられたPCB（カネクロール400）が漏出し，米ぬか油に混入，汚染されてしまったと結論づけられた。さらにその後の研究でPCBが異常な高温加熱により，80〜90%がPCDFに変化し，残りの多くがコプラナーPCBであることが明らかとなった[1]。種々の発症，すなわち米ぬか油症（カネミ油症）事件はPCBによるものと考えられていたが，実際はダイオキシン類のPCDF，PCDDやコプラナーPCBなどによるヒトへの毒性影響であると判明した[2]。PCDFはライスオイル中に2〜7 ppm含まれており，油症発生後，早期に死亡した患者臓器の脂肪組織で6〜13 ppb，肝臓で3〜25 ppbが検出されていることからも明らかであると考えられる。身体的異常を訴えた人は14,000人を越えるが，油症患者としては1990年（平成2年）現在，1,862人で，総患者数の約75%は福岡県，長崎県両県に集中している[2]。油症患者から生まれた13人の子供のうち，2人は死産，10人が全身褐色，そのほかにも異常所見が報告されている。
>
> 〔出典〕1）嘉村　均：ダイオキシン100の知識，p.26-27，東京書籍，1998
> 　　　　2）飯田隆雄：福岡県保健環境研究所油症研究班報告書，第16集，1997

施設の飛灰と残灰からダイオキシン類を検出した（TCDDが7〜250 ng/gの範囲）。この調査結果の公表が日本におけるダイオキシン類問題の社会的に大きな関心を呼ぶ発端となった。

1984年，厚生省の専門家会議では，外国のデータをもとに日本での評価できる調査データがないままに，一般市民および施設職員に対するゴミ焼却処理に伴う影響が見いだせないレベルで問題なしとし，現行法の尊守で対処できるとした。この判断が日本のダイオキシン類対策を大幅に遅らせる結果となった。

1990年8月，厚生省は「ダイオキシン類発生防止等ガイドライン検討会」を設置し，12月に「ダイオキシン類発生防止等ガイドライン」を都道府県に通知した。ダイオキシン類の効果的発生防止の総合的対策をとりまとめた。

1990年，愛媛大学立川教授，脇本助教授らは製紙工場の排水および魚介類からダイオキシン類を検出し，環境汚染の実態が明らかになった。

1992年2月，環境庁が紙パルプ工場に係るダイオキシン類対策，すなわち，塩素漂白などに伴うダイオキシン類生成抑制対策の推進について関係団体に要

請した。

　1995年11月，厚生省は「ダイオキシンのリスクアセスメントに関する研究班」を設置し，ダイオキシン類のヒトに対する毒性評価の研究が進められ，1996年6月に当面の一日耐容摂取量（TDI）として10 pg-TEQ/kg/dayを中間報告として提示した。

　1996年5月，環境庁はダイオキシン検討会を設置し，同12月に健康リスク評価指針値として，5 pg-TEQ/kg/dayとする中間報告をまとめた。

　1996年6月，厚生省が「ダイオキシン削減対策検討会」を設置し，1990年のガイドラインの見直し，ダイオキシン類対策を推進することとした。

　1996年7月，厚生省は「ゴミ焼却施設からのダイオキシン排出実態総点検調査」を12月までに実施するよう，全国の市町村に指示した。

　1997年6月，厚生省が「ダイオキシン排出実態総点検調査」結果を発表したが，1496施設中105施設が既存施設の暫定基準である80 ngTEQ/m$^3$をオーバーしていた。

　1999年2月1日，テレビ朝日が「埼玉県所沢産の野菜のダイオキシン類濃度が高い」と報道，大きな波紋を呼び社会問題化するが，報道内容が不適切であったことが指摘された。しかし，産業廃棄物の焼却について大きな関心を呼ぶきっかけとなった。

### 4.4.2　ダイオキシン類の発生とは

　ダイオキシン類は，主としてものを燃やすところから発生し，炭素，酸素，水素，塩素が熱せられるような過程で自然にできてしまう副生成物で意図的に作られることはない（図4.14, 4.15参照）。主な発生源はごみの焼却で，そのほかに製鋼用電気炉，鉄鋼業焼結施設，原料として製鋼用電気炉の集じん灰を使用する亜鉛回収施設などの産業系発生源のほか，たばこの煙，自動車排出ガス，あるいは各家庭でのごみ焼却などさまざまな発生源がある。

　また，かつてさまざまな用途で使用されていたPCBや一部の農薬に不純物として含まれていたものが，河川や海域の底質などの環境中に蓄積している可能性があり，各地で検出されている。

　環境省の調査によると2002年の発生状況は全国で940～970 g-TEQであ

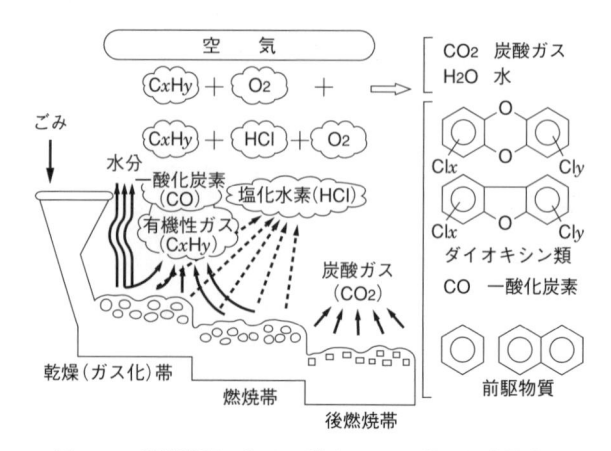

図 4.14　燃焼過程におけるダイオキシン類の生成模式図

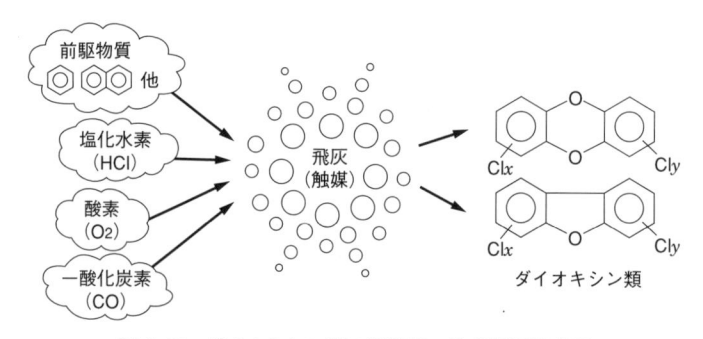

図 4.15　ダイオキシン類の燃焼後の生成過程模式図

る。1997 年に 7,630〜8,135 g-TEQ であったのに比べると，廃棄物焼却炉に対する排出規制などによって約 1/10 に減少している。

しかし，アメリカやヨーロッパなどの先進国と比べると排出量はまだ多く，さらに排出規制の努力が必要である。

政府は，1999 年 3 月「ダイオキシン対策推進基本指針」を策定（同年 9 月 28 日改定）し，2002 年度までにダイオキシン類の総排出量を 1997 年に比べ約 9 割削減することを目標とした。

1999 年 7 月，ダイオキシン対策を総合的に推進するための「ダイオキシン類対策特別措置法」が成立し，2000 年 1 月に施行された。

1999年9月，政府は「一般廃棄物，産業廃棄物とも排出抑制。リサイクルの推進に努め，最終処分量を2010年までに1996年の半分に削減し，これによって廃棄物の焼却量を削減し，ダイオキシン類の排出をさらに削減する」との国の目標量を設定したが，この目標は現時点で十分にクリアできている。

### 4.4.3 ダイオキシン類の摂取と毒性
#### (1) 通常生活での摂取レベル

日本人の一般的な食生活で取り込まれるダイオキシン類の量は厚生労働省の2002年度の食品調査等から，人の平均体重を50 kgと仮定して体重1 kgあたり約1.49 pg-TEQと推定されるとした。そのほか大気中からの取込み量が約0.028 pg-TEQ，土壌から直接取り込まれる量はきわめて少ないが0.0076 pg-TEQで，全部を合計すると体重1 kgあたり約1.53 pg-TEQと推定される。

---

**ダイオキシン類の一日耐容摂取量（TDI）とは**

一日耐容摂取量（tolerable daily intake；TDIと略記）とは健康影響の観点から，人間が一生涯摂取しても耐容されると判断される，一日あたり，体重1 kgあたりの摂取量で，最新の科学的知見をもとに，1999年6月にダイオキシン類のTDIを感受性の高い胎児期の暴露も考慮して4 pg-TEQ/kg体重/日以下と設定した（表4.18参照）。

---

表4.17　わが国におけるダイオキシン類の1人一日摂取量（体重1 kgあたりに換算）

| | | | |
|---|---|---|---|
| 大気 | 0.028 pg-TEQ/kg/日 | | TDI 4 pg-TEQ/kg/日以下 |
| 土壌 | 0.0076 pg-TEQ/kg/日 | | |
| 魚介類 | 1.29 pg-TEQ/kg/日 | | |
| 肉・卵 | 0.15 pg-TEQ/kg/日 | 食品 1.49 pg-TEQ/kg/日 | |
| 乳・乳製品 | 0.035 pg-TEQ/kg/日 | | 実際の摂取量 約1.53 pg-TEQ/kg/日 |
| 有色野菜 | 0.003 pg-TEQ/kg/日 | | |
| 穀物・芋 | 0.001 pg-TEQ/kg/日 | | |
| その他 | 0.010 pg-TEQ/kg/日 | | |

表4.18 耐容摂取量の算出根拠

| 年 | 実施主体 | 耐容摂取量(TI) | 体内負荷量/影響指数 | 相当するヒト推定摂取量(不確実係数) | 概要 |
|---|---|---|---|---|---|
| 1998年5月 | WHO 欧州地域事務局および国際化学物質安全性計画(IPCS) | 耐容一日摂取量 TDI：1ないし4pg-TEQ/kg体重/日 (TEQ：WHO$_{1998}$) | 28 ng/kg体重 / Long-Evans系ラット：母体内暴露した雄の仔における精子数の減少 (Gray et al., 1997) <br> 69 ng/kg体重 / アカゲザル：子宮内膜症 (Rier et al., 1993) | 14 pg/kg体重/日 (10) <br> 37 pg/kg体重/日 (10) | ・従前からダイオキシン類とされてきたダイオキシンおよびジベンゾフランに加え、ダイオキシン様毒性を持つPCB類を含むTEQ：WHO$_{1998}$を用いた。<br>・実験動物における最小毒性量(LOAEL)から体内負荷量を算出し、この体内負荷量に達するための一日摂取量を推定し、この値を不確実係数で除してTDIとした。<br>・実験動物とヒトで、同じ体内負荷量において、同様の影響が発現すると仮定する。<br>・TDIの値を当面、1ないし4 pg-TEQ/kg体重という幅のある設定とし、将来的には1 pg-TEQ/kg体重以下を目指すべきとした。 |
| 1999年6月 | 日本：環境庁・厚生省 | 耐容一日摂取量 TDI：4pg-TEQ/kg体重/日 (TEQ：WHO$_{1998}$) | 86 ng/kg体重 / Long-Evans系ラット：母体内暴露した雌の仔における生殖器形態異常 (Gray et al., 1997b) | 43.6 pg/kg体重/日 (10) | ・TDIの求め方はWHOの考え方と同様であるが、WHOにおいて採用されたデータの見直しを行い、さらに雌の仔における生殖異常をはじめ影響指標を総合的に判断した。 |
| 2001年5月 | 欧州連合食品科学委員会(EUSCF) | 耐容一週間摂取量 TWI：14 pg-TEQ/kg体重/週 (TEQ：WHO$_{1998}$) | 40 ng/kg体重 / Wistar系ラット：母体内暴露した雄の仔における精子形成能の低下と生殖行動の変化 (Faqi et al., 1998) | 20 pg/kg体重/日 (9.6) | ・半減期の長いダイオキシン類については一週間単位の耐容摂取量のほうがTDIよりも適当であるとしている。<br>・2000年11月に7 pg-TEQ/kg体重/週という暫定的な値を出した後、動物実験データの見直しを行い、2001年5月に現行の14 pg-TEQ/kg体重/週を発表した。 |

## 4.4 ダイオキシン類の生成と毒性

| | | | | | |
|---|---|---|---|---|---|
| 2001年6月 | FAO/WHO合同食品添加物専門家委員会(JECFA) | 暫定耐容一カ月摂取量<br>PTMI：70 pg TEQ/kg 体重/月<br>(TEQ：WHO$_{1998}$) | 16（線形モデル）ないしは 22（Powerモデル）ng/kg 体重／Holtzman系ラット：母体内暴露した雄の仔における前立腺腹葉重量、および肛門生殖突起間距離の減少 (Ohsako et al., 2001)<br>28（線形モデル）ないしは 42（Powerモデル）ng/kg 体重／Wistar系ラット：母体内暴露した雄の仔における精子形成能の低下と生殖行動の変化 (Faqi et al., 1998) | 237ないしは330 pg/kg 体重/月 (3.2)<br><br>423ないしは630 pg/kg 体重/月 (9.6) | ・JECFAによる他の物質の評価と同様に暫定的 (provisional) な値としている。<br>・より長期に渡る耐容一カ月摂取量を採用している。これは一日単位の摂取量の変動が、体内負荷量の大きな変動には結びつかないという考え方による。<br>・Faqiら、およびOhsakoらの投与量をモデルにあてはめ、体内負荷量を求めている。<br>・動物実験の無毒性量 (NOAEL) の結果は不確実係数3.2（動物からヒトへの外挿における不確実係数×3）で除し、PTMIを得ている。<br>・二つの動物実験結果から得た推定一カ月摂取量 (237〜330 および 423〜630 pg/kg 体重/月) をそれぞれの不確実係数で除し (74〜103 あるいは 44〜66 pg/kg 体重/月)、中間の値として70 pg/kg 体重/月を採用している。 |
| 2001年11月 | 英国 食品・消費者製品・環境中化学物質毒性委員会(UKCOT) | 耐容一日摂取量<br>TDI：2 pg TEQ/kg 体重/日<br>(TEQ：WHO$_{1998}$) | 33 ng/kg 体重／Wistar系ラット：母体内暴露した雄の仔における精子形成能の低下と生殖行動の変化 (Faqi et al., 1998) | 1.7 pg/kg 体重/日<br>(不確実係数 9.6 による算出した後の数値。右欄を参照のこと) | ・ラットの最小毒性量に相当する体内負荷量を不確実係数 9.6 で除し、ヒトの体内負荷量 3.4 ng/kg 体重としたのち、この体内負荷量に到達するヒトの一日摂取量を 1.7 pg/kg 体重/日と算出し、これを丸めて 2 pg/kg 体重/日を TDI 値とした。<br>・一日摂取量が10倍になっても、体内負荷量は 0.5% 上昇するに過ぎないという計算から、日摂取量の変動も従来の TDI の考え方に収まるものとした。 |

引用：ダイオキシン類のリスクアセスメントの最近の動向。間正理恵、遠山千春、日本リスク研究学会誌、14, 48-57 (2003)

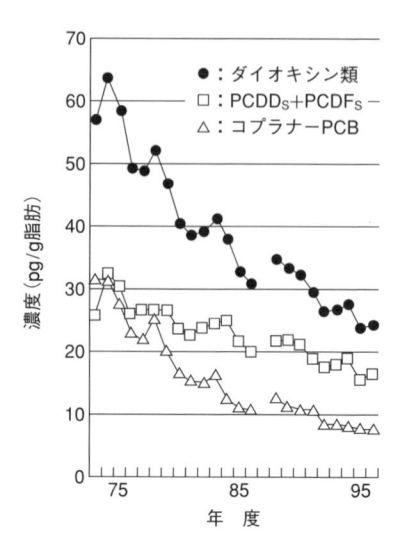

図4.16 母乳中のダイオキシン類濃度
出典：平成9年度厚生科学研究「母乳中のダイオキシン類に関する研究」

　この推定は人が生涯にわたり摂取しても健康に対する有害な影響が現れないと判断される一日あたりの摂取量である「一日耐容摂取量（TDI）4 pg-TEQ」を下回っており，健康に与える影響のない安全域の数値である。
　表4.17はダイオキシン類の一日摂取量を求めた根拠の内訳であるが，魚介類，肉，乳製品，卵からの摂取が7～9割に達していることがわかる。
　厚生労働省は，ダイオキシン類は人体に摂取されたのち，脂肪組織などに蓄積され，その一部は母乳中に分泌され，さらに赤ちゃんの摂取による健康影響が懸念されることから，また一方，母乳は乳児の発育，感染防止，栄養補給に与える効果が大きく，母乳を推進する立場からその安全性を検討していたが，現状の環境濃度では問題ないとしている。一時，最高65 pg/g脂肪まであったが大阪府が保存している母乳調査によると，ダイオキシン類の濃度は減少しており，最近20年間で半減している（図4.16）。

表4.19 毒性等価係数（TEF）

| | 化合物名 | TEF 値 |
|---|---|---|
| PCDD<br>（ポリ塩化ジベンゾ-*p*-ジオキシン） | 2,3,7,8,-TCDD | 1 |
| | 1,2,3,7,8-PnCDD | 1 |
| | 1,2,3,4,7,8-HxCDD | 0.1 |
| | 1,2,3,6,7,8-HxCDD | 0.1 |
| | 1,2,3,7,8,9-HxCDD | 0.1 |
| | 1,2,3,4,6,7,8-HpCCD | 0.01 |
| | OCDD | 0.0001 |
| PCDF<br>（ポリ塩化ジベンゾフラン） | 2,3,7,8-TCDF | 0.1 |
| | 1,2,3,7,8-PnCDF | 0.05 |
| | 2,3,4,7,8-PnCDF | 0.5 |
| | 1,2,3,4,7,8-HxCDF | 0.1 |
| | 1,2,3,6,7,8-HxCDF | 0.1 |
| | 1,2,3,7,8,9-HxCDF | 0.1 |
| | 2,3,4,6,7,8-HxCDF | 0.1 |
| | 1,2,3,4,6,7,8-HpCDF | 0.01 |
| | 1,2,3,4,7,8,9-HpCDF | 0.01 |
| | OCDF | 0.0001 |
| コプラナー PCB | 3,4,4',5-TCB | 0.0001 |
| | 3,3',4,4'-TCB | 0.0001 |
| | 3,3',4,4',5-PnCB | 0.1 |
| | 3,3',4,4',5,5'-HxCB | 0.01 |
| | 2,3,3',4,4',-PnCB | 0.0001 |
| | 2,3,4,4',5-PnCB | 0.0005 |
| | 2,3',4,4',5-PnCB | 0.0001 |
| | 2',3,4,4',5-PnCB | 0.0001 |
| | 2,3,3',4,4',5-HxCB | 0.0005 |
| | 2,3,3',4,4',5'-HxCB | 0.0005 |
| | 2,3',4,4',5,5'-HxCB | 0.00001 |
| | 2,3,3',4,4',5,5'-HpCB | 0.0001 |

［注］（1997年にWHOより提案され，1998年に専門誌に掲載されたもの）

## (2) ダイオキシン類の体内動態と毒性

### A. ダイオキシン類の体内動態

ダイオキシン類は，消化管，皮膚および肺から吸収されるが，吸収の程度は同族体の種類，吸収経路や媒体により異なる。90%は経口摂取によるが，吸収率を2,3,7,8-TCDDを例にとると，食用油との摂取では90%近いが食物と混和した場合50〜60%と低くなる。体内の分布では，主に血液，肝，筋，皮

膚，脂肪に分布するが，とくに肝および脂肪に多く蓄積される．なお，血清中のTCDD量は脂肪組織中の濃度と広い濃度範囲でよく対応している．

代謝・排泄では，一般にダイオキシン類は代謝されにくく，肝ミクロゾームの薬物代謝酵素によりゆっくりと極性物質に代謝される．代謝物の多くは抱合を受け，尿あるいは胆汁中に排出されるが，その代謝物としては水酸化代謝物や硫黄含有代謝物が確認されている．ヒトに2,3,7,8-TCDDを経口投与した場合の半減期は5.8年，9.7年であった．またベトナム戦争の参戦兵士の半減期は7.8年，8.7年，11.3年であった．

### B．事故・職業による暴露

イタリア・セベソの農薬工場の爆発事故では2,3,7,8-TCDDの血清レベルは最大56,000 pg-TEQ/g脂肪あり，高汚染地域および中汚染地域でのそれぞれの中央値は450 pg-TEQ/g脂肪および126 pg-TEQ/g脂肪であった．非がん所見では塩素挫傷（クロルアクネ）が顕著に認められ，ことに子供に多く観察された．1976年から1991年の間のがん発生の追跡調査では，被災10年以後男子では直腸がん，リンパ造血系のがんおよび白血病が，女子では消化器がん，胃がん，リンパ造血系および多発性骨髄腫の各部位でのがんの死亡の増加が認められた．

### C．ダイオキシン類の毒性

ここでは毒性をみるため，2,3,7,8-TCDDを被験物質としてラットやマウスなどの動物へ投与した実験結果を表4.20に示す．①発がん性，②肝毒性，③免疫毒性，④生殖毒性（胎児の口蓋裂や水腎症，雌児の性生殖器の形態異常，雄児の雄性生殖系の異常）が確認されている．

### D．毒性メカニズム

ダイオキシン類の発がん性や内分泌撹乱作用などの毒性についてはまだ十分にその機構は解明されていない．しかし，さまざまな毒性発現に共通する機構として，Ah受容体（AhR：arylhydrocarbon receptor：アリール炭化水素受容体）とダイオキシンとの結合が重要なポイントであることが明らかになっている．

ダイオキシン類がAh受容体に結合すると，さらにいくつかのタンパク質と共同して，遺伝子の発現を変化させ，その結果として発がん作用や内分泌撹乱

4.4 ダイオキシン類の生成と毒性　145

表 4.20 ダイオキシンに関する各種毒性試験の結果一覧

| No. | 動物種 | 生物影響 | LOEL または LOAEL | 投与条件* | 体内負荷量 ng/kg | ヒト暴露レベル** pg/kg/day | 文献 | *** |
|---|---|---|---|---|---|---|---|---|
| 1 | ラット | P 450 酵素誘導 | 1 | po. 単回投与 | 0.86 | 0.44 | Van den Heuvel ら (1994) | 1 |
| 2 | マーモセット | リンパ球構成の変化 | 0.3 | sc. 1回/週, 24 週 | 9 | 4.56 | Nerbert ら (1992) | 1 |
| | | | | その後 1.5 ng/kg/週, 12 週 | | | | |
| 3 | マウス | ウイルス感染性増大 | 10 | po. 単回投与, 7日後に感染処置 | 9 | 4.56 | Burleson ら (1996) | 1 |
| 4 | マーモセット | リンパ球構成の変化 | 1.5 | sc. 単回投与, 13 週 | 10 | 5.06 | Neubert ら (1990) | 1 |
| 5 | マウス | P 450 酵素誘導 | 4.0 | po. 5回/週, 4 週 | 20 | 10.13 | DeVito ら (1994) | 1 |
| 6 | ウサギ | クロロアクネ | 25 | 皮膚塗布, 5/週, 4 週 | 22 | 11.14 | Schwetg ら (1973) | 1 |
| 7 | ラット | 精巣中の精子細胞数低下 | | 母獣に sc. 単回投与後, 初回投与後 2 週間目に交配開始 | 27 | 13.67 | Faqi ら (1998) | 1 |
| | | | | まで投与。 sc. 5 ng/kg/週, 離乳 | | | | |
| 8 | サル | 学習行動テスト成績の低下 | 0.151 | 母獣に混餌, 20.2 カ月 | 29 | 14.69 | Schantz & Bowman (1989) | 1 |
| 9 | サル | 子宮内膜症 | 0.15 | 混餌, 4 年 | 40 | 20.26 | Rier ら (1993) | 1 |
| 10 | ラット | 肛門生殖器間距離 | 12.5 | トウモロコシ油溶解, 母獣に po. 単回投与 | 43 | 21.77 | Ohsako (1999) | 1 |
| 11 | ラット | 精巣中の精子細胞数低下 | 64 | トウモロコシ油溶解, 母獣に po. 単回投与 | 55 | 27.85 | Mably ら (1992) | 1 |
| 12 | ラット | 免疫毒性 | 100 | トウモロコシ油溶解, 母獣に po. 単回投与 | 86 | 43.55 | Gehrs ら (1997) | 1 |
| 13 | ラット | 生殖器形態異常 | 200 | トウモロコシ油溶解, 母獣に po. 単回投与 | 86 | 43.55 | Gray ら (1997) | 2 |
| 14 | ラット | 精巣上体精子数の低下 | 200 | トウモロコシ油溶解, 母獣に po. 単回投与 | 86 | 43.55 | Gray ら (1997) | 2 |
| 15 | マウス | 免疫毒性 | 100 | ip. 単回投与 | 100 | 50.64 | Narasimahan ら (1994) | 1 |
| 16 | サル | 出生仔死亡率増加 | 0.76 | 混餌, 4 年 | 202 | 102.3 | Bowman ら (1989) | 1 |
| 17 | ラット | 子宮内膜症 | 400 | トウモロコシ油溶解, 母獣に po. 単回投与 | 344 | 174.2 | Mably ら (1992) | 1 |
| 18 | ラット | クロロアクネ | 1000 | 混餌, po. 9 回 (4 匹), 単回投与 (12 匹) | 500 | 253.2 | McNulty (1985) | 1 |
| 19 | ラット | 腎形成異常 | 500 | sc. 単回投与 | 500 | 253.2 | Courtney ら (1971) | 1 |
| 20 | ラット | 出生仔死亡率増加 | 1000 | po. 単回投与 | 860 | 435.5 | Gray ら (1997) | 1 |
| 21 | ラット | 成長遅延 | 1000 | トウモロコシ油溶解, 母獣に po. 2 回/週, 104 週 | 860 | 435.5 | Bjerke & Peterson (1994) | 1 |
| 22 | ラット | 発ガン | 71.4 | 混餌, 2 年 | 979 | 495.7 | NTP No.209 (1982) | 1 |
| 23 | ラット | 発ガン | 100 | 母獣に po (未確認), 単回投与 | 1,710 | 865.8 | Kociba (1978) | 1 |
| 24 | ハムスター | 誕生時体重の低下 | 2000 | トウモロコシ油溶解, po. 30 週 | 1,720 | 870.8 | Schueplein ら (1991) | 1 |
| 25 | マウス | 水腎症 | 3000 | トウモロコシ油溶解, po. 30 週 | 2,580 | 1,306 | Couture ら (1990) | 1 |
| 24 | ラット | EGFR の down regulation | 125 | トウモロコシ油溶解, po. 30 週 | 3,669 | 1,858 | Sewall ら (1993) | 1 |
| 25 | ラット | 発ガンプロモーション | 125 | トウモロコシ油溶解, po. 30 週 | 3,669 | 1,858 | Maronpot ら (1993) | 1 |

\*: po (経口投与) sc (皮下投与) ip (腹腔内投与)

\*\*: ヒトでの半減期 7.5 年, 吸収率 0.5 として定常状態のときの一日摂取量を計算した。ヒト一日摂取量=(body burden×ln 2)/(T½×吸収率)

\*\*\*: 1: 原著の投与方法から体内負荷量を計算 (ゲッ歯類では頚静では吸収率を 50%, トウモロコシ油で経口投与では 86% として計算。
2: 体内負荷量は妊娠 16 日および 21 日での測定値から計算 (Hurst ら, personal communication)

(出典) 環境省資料「ダイオキシン耐容一日摂取量 (TDI) について」1996.6

作用など，多様な毒性が引き起こされると考えられている。しかし，ダイオキシン類とAh受容体の親和性は動物の種類や系統によって異なり，それによってダイオキシン類に対する動物種の感受性の違いが出てくる。

### 4.4.4 ダイオキシン類の排出抑制対策と基準

国では，発生するダイオキシン類の大きな割合を占めている廃棄物の焼却施設について，1997年12月から，大気汚染防止法や廃棄物処理法によって排出規制や施設の改善を指導してきた。また先に述べたように，1999年3月30日には「ダイオキシン対策推進基本指針」を策定し，さらに同年9月28日には改定し，2003年度までにダイオキシン類の総排出量を1997年に比べ90%削減することとした。1999年9月にはこの基本方針に基づいて，一般廃棄物，産業廃棄物とも排出抑制，リサイクルの推進に努め，最終処分量を2010年度までに現状（1996年度）の半分に削減し，また廃棄物の焼却量を削減することにより，ダイオキシン類の排出をさらに削減するとした国としての目標を定めた。

1999年7月には，ダイオキシン対策を総合的に推進するための「ダイオキシン類対策特別措置法」が成立し，2000年1月に施行された。この法律による大気，水質，土壌に係る環境基準を表4.21に，大気の排出基準を表4.22に，そして水質の排出基準を表4.23にそれぞれ示した。

ダイオキシン類対策特別措置法では，「ダイオキシン類を発生しおよび大気中に排出し，またはこれを含む汚水もしくは排液を排出する施設を特定施設」として定め，当該施設から出される排出ガスおよび排出水についてそれぞれ排出基準を定めている。

表4.21 環境基準

| 媒体 | 環境基準 |
|---|---|
| 大気 | $0.6\,\mathrm{pg\text{-}TEQ/m^3}$ 以下 |
| 水質 | $1\,\mathrm{pg\text{-}TEQ}/l$ 以下 |
| 土壌 | $1{,}000\,\mathrm{pg\text{-}TEQ/g}$ 以下 |

表4.22 ダイオキシン類対策特別措置法に基づく大気排出基準 (単位：ng-TEQ/m³ N)

| 大気基準適用施設 | | 新設施設基準 | 既設施設基準 | | |
|---|---|---|---|---|---|
| | | | 2000.1～01.1 | 2001.1～02.11 | 2002.12～ |
| 廃棄物焼却炉（火床面積 0.5 m³ 以上または焼却能力 50 kg/h 以上） | 4 t/h 以上 | 0.1 | 基準の適用を猶予 | 80 | 1 |
| | 2～4 t/h | 1 | | | 5 |
| | 2 t/h 未満 | 5 | | | 10 |
| 製鋼用電気炉 | | 0.5 | | 20 | 5 |
| 鉄鋼業焼結施設 | | 0.1 | | 2 | 1 |
| 亜鉛回収施設 | | 1 | | 40 | 10 |
| アルミニウム合金製造施設 | | 1 | | 20 | 5 |

注 1 廃棄物焼却炉については排ガス中の残存酸素濃度12％補正，焼結施設については排ガス中の酸素濃度15％補正を行うこととする。
　 2 既設施設のうち，大気汚染防止法に基づき指定物質抑制基準が定められているものについては，法の施行後1年間は，引き続きこの大気汚染防止法に基づく基準を存続させることとする。

(1) 大気関係

大気基準適用施設および大気排出基準を**表 4.22** に示す。

(2) 水質関係

水質基準対象施設および水質排出基準を**表 4.23** に示す。

ダイオキシン類対策特別措置法では，ばいじんなどに含まれるダイオキシン類の量に係る基準およびダイオキシン類による汚染防止の観点から最終処分場の維持管理基準を以下のように定めた。

A．ばいじん等の処理基準

ア．ダイオキシン類の含有量が，3 ng-TEQ/g 以下の場合は，管理型最終処分場へ埋め立てる。

イ．ダイオキシン類の含有量が，3 ng-TEQ/g を超える場合は，特別管理廃棄物として取り扱う。

B．最終処分場の維持管理基準

ア．即日覆土等，飛散防止措置を講じること。

イ．放流水中のダイオキシン類を水質排出基準（10 pg-TEQ/$l$）以下にすること。

ウ．周辺の地下水が環境基準（1 pg-TEQ/$l$）を超えてダイオキシン類に汚

表 4.23 ダイオキシン類対策特別措置法に基づく水質排出基準 (単位：pg-TEQ/$l$)

| 水質基準対象施設 | 水質排出基準 | |
|---|---|---|
| | 新設施設 | 既設施設 |
| ・クラフトパルプ製造の用に供する施設のうち塩素系漂白施設<br>・廃 PCB 等または PCB 処理物の分解施設<br>・PCB 汚染物または PCB 処理物の洗浄施設 | 10 | 10 |
| ・アルミニウム・同合金の製造の用に供する溶解炉，乾燥炉または培焼炉に係る廃ガス洗浄施設，湿式集じん施設<br>・塩化ビニルモノマー製造の用に供する施設のうち二塩化エチレン洗浄施設 | | 10<br>(20) |
| ・一般廃棄物焼却施設の廃ガス洗浄施設，湿式集じん施設，汚水等を排出する灰ピット<br>・産業廃棄物焼却施設の排ガス洗浄施設，湿式集じん施設，汚水等を排出する灰ピット | | 10<br>(50) |
| ・上記の施設から排出される下水を処理する下水道終末処理施設<br>・上記の施設を設置する事業場から排出される水の処理施設 | 10 | |

注 1 一般廃棄物焼却施設および産業廃棄物焼却施設の規制要件は大気基準適用施設と同じ。
　 2 （　）内は，法の施行後，3年間適用する暫定的な水質排水基準である。

染されないこと。

## 4.5　外因性内分泌撹乱化学物質

　外因性内分泌撹乱化学物質とは「環境の中にあってホルモンに似た働きをする物質」をいう。われわれ人間や生物の体内では，内分泌細胞から必要なときにごく微量のホルモンが分泌されて，生体の機能バランスを維持している。ところが，外から体内に入ってきて，本来なら体内で必要に応じてつくられるホルモンと同じような作用をしたり，そのホルモンの働きを妨害したりして，正常なホルモンの作用を撹乱し，生殖や健康に影響を及ぼす人工および天然の化学物質のことである。

　ここではホルモンについてまず学ぶことにする。
　香山[1]は次のように説明している。
　すなわち「ホルモンはある特定の場所の細胞から分泌される少量の化学物質で，血液あるいは体液に乗って身体全体に運ばれ，一般的には分泌部位から遠

---

1) 香山不二雄, 化学, 53, 12～15 (1998)

く離れた場所の組織に働いて，最終的には生体全体の協調性を保つ働きのあるもの」である。最近はホルモンをより大きな概念でとらえており，「ホルモンとは情報伝達を本来の役目とする生理活性物質の一種であり，ある細胞より産生され，細胞から基底側に放出され，その活動を開始するもの」である。ホルモンは下垂体，甲状腺副腎，膵臓などの内分泌腺から分泌され，その機能としては成長，分化，発育，生殖機能，糖脂質代謝，神経，免疫系の発育，などに係っている。したがって，環境ホルモンと呼ばれる物質はこれらの機能に影響を与えることになる。

松尾[2]によると環境ホルモンは次のような種々の複雑な作用を行う。

**① ホルモン受容体に結合して同じ作用をするもの（アゴニスト）または作用を抑えるもの（アンタゴニスト）**

アゴニストの例としてはビスフェノール A，o, p'-DDT などが，アンタゴニストの例としては p, p'-DDE などがある。

**② ホルモン受容体に結合せず間接的に作用するもの**

これらにはトリブチルスズのようにホルモンの生合成を阻害するもの，ダイオキシン類や PCB のようにホルモン結合タンパク質に作用し甲状腺ホルモンを減少させたり，芳香族炭化水素受容体に結合し代謝酵素を誘導して血中ホルモンを減少させるものなどがある。

外因性内分泌撹乱化学物質は一般的には環境ホルモンと呼ばれているが，専門的用語として内分泌撹乱化学物質（endocrine disruptors，あるいは endocrine disrupting chemicals）と呼ぶ。

### 4.5.1 内分泌撹乱化学物質問題の歴史的背景

今から43年前，レイチェル・カーソン女史は農薬などの化学物質による自然の破壊と生命への危険をわれわれに著書「沈黙の春」をもって警告した。それから35年余，米国の生物学者であるテオ・コルボーンらは著書 "Our Stolen Future"「奪われし未来」を発刊した。野生動物などに生殖異常が多く見られるのは，内分泌撹乱化学物質によるものではないかと，多くの研究論文か

---

2) 松尾昌季, 化学, **53**, 23〜28（1998）

らまとめあげたものである。

　この2つの著書は年代こそ違うものの，化学物質が環境を汚染し，かつヒトや野生動物などに与えている深刻さを世に訴えることとなり，世界的反響を巻き起こした歴史的意味は大きい．さらに1997年英国のデボラ・キャドバリーもまた内分泌撹乱化学物質による汚染の恐怖を著書「メス化する自然」に著した．以下にこれらの著書を紹介する．

- 1962年　レイチェル・カーソン　"Silent Spring"「沈黙の春」
  農薬・殺虫剤などの化学物質による人をはじめ生態影響を訴える．DDT（Dichloro Diphenyl Trichloroethane），BHC (lindane) などの有機塩素系農薬や，マラソン，パラチオンなどの有機リン系殺虫剤を「死の霊薬」と評した．
- 1997年　テオ（シーアー）・コルボーンら　"Our Stolen Future"「奪われし未来」
  PCBなどの内分泌撹乱化学物質が食物連鎖，生物濃縮によって生態影響が顕在化していることを多くの環境調査データをもとに指摘している．
- 1997年　デボラ・キャドバリー　"The Feminization of Nature"「メス化する自然」
  自然界でメスに性転換していく魚，メスどうしで巣を作るカモメ，生殖不能になったオスワニなどについて，さらにヒトへの影響などについても，世界各国の状況を報告．

### 4.5.2　内分泌撹乱化学物質の作用メカニズム

　男性ホルモンや女性ホルモンなど，体内の内分泌腺で合成されたホルモンは標的臓器に到達すると受容体（レセプター）に結合し，DNAに働きかけて機能タンパク質を合成することでホルモン作用が働く（図4.17参照）．ホルモンの種類によって結合する受容体（鍵穴）が決められており，ホルモンとは鍵の関係にある（図4.18参照）．内分泌撹乱化学物質の作用メカニズムについては未解明な部分が多く，今後の研究を待たなければならない．一般の化学物質はホルモンではないので受容体と結合できず，ホルモン様作用をすることはな

## 4.5 外因性内分泌撹乱化学物質

ホルモン：　ホルモンを分泌する器官＝内分泌器官
　　　　　　脳下垂体，甲状腺，副甲状腺，副腎，
　　　　　　膵臓（ランゲルハンス島）精巣，卵巣
　　　　　　⇩
　　　　　　直接血流に分泌
　　　　　　⇩
　　　　　　標的器官にたどり着く
　　　　　　⇩
　　　　　　ホルモン受容体（レセプター）と結合
　　　　　　⇩
　　　　　　DNAにタンパク質を生成させる
　　　　　　⇩
　　　　　　ホルモン作用

図4.17　ホルモン作用メカニズム概要

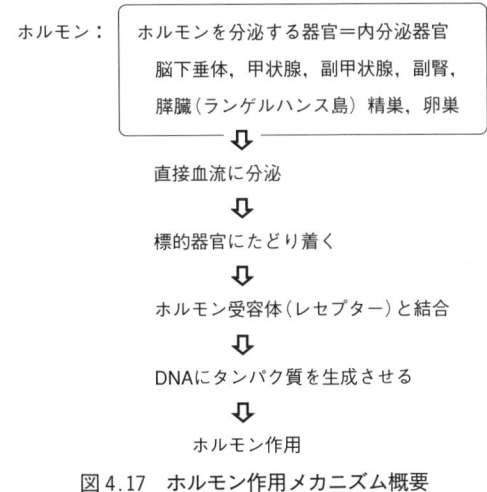

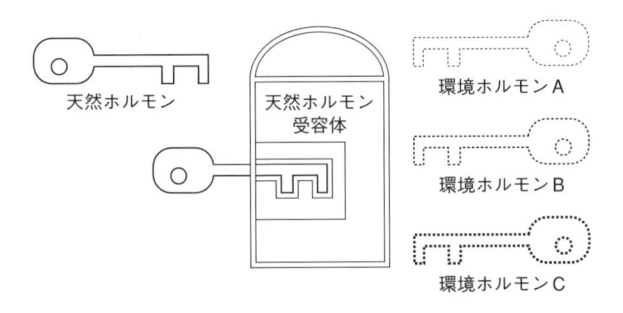

図4.18　鍵と鍵穴（天然ホルモンと天然ホルモン受容体）

い。しかし，本来のホルモンが入るべき受容体に内分泌撹乱化学物質が結合すると，ホルモンと類似作用するもので，たとえばDDTなどはエストロジェン様作用をなす化合物である。また，本来のホルモンの作用が阻害されるような，内分泌撹乱化学物質の作用をするものもあり，DDEなどはアンドロジェン受容体に結合し，作用は逆にアンドロジェン作用を阻害する。これらの作用メカニズムの模式図を図4.19に示した。表4.24は作用別に化学物質を分類してみたものであるが，また研究調査過程であるため必ずしもこの分類に入らないもの，新しいタイプのものも出てくる可能性がある。

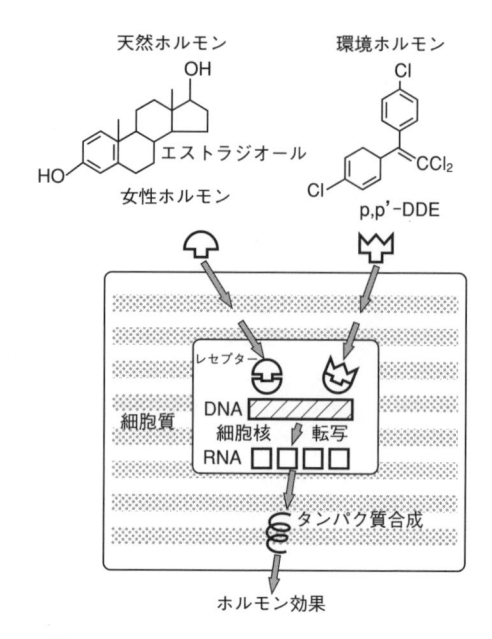

図 4.19 天然ホルモンと内分泌撹乱化学物質の作用メカニズム

**表 4.24 内分泌撹乱化学物質の作用分類**

(1) 環境エストロジェン（エストロジェン受容体と結合）〔アゴニスト〕
　　非イオン界面活性剤（アルキルフェノール，ノニルフェノール），ビスフェノール A, o,p'-DDT
(2) エストロジェン阻害化学物質〔アンタゴニスト〕
　　エンドスルファン（ベンゾエピン）系農薬〔魚でビテロゲニン生成を阻害〕
　　p,p'-DDE（鳥類でエストロジェンの減少を促進）
(3) 環境抗アンドロジェン（環境アンドロジェン）
　　ピンクゾロリン系農薬（殺虫剤）〔アンドロジェン受容体と結合〕
(4) Ah 受容体と結合→複数の内分泌系の作用を撹乱
　　（細胞内タンパク質と結合→遺伝子を活性化→エストロジェン作用）
　　PCB，ダイオキシン

### 4.5.3 内分泌撹乱化学物質の種類

　内分泌撹乱作用があると疑われている化学物質を表 4.25 に示す。図 4.20 はそれらのうち主なものの化学構造式であるが，これらは必ずしもそのホルモン

表4.25　内分泌撹乱作用が考えられている物質

アルキルフェノール
アルキルフェノールエトキシレート類
ビスフェノールA
ダイオキシン類
DDTおよびその代謝物
DEHP（フタル酸ジ2-エチルヘキシル）
フタル酸エステル
トリブチルスズ
塩素化炭化水素類
有機金属
植物エストロゲン

様作用が明確でないものもあり，今後の研究結果を待たなければならない．そのほか天然にもフラボノイド系の色素などもある．

### 4.5.4　内分泌撹乱化学物質のヒトへの影響

内分泌撹乱化学物質に関する研究は，明確な回答を得られないままに経過しているが，少なくとも胎児への生殖毒性については十分注意を払う必要がある．すなわち，妊娠3～4ヵ月の臨界期に暴露されると，胎児の生殖器官にある天然女性ホルモンは胎盤血液関門で $\alpha$-フィトプロテインと結合して胎児細胞に入らないが，内分泌撹乱化学物質は胎盤血液関門を通過し，胎児細胞に侵入し，後に生殖器異常，低体重，早熟になることが考えられる．その様子を図4.21に示す．

そのほか，精子減少や精巣がんの増大を招来するとの報告もあるが，まだ十分に解明されていない．

**環境ホルモンの生態影響事例**

(1) ワニ

アメリカ：フロリダ州アポプカ湖（近くに農薬製造工場群あり）でDDTおよびその代謝物のDDE，ディルドリン，デコフォル（殺虫剤）を検出．
＊ワニのペニスは正常の1/4の大きさで，オスの男性ホルモンが非常に少なく，交尾，産卵ができずワニの個体数が激減．
＊ワニの卵からDDTが5.8 ppm検出された．

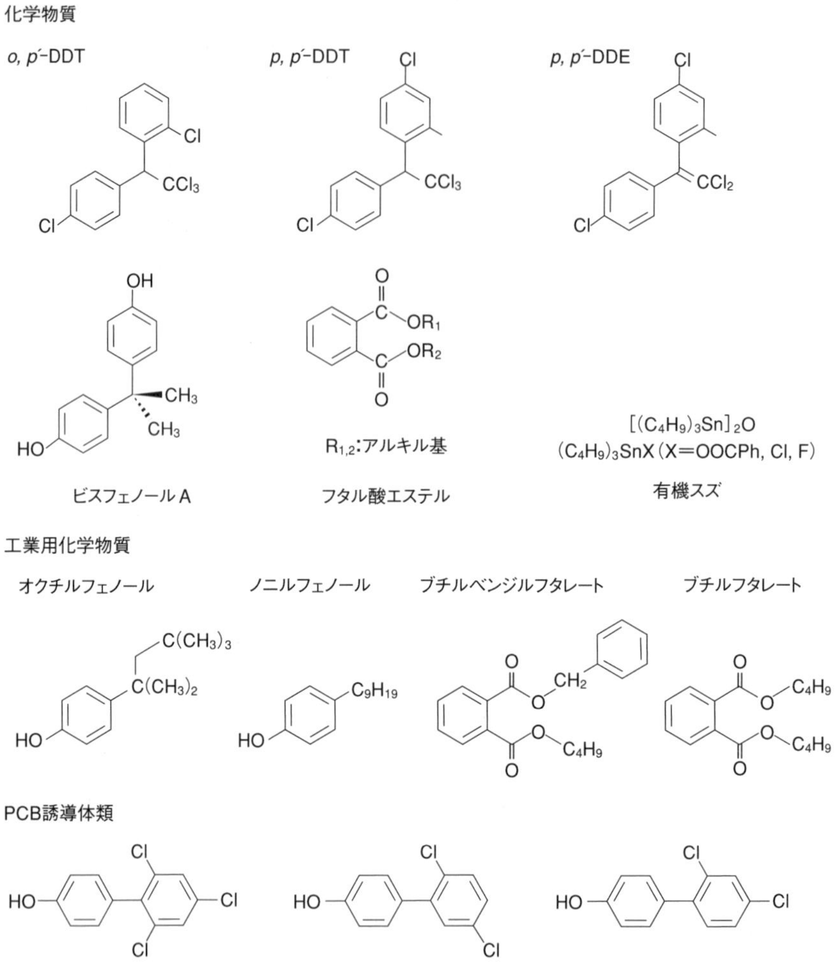
化学物質
o, p′-DDT
p, p′-DDT
p, p′-DDE
Cl
CCl3
CCl2
OH
HO
CH3
OR1
OR2
O
R1,2:アルキル基
[(C4H9)3Sn]2O
(C4H9)3SnX (X=OOCPh, Cl, F)
ビスフェノールA
フタル酸エステル
有機スズ
工業用化学物質
オクチルフェノール
ノニルフェノール
ブチルベンジルフタレート
ブチルフタレート
C(CH3)3
C(CH3)2
C9H19
CH2
C4H9
PCB誘導体類

図 4.20　内分泌撹乱化学物質の化学構造例

## (2) 魚類，貝類

イギリス：各地でコイ科のローチが雌雄同体で見つかっている。

＊河川水から，尿由来のエチニルエストラジオール（ピルの成分）が検出され，毒性は天然ホルモンの 10～100 倍とみられる。

＊下水処理場の放流水で飼育したオスのニジマスにその影響が見られた。エ

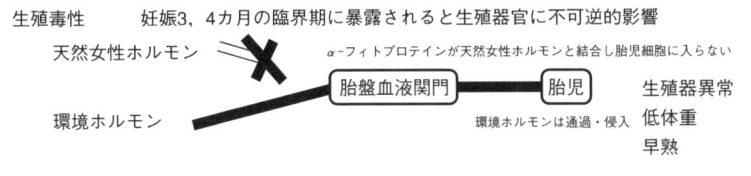

```
生殖毒性      妊娠3,4カ月の臨界期に暴露されると生殖器官に不可逆的影響
天然女性ホルモン ─┐  α-フィトプロテインが天然女性ホルモンと結合し胎児細胞に入らない
                  ╳──┌─────────┐  ┌────┐ 生殖器異常
                     │胎盤血液関門│──│胎児│ 低体重
環境ホルモン  ────┘  └─────────┘  └────┘ 早熟
                              環境ホルモンは通過・侵入
```

図 4.21 胎児への影響

チニルエストラジオールは体内から排泄されたときは形が変わるが，下水処理（微生物の作用）によって元の化合物になっているとの疑いがある。
＊ノニルフェノール（界面活性剤，抗酸化剤，殺虫剤，防カビ剤）がローチから検出されている。
日本：東京多摩川でオスのコイの精巣に卵ができている例が見つかる。
＊コイに雌雄同体が見つかる（東京多摩川）。
＊日本各地の海岸で，イボニシ貝などのメスの巻貝にオスの生殖器（ペニスおよび輸精管）が形成されているのが見つかる（図 4.22 参照）。原因はトリブチルスズ，トリフェニルスズなどの有機スズ化合物（船底防汚塗料・漁網防汚剤）と見られている。

(3) 鳥類への影響

イギリス・アメリカ：鳥類，ことに猛禽類の個体群が著しく減少し，DDTとその代謝物 DDE が繁殖影響原因物質と考えられている。卵殻への影響が始まるのと，農薬 DDT の大量使用の始まりとが相関関係にあり，また卵中の DDE の残留量と卵殻の薄化の現象にも明白な相関があった。

アメリカ：ミシガン湖のグリンベイで魚を食べる鳥メリケンアジサシの生殖率が極端に悪く，卵にダイオキシン類，PCB が多く含有されている。ワシカモメの卵殻が薄くなっている。
＊五大湖周辺　セグロカモメ・・・・・・甲状腺機能異常
＊カリフォルニア・サンタバーバラ島　オオセグロカモメの雌性化，生殖器の未成熟化，レズビアン個体の出現が見られる。原因は DDT, DDE, PCB などの内分泌撹乱作用によるものとみられる。
これらの野生生物への影響について報告を整理したものが**表 4.26** である。

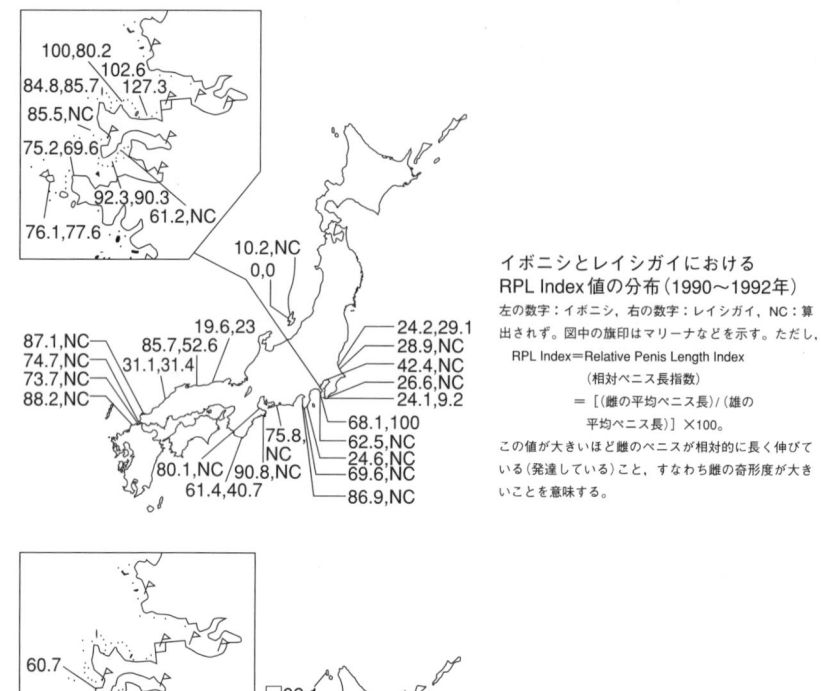

図4.22 イボニシなどのインポセックスの出現状況
(出典:堀口敏宏,化学,53, 29-31, 1998)

表4.26 野生生物への影響に関する報告

| 生物 | | 場所 | 影響 | 推定される原因物質 |
|---|---|---|---|---|
| 貝類 | イボニシ | 日本の海岸 | 雄性化，個体数の減少 | 有機スズ化合物 |
| 魚類 | ニジマス | 英国の河川 | 雌性化，個体数の減少 | ノニルフェノール＊断定されず |
| | ローチ(鯉の一種) | 英国の河川 | 雌雄同体化 | ノニルフェノール＊断定されず |
| | サケ | 米の五大湖 | 甲状腺過形成，個体数減少 | 不明 |
| 爬虫類 | ワニ | 米フロリダ州の湖 | 雄のペニスの矮小化 卵の孵化率低下，個体数減少 | 湖内に流入したDDT等有機塩素系農薬 |
| 鳥類 | カモメ | 米国の五大湖 | 雌性化，甲状腺の腫瘍 | DDT, PCB＊断定されず |
| | メリケンアザラシ | 米地ミシガン湖 | 卵の孵化率の低下 | DDT, PCB＊断定されず |
| 哺乳類 | アザラシ | オランダ | 個体数の減少，免疫機能の低下 | PCB |
| | シロイルカ | カナダ | 個体数の減少，免疫機能の低下 | PCB |
| | ピューマ | 米国 | 精巣停留，精子数減少 | 不明 |
| | ヒツジ | オーストラリア(1940年代) | 死産の多発，奇形の発生 | 植物エストロジェン（クローバ由来） |

資料：環境庁「外因性内分泌撹乱化学物質問題に関する研究班中間報告書」による。

## 4.6 化学物質の規制制度

　化学物質による人の健康および環境への悪影響を事前に審査し，化学物質の安全な使用を目的として1970年代前半に先進国は化学物質の事前審査制度を導入した．本書では日本，アメリカおよびヨーロッパ共同体における制度について述べる．

### 4.6.1　化学物質の審査および製造等の規制に関する法律（化学物質審査規制法）（日本）

　この法律はPCB等による環境の汚染と人の健康の保護を目的として1973年，新規化学物質の事前審査制度として世界に先がけて法制化された．その後1986年にはトリクロロエチレン等による地下水汚染を契機としてトリクロロエチレンのように環境中において分解性は認められないが，PCB類と異なり蓄積性はなく，かつ継続して摂取される場合には人の健康に有害な影響を与え

る物質も規制の対象とすべく改正が行われている。さらに2004年には環境生物へ有害性をもつ物質についての規制等を目的として再び改正された。2004年の改正の内容およびその意義について以下に述べる。

(1) **環境中の動植物への影響に着目した審査・規制制度の導入**

現行制度は，欧米とは異なり，人の健康被害の防止のみを目的としており，環境中の動植物への被害を防止するものとはなっていない。また，OECDから，生態系保全の観点からの措置を講じるべきとの勧告がなされている。

このため，生態系への影響を考慮する観点から動植物への毒性を化学物質の審査項目に新たに加える。この審査の結果，難分解性があり，かつ，動植物への毒性があると判定された化学物質については，製造・輸入事業者に製造・輸入実績数量の届出を求めるなどの監視措置を講じ，必要な場合には製造・輸入数量の制限などを行うことができる制度を新たに設ける。(第2条，第4条，第25条の2～4，第30条関係)

(2) **難分解・高蓄積性の既存化学物質に関する規制の導入**

現在は，難分解性があり，かつ，生物の体内に蓄積しやすい（高蓄積性）ものの，人や動植物への毒性が不明な既存化学物質について，統計調査による製造・輸入実績の把握や行政指導により環境中への放出の抑制を図っている。しかし，将来生じうる被害の未然防止を一層進める観点から，これらの既存化学物質を法的に管理する枠組が必要である。

このため，毒性の有無が明らかでない段階において，事業者に対してそれらの製造・輸入実績数量の届出義務を課するとともに，開放系用途の使用の削減を指導・助言し，必要に応じて毒性の調査を求める制度を新たに設ける。(第2条，第5条の3～5関係，第30条関係)

(3) **環境中への放出可能性に着目した審査制度の導入**

わが国においては，原則的に化学物質の環境中への放出可能性にかかわらず事前審査を義務づけているが，OECD勧告を踏まえ，この点に着目した一層効果的・効率的な審査制度とする必要がある。

このため，以下の措置を新たに講じる。

① 全量が他の化学物質に変化する中間物や閉鎖系の工程でのみ用いられるものなど，環境中への放出可能性が極めて低いと見込まれる化学物質につ

いては，現行の事前審査に代えて，そうした状況を事前確認・事後監視することを前提として，製造・輸入ができることとすること．

② 高蓄積性がないと判定された化学物質については，製造・輸入数量が一定数量以下と少ないことを事前確認・事後監視することを前提として，毒性試験を行わずにその数量までの製造・輸入ができることとすること（第3条，第4条の2，第5条，第32条，第33条関係）．

(4) 事業者が入手した有害性情報の報告の義務付け

現行制度では，製造・輸入事業者は，新規化学物質の審査時以外には試験データ等の有害性情報を国に報告することは求められていない．したがって，製造・輸入事業者が新たに入手した有害性情報を国が行う化学物質の有害性の審査や点検に活用できる枠組が必要である．

このため，化学物質の製造・輸入事業者が化学物質の有害性情報を入手した場合には，国へ報告することを義務付ける（第31条の2関係）．

A. 目　的

法第1条において以下のように述べられている．

第1条　この法律は，難分解性の性状を有し，かつ，人の健康を損なうおそれ又は動植物の生息若しくは生育に支障を及ぼすおそれがある化学物質による環境の汚染を防止するため，新規の化学物質の製造又は輸入に際し事前にその化学物質が難分解性等の性状を有するかどうかを審査する制度を設けるとともに，その有する性状等に応じ，化学物質の製造，輸入，使用等について必要な規制を行うことを目的とする．

B. 体　系

本法の体系を図4.23に示す．

C. 化学物質の指定と判定条件

本法に定める第一種および第二種特定および第一種～第三種監視化学物質等についての指定と，分解性，濃縮性および毒性等との関係および加えられる規制を表4.27に示す．

また試験の概要およびその判定基準を表4.28に示す．表4.28の(1)から(4)の判定基準と表4.27の監視化学物質の区分は次のような判断に基づいている．

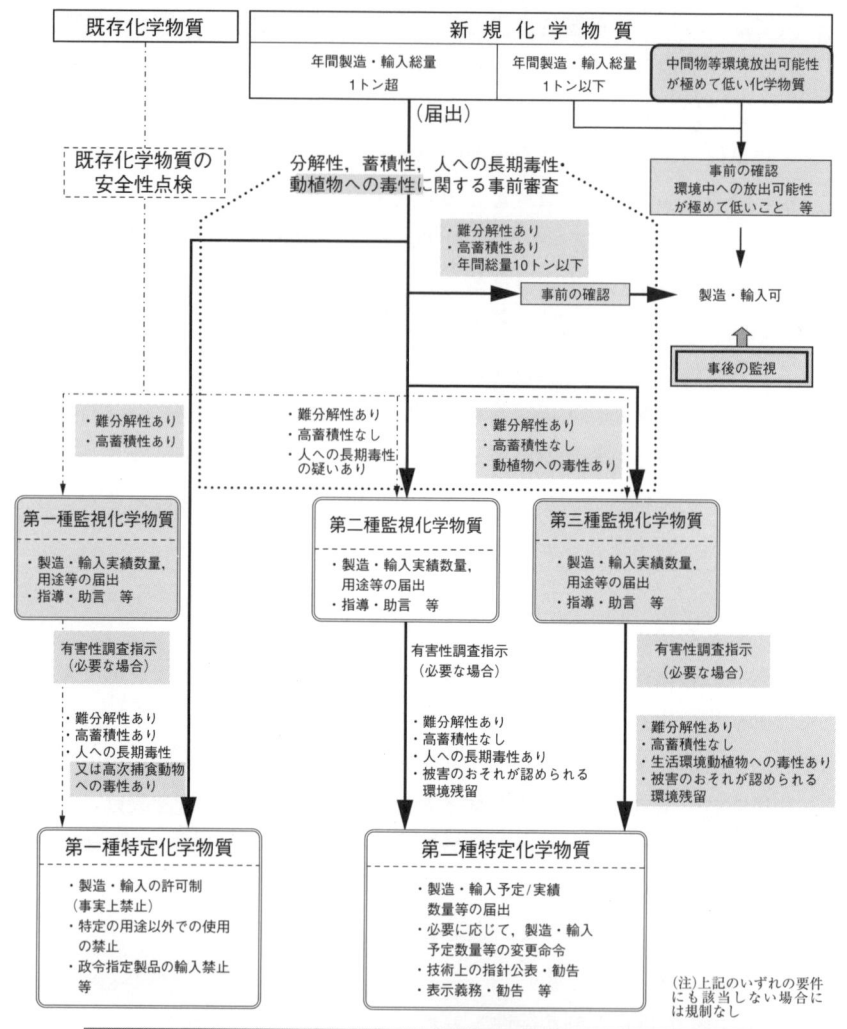

図 4.23 化学物質審査規制法

表4.27 化学物質審査規制法における物質の指定と規制内容

| | 第一種<br>特定化学物質 | 第二種<br>特定化学物質 | 第一種<br>監視化学物質 | 第二種<br>監視化学物質 | 第三種<br>監視化学物質 |
|---|---|---|---|---|---|
| 環境中での分解性 | 難分解性あり | 難分解性あり | 難分解性あり | 難分解性あり | 難分解性あり |
| 生物への濃縮性 | 高濃縮性あり | 高濃縮性ではない | 高濃縮性あり | 高濃縮性ではない | 高濃縮性ではない |
| 哺乳動物への毒性 | あり* | あり* | 不明 | 疑いがあり | |
| 環境生物への毒性 | | あり* | | | あり |
| 高次捕食動物への毒性 | あり* | | 不明 | | |
| 規制内容 | 製造，輸入の許可制（事実上禁止）指定製品の輸入禁止等 | 製造，輸入の予定および実績数量の届出。技術上の指針の勧告表示義務 | 製造，輸入実績数量，用途等の届出 | 製造・輸入実績数量，用途等の届出 | 製造，輸入実績数量，用途等の届出 |

\* どちらか一方が「あり」でそれぞれ第一種または第二種に指定

### (a) 第一種監視化学物質の判定

(1)が難分解性であり，(2)が高濃縮性であると判断された場合であって，人または高次捕食動物への長期毒性が明らかでない場合には第一種監視化学物質として判定する。

### (b) 第二種監視化学物質の判定

(1)が難分解性であり，(2)が高濃縮性ではないと判断された場合であって，(3)の結果，次のいずれかに該当する場合には第二種監視化学物質として判定する。

① 28日間反復投与毒性試験において強い毒性が示唆されるもの [1]
② 変異原性試験において強い陽性が示唆されるもの
③ 28日間反復投与毒性試験において中程度の毒性を示す [2] とともに，変異原性試験で強い陽性ではないものの陽性であるもの
（ただし，細菌を用いる復帰突然変異試験における復帰変異コロニー数が陽性の基準程度の場合，再現性や用量依存性に乏しい場合等の軽微な陽性を除

表 4.28 改正化審法における試験項目と判定基準

| 項目 | 試験方法の概要 | 判定基準 |
|---|---|---|
| (1) 環境中での分解性 | 好気的条件下での微生物による生分解性試験 | BOD（生物化学的酸素要求量）による分解度が 60% 以上（分解生成物が生成していないこと）を良分解とする。良分解性でない場合を難分解性とする。 |
| (2) 生物への濃縮性 | (i) 魚介類を用いた濃縮性試験<br>(ii) n-オクタノール/水分配係数（$p_{ow}$） | 濃縮倍率（平衡時における魚体中の化学物質濃度を水中化学物質濃度で除した値、または取込み定数（$K_1$）を排泄定数（$K_2$）で除した値）が 1000 未満を低濃縮性とする。また 5000 以上を高濃縮性とする。<br>$\log p_{ow}$ が 3 未満の時は高濃縮性でないとする。 |
| (3) 哺乳動物への毒性 | (i) 細菌を用いる復帰突然変異試験<br>(ii) 哺乳類培養細胞を用いる染色体異常試験<br>(iii) 28 日間反復投与試験 | 溶媒対象の 2 倍を超えて復帰変異誘発コロニー数が増加した場合陽性とする。また比活性値が 1000 rev./mg 以上のとき強い陽性とする。<br>染色体異常を持つ細胞の出現率が陰性対象に比べ概ね 10% 以上であり、用量依存性があるときは陽性とする。D 20 値が $10^{-2}$ mg/m$l$ 以下のときは強い陽性とする。<br>a) NOEL および発現した毒性の程度から以下の 3 段階に分類する。<br>[1]：・NOEL が概ね 25 mg/kg/day 未満のもの（NOEL の推定根拠において非特異的な変化等、毒性学的に軽微な変化のみが発現した場合を除く。）<br>・NOEL が概ね 25 mg/kg/day 以上 250 mg/kg/day 未満のものであって毒性の推定根拠またはその他発生する毒性において、神経行動毒性や重篤な病理組織学的な変化等、毒性学的に重要な変化（回復期の影響については、b) A または B に該当するものとする。）が発現したもの。<br>[2]：NOEL が概ね 250 mg/kg/day 未満のもの（[1] に該当するものを除く。）<br>[3]：NOEL が概ね 250 mg/kg/day 以上のもの。<br>b) 回復試験中に見られる影響の程度から以下の 3 段階に分類する。なお、分類にあたっては、可逆性の程度、回復期における毒性の残存状況、遅発毒性の有無、組織学的変化に起因する生化学的な変化かどうか等を考慮する。<br>A：回復試験期間内に回復しない病理組織学的な変化を生じさせるもの、または遅発毒性を生じさせるもの<br>B：回復試験期間内に回復しない生化学的な変化を生じさせるもの<br>C：回復試験の期間において回復する、または回復途中であることが示される可逆的変化 |
| (4) 環境生物への毒性 | 藻類生長阻害<br>ミジンコ急性遊泳阻害<br>魚類急性毒性試験の 3 種 | 藻類生長阻害試験、ミジンコ急性遊泳阻害試験および魚類急性毒性試験の結果から以下の 3 段階に分類する。<br>[1]：3 種の試験結果から得られる L(E)C 50 値の最小値が概ね 1 mg/$l$ 以下のもの。<br>[2]：3 種の試験結果から得られる L(E)C 50 値の最小値が概ね 1 mg/$l$ 超・10 mg/$l$ 以下のもの。<br>[3]：3 種の試験結果から得られる L(E)C 50 値の最小値が概ね 10 mg/$l$ 超のもの。 |

**表4.29 改正化審法における高分子物質の評価方法**

(1) 数平均分子量1000以上，分子量分布を有するものであって，溶解度，融点などが明瞭でないなどの特徴を有する化学物質であること。
(2) 光，熱およびpHの変化によって測定方法に起因する誤差範囲以上の重量変化がないこと。誤差範囲以上の重量変化があった場合には，他の分析法により，構造変化が見られないなど物理的・化学的安定性が確認されること。
(3) 以下の（A）または（B）に該当するものであること。
　(A) 水，脂溶性溶媒および汎用溶媒に対して，測定方法に起因する誤差範囲以上の重量変化がなく不溶と確認されるものであって，特定の構造特性（架橋構造，結晶性など）を有するか，酸・アルカリに不溶と確認されること。
　(B) 水，脂溶性溶媒および汎用溶媒に対する溶解性を確認したものであって，(A)に該当しないもののうち，分子量1000未満の成分の含有が1％以下であり，生体内への高蓄積性を示唆する知見がないこと。
(4) 重金属を含まないものであって，化学構造と慢性毒性との関連性に関する知見などから判断して，継続的に摂取した場合に人の健康を損なう恐れを有すると示唆されないこと。

く。また，哺乳類培養細胞を用いる染色体異常試験にあっては，異常細胞出現頻度が陽性の基準程度の場合，再現性や用量依存性に乏しい場合等，または，概ね50％あるいはそれ以上の細胞増殖阻害が起こる濃度でのみの陽性反応等の軽微な陽性を除く。）

**(c) 第三種監視化学物質の判定**

(1)が難分解性であり，(2)が高濃縮性でないと診断された場合に(4)の結果から以下のように判定する。

① 3種の試験結果から得られるL(E)C50値の最小値が概ね1 mg/l以下である場合には，第三種監視化学物質として判定する。[1]
② 3種の試験結果から得られるL(E)C50値の最小値が概ね1 mg/l超・10 mg/l以下である場合には，物質の化学構造，生物種の特性等を考慮して個別に判断する。[2]
③ 3種の試験結果から得られるL(E)C50値の最小値が概ね10 mg/l超である場合には，第三種監視化学物質とは判定しない。[3]

なお，高分子物質については**表4.29**に示す評価方法が別途定められており，その判定は以下のようである。

　(a) 以下の安定性試験の結果および溶解性試験の結果に係る基準を満たす場合には，難分解性であり，かつ高濃縮性ではないと判定する。

①安定性試験
・重量変化の基準
：試験前後で変化がないこと（2%以下の変化は変化とは見なさない）。
・DOC 変化の基準
：試験前後で変化がないこと（5 ppm 以下の変化は変化とは見なさない）。
・IR スペクトル基準
：試験前後で変化がないこと。
・分子量変化の基準
：試験前後で変化がないこと。
②溶解性試験
 a) 以下の 9 種類の溶媒のいずれにも溶けない場合であって，特定の構造特性（架橋構造，高結晶性等）を有するか，または酸・アルカリに不溶であること。

水，$n$-オクタノール，$n$-ヘプタン，トルエン，1,2-ジクロロエタン，イソプロピルアルコール，テトラヒドロフラン（THF），メチルイソブチルケトン（MIBK），ジメチルホルムアミド（DMF）

 b) 上記 a)以外の場合は，分子量 1,000 未満の成分含有量が 1% 以下であること。

なお，上記①および②の基準を満たさない場合には，分解性試験，濃縮性試験，スクリーニング毒性に関する試験，生態毒性試験の試験成績に基づき判定を行う。

イ．(1)①および②の基準を満たす場合には，以下のとおり判定を行う。

 a) 重金属を含まず，化学構造と長期毒性との関連性に関する知見等から判断して人への長期毒性を有することが示唆されない場合には，第二種監視化学物質に該当しないと判定する。

 ロ．a) 以外の場合には，スクリーニング毒性に関する試験の試験成績に基づき第二種監視化学物質への該当性の判定を行う。

 ハ．以下のいずれかの場合には，第三種監視化学物質に該当しないと判定する。

（i）重金属を含まず，水，酸およびアルカリに対する溶解性が確認されな

## 4.6 化学物質の規制制度

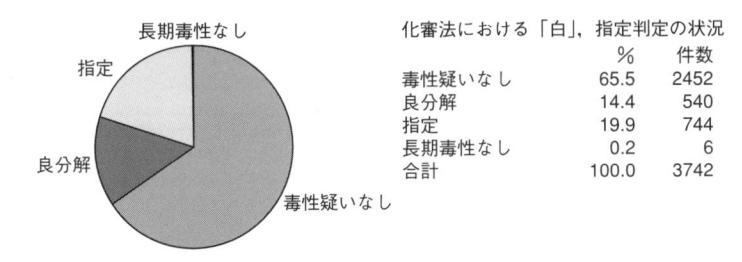

**図 4.24 化審法における「白」，指定判定の状況**

化審法における「白」，指定判定の状況

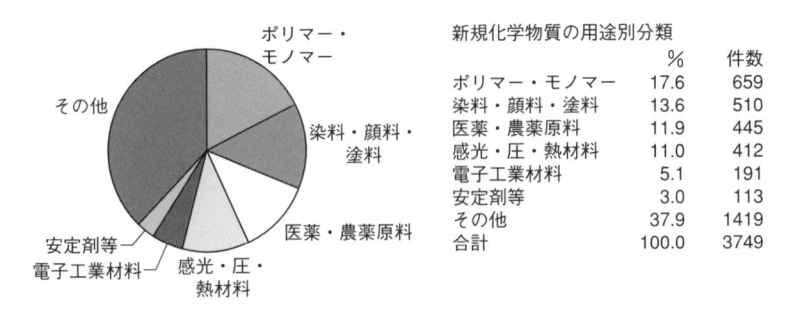

| | % | 件数 |
|---|---|---|
| 毒性疑いなし | 65.5 | 2452 |
| 良分解 | 14.4 | 540 |
| 指定 | 19.9 | 744 |
| 長期毒性なし | 0.2 | 6 |
| 合計 | 100.0 | 3742 |

**図 4.25 新規化学物質の用途別分類**

新規化学物質の用途別分類

| | % | 件数 |
|---|---|---|
| ポリマー・モノマー | 17.6 | 659 |
| 染料・顔料・塗料 | 13.6 | 510 |
| 医薬・農薬原料 | 11.9 | 445 |
| 感光・圧・熱材料 | 11.0 | 412 |
| 電子工業材料 | 5.1 | 191 |
| 安定剤等 | 3.0 | 113 |
| その他 | 37.9 | 1419 |
| 合計 | 100.0 | 3749 |

い場合

（ii）重金属を含まず，水，酸およびアルカリに対する溶解性が確認された場合にカチオン性を示さないものであって，化学構造と動植物への毒性との関連性に関する知見等から判断して，動植物の生息又は生育に支障をおよぼすおそれを有すると示唆されない場合

ニ．ハ．以外の場合には，生態毒性試験の試験結果に基づき第三種監視化学物質への該当性の判定を行う．

### D．審査実績

ここでは 2004 年の改正前のデータについて述べる．

図 4.24 と図 4.25 に判定根拠および届出化学物質の用途別分類を示す．

また表 4.30 および表 4.31 に第一種および第二種特定化学物質を示す．

表 4.32 は各年度の届出状況を示したもので，年間約 300 物質程度が届出されていること，そのうちの 3/4 が製造届出であることなどがわかる．

表 4.30　第一種特定化学物質

| 物質名<br>(政令指定日) | 用　　途 | 製造時期<br>(国内) | 指定までの経緯 |
|---|---|---|---|
| ポリ塩化ビフェニル<br>(1974.6.7) | 絶縁油<br>潤滑油<br>感圧複写紙<br>塗料　等 | 1954 年頃<br>～72 年 | ・1974 年 5 月に試験結果に基づき難分解，高濃縮性と判定<br>・1974 年 5 月に長期毒性ありと判定 |
| ポリ塩化ナフタレン<br>(PCN)<br>ヘキサクロロベンゼン<br>(HCB)<br>(1979.8.14) | 潤滑油<br>木材用防腐剤<br>木材用防虫剤<br>塗料　等 | PCN<br>1940 年～75 年<br>HCB<br>1952 年～72 年 | ・1974 年 10 月に既存点検結果により，難分解，高濃縮性と判定<br>・1978 年 10 月に長期毒性ありと判定 |
| アルドリン<br>ディルドリン<br>エンドリン<br>DDT<br>(1981.10.2) | 木材用防腐剤<br>木材用防虫剤<br>塗料　等 | ～1980 年 | ・1978 年および 79 年の環境庁調査結果において環境中より検出<br>・1981 年 7 月に既存点検結果により難分解，高濃縮性と判定<br>・1981 年 8 月に長期毒性ありと判定 |
| クロルデン類<br>(1986.9.17) | 白アリ防除剤<br>木材用防腐剤<br>木材用防虫剤<br>塗料　等 | 1955 年代<br>～86 年 | ・1975 年頃より各国で残留性が高いことなどから農薬としての使用が禁止<br>・既存点検結果により，1982 年 9 月にヘプタクロル，クロルデンを難分解と判定，1983 年 9 月にヘプタクロルを高濃縮性と判定，1985 年 5 月にクロルデンを高濃縮性と判定<br>・1986 年 9 月に長期毒性ありと判定 |
| ビス（トリブチルスズ）＝オキシド<br>(1989.12.27) | 防腐剤<br>かび防止剤<br>塗料<br>漁網防汚剤　等 | 1965 年代後半～88 年 | ・1988 年より米国で，1989 年に EC で船底塗料への使用禁止<br>・1985 年 5 月に既存点検結果により，難分解，高濃縮性と判定<br>・1989 年 12 月に長期毒性ありと判定 |
| N, N'-ジトリル-パラ-フェニレンジアミン，N-トリル-N'-キシリル-パラ-フェニレンジアミン，または N, N'-ジキシリル-パラ-フェニレンジアミン<br>(2000.12.27) | ゴム老化防止剤 | ～1993 年 | ・1982 年 6 月に既存点検結果により，難分解，高濃縮性と判定<br>・2000 年 12 月に長期毒性ありと判定 |
| TTBP<br>(2000.12.27) | 酸化防止剤<br>(潤滑油，燃料油用) | 輸入のみ | ・1991 年 3 月に既存点検結果により，難分解，高濃縮性と判定<br>・2000 年 12 月に長期毒性ありと判定 |
| トキサフェン<br>マイレックス<br>(2002.9.4) | (トキサフェン)<br>殺虫剤<br>(マイレックス)<br>木材用防虫剤<br>難燃剤 | 製造，輸入実績なし | ・2001 年 5 月にストックホルム条約採択<br>・2002 年 4 月に難分解，高濃縮性と判定<br>・2002 年 5 月に長期毒性ありと判定 |

表 4.31 第二種特定化学物質

| 物質名<br>(政令指定日) | 用途 | 製造時期<br>(国内) | 指定までの経緯 |
|---|---|---|---|
| トリクロロエチレン<br>(1989.3.29) | 洗浄剤<br>金属加工油<br>接着剤<br>塗料 等 | 〜現在 | ・既存点検結果により，1987年9月に難分解と判定，1979年9月に低濃縮性と判定<br>・1987年5月に指定化学物質に指定<br>・1988年12月に有害性の調査を指示<br>・1989年3月に長期毒性ありと判定 |
| テトラクロロエチレン<br>(1989.3.29) | 洗浄剤<br>加硫剤<br>接着剤<br>塗料<br>繊維仕上剤 等 | 〜現在 | ・既存点検結果により，1976年3月に低濃縮性と判定，1984年3月に難分解と判定<br>・1987年5月に指定化学物質に指定<br>・1988年12月に有害性の調査を指示<br>・1989年3月に長期毒性ありと判定 |
| 四塩化炭素<br>(1989.3.29) | 洗浄剤<br>塗料<br>接着剤 等 | 〜現在 | ・既存点検結果により，1979年3月に難分解と判定，1980年3月に低濃縮性と判定<br>・1987年5月に指定化学物質に指定<br>・1988年12月に有害性の調査を指示<br>・1989年3月に長期毒性ありと判定 |
| TPT化合物7物質<br>(1989.12.27) | 防汚塗料(船底，漁網用) 等 | 〜1996年 | ・既存点検結果により1982年〜1989年にTPT化合物7物質を難分解，低濃縮性と判定<br>・トリフェニルスズ＝N, N-ジメチルジチオカルバマート等6物質を1988年7月に，トリフェニフスズ＝クロロアセタートを1989年3月に各々指定化学物質に指定<br>・1989年7月に有害性の調査を指示<br>・1989年11月(通産省)，12月(厚生省)に長期毒性ありと判定 |
| TBT化合物13物質<br>(1990.9.12) | 防汚塗料(船底，漁網用)<br>防腐剤<br>かび防止剤 等 | 〜1998年 | ・既存点検結果により1982年〜1989年にTBT化合物13物質を難分解，低濃縮性と判定<br>・トリブチルスズ＝メタクリラート等8物質を1988年4月に，トリブチルスズ＝スルファマート等5物質を1989年3月に各々指定化学物質に指定<br>・1990年8月に長期毒性ありと判定 |

表4.32 新規化学物質の届出状況

| 暦年 | 1987 | 88 | 89 | 90 | 91 | 92 | 93 | 94 | 95 | 96 | 97 | 98 | 99 | 2000 | 01 | 累計 |
|---|---|---|---|---|---|---|---|---|---|---|---|---|---|---|---|---|
| 届出件数 | 57 | 147 | 242 | 272 | 269 | 276 | 229 | 227 | 296 | 320 | 325 | 352 | 323 | 373 | 322 | 4030 |
| 　製造 | 51 | 121 | 198 | 218 | 209 | 213 | 170 | 157 | 223 | 215 | 245 | 274 | 246 | 291 | 253 | 3084 |
| 　輸入 | 6 | 26 | 44 | 54 | 60 | 63 | 59 | 70 | 73 | 105 | 80 | 78 | 77 | 82 | 69 | 946 |
| 法四条第一項第三号に該当するもの | 48 | 125 | 197 | 215 | 196 | 210 | 173 | 165 | 220 | 249 | 224 | 226 | 230 | 267 | 253 | 2998 |
| 　製造 | 42 | 105 | 168 | 171 | 162 | 171 | 131 | 121 | 168 | 160 | 166 | 188 | 177 | 210 | 205 | 2345 |
| 　輸入 | 6 | 20 | 29 | 44 | 34 | 39 | 42 | 44 | 52 | 89 | 58 | 38 | 53 | 57 | 48 | 653 |
| 　良分解性 | 23 | 37 | 32 | 27 | 49 | 43 | 25 | 31 | 37 | 48 | 37 | 28 | 34 | 44 | 45 | 540 |
| 　　製造 | 19 | 31 | 28 | 18 | 39 | 37 | 20 | 25 | 31 | 46 | 31 | 23 | 25 | 35 | 38 | 446 |
| 　　輸入 | 4 | 6 | 4 | 9 | 10 | 6 | 5 | 6 | 6 | 2 | 6 | 5 | 9 | 9 | 7 | 94 |
| 　長期毒性のおそれの疑いなし | 25 | 84 | 163 | 188 | 147 | 167 | 148 | 134 | 183 | 201 | 187 | 198 | 196 | 223 | 208 | 2452 |
| 　　製造 | 23 | 71 | 140 | 153 | 123 | 134 | 111 | 96 | 137 | 114 | 135 | 165 | 152 | 175 | 169 | 1898 |
| 　　輸入 | 2 | 13 | 23 | 35 | 24 | 33 | 37 | 38 | 46 | 87 | 52 | 33 | 44 | 48 | 39 | 554 |
| 　長期毒性なし | 0 | 4 | 2 | 0 | 0 | 0 | 0 | 0 | 0 | 0 | 0 | 0 | 0 | 0 | 0 | 6 |
| 　　製造 | 0 | 3 | 0 | 0 | 0 | 0 | 0 | 0 | 0 | 0 | 0 | 0 | 0 | 0 | 0 | 3 |
| 　　輸入 | 0 | 1 | 2 | 0 | 0 | 0 | 0 | 0 | 0 | 0 | 0 | 0 | 0 | 0 | 0 | 3 |
| 指定化学物質件数 | 3 | 14 | 30 | 26 | 41 | 38 | 41 | 39 | 63 | 52 | 62 | 99 | 81 | 93 | 62 | 744 |
| 　製造 | 3 | 11 | 20 | 23 | 28 | 23 | 31 | 21 | 48 | 42 | 46 | 67 | 59 | 73 | 44 | 539 |
| 　輸入 | 0 | 3 | 10 | 3 | 13 | 15 | 10 | 18 | 15 | 10 | 16 | 32 | 22 | 20 | 18 | 205 |

1987年は4月から12月まで。輸入は輸出(海外からの届出)を含む。

表4.33 TSCA-PMNでの免除規定

| 項目 | 内容 |
|---|---|
| 研究開発 | 研究開発の目的で少量製造または輸入する場合はPMNの届出は不用 |
| 試験販売 | ある新規化学物質が商業的な価値を有するか否かの調査の場合，申請後45日以内に免除が許可される |
| 少量新規またはLoREX | 年間生産量が10 t未満の物質または低い環境放出および低い人暴露（Low Release/Low Exposure）物質にはPMNの届出は不用<br>低い環境放出および低い人暴露を有する化学物質とは，その物質の製造，加工，流通，使用，廃棄のすべてにおいて，(1) 消費者および一般住民の経皮暴露，吸入暴露がないことおよび飲料水における暴露が1 mg/年を超えないこと。(2) 労働者への経皮暴露，吸入暴露がないこと。(3) 環境地表水域への放出，焼却からの環境大気放出，土地または地下水への放出が定められた量以下であるものをいう |
| ポリマー | 以下のaまたはbを満たすこと<br>a. モノマー，反応成分が既存であって，<br>・Mn：1,000〜10,000であって，M<500が<10% かつ，M<1,000が25%であり，かつ，カチオン，重金属を含まない，変質しない，吸水性でないこと<br>・Mn>10,000であって，M<500が2%かつ，M<1,000が5%であり，かつ，カチオン，重金属を含まない，変質しない，吸水性でないこと<br>b. モノマーが指定されている一定のポリエステル |

## 4.6.2 有害物質規制法（アメリカ）

有害物質規制法（Toxic Substances Control Act：TSCA）は人の健康または環境を損なう不当なリスクをもたらす化学物質および混合物を規制することを目的として，1976年に連邦法として制定され1977年1月1日に発効した。

本法は他の法律で規制されていない化学物質が対象であり，農薬，食品添加物，医薬品などは対象外である。

### (1) 新規化学物質の製造前届出（Pre-Manufacture Notification：PMN）

年間10 t以上の新規化学物質を製造または輸入しようとする者は少なくとも90日前（化学物質審査規制法では3カ月前）に環境保護庁（EPA）へ届出しなければならない。この届出には定められた書式を用いるが，届出すべき事項は化学物質の名称，構造式，不純物，製造量，輸入量などのほかに，届出者の所有または管理下にある，届出者が知りうるかまたは正当に確認しうる人の健康および環境影響に関する試験データなどである。したがって，届出のために新たに試験を実施することは基本的に要求されていない。

なお，表4.33に示す物質はPMNの届出が免除されるが，免除適用の申請

表 4.34 米国有害物質規制法製造前届出集計 (1998〜2002 年)

| 区　分 | 1998 年<br>(97/10-98/9) | 1999 年<br>(98/10-99/9) | 2000 年<br>(99/10-00/9) | 2001 年<br>(00/10-01/9) | 2002 年<br>(01/10-02/9) |
|---|---|---|---|---|---|
| 届出件数 | 1225 | 1359 | 1116 | 944 | 1074 |
| 製造／輸入業者名 (公表) | 520 | 585 | 454 | 351 | 501 |
| （CBI） | 705 | 774 | 662 | 593 | 573 |
| 用途　（固有の用途） | 513 | 509 | 461 | 382 | 450 |
| 　　　（総称的な用途） | 709 | 850 | 653 | 562 | 624 |
| 　　　（酵素製造） | | | 2 | | |
| 　　　（記載なし） | 2 | | | | |
| 化学品名（固有名） | 212 | 191 | 170 | 123 | 186 |
| 　　　　（総称名） | 1011 | 1168 | 944 | 821 | 888 |
| 　　　　（微生物） | | | 2 | | |
| 　　　　（記載なし） | 2 | | | | |

は必要である。また PMN の届出が免除されるか否かは申請内容により EPA 当局が決定する。

表 4.34 に 1998 年から 2002 年までの PMN 届出数を示す。

表 4.32 のわが国の化学物質審査規制法への届出数と比較し約 3 倍近い届出がなされていることがわかる。また表 4.34 に示すように PMN では企業名，用途，化学物質名も企業秘密として認められている。

**(2) 既存物質**

わが国の化学物質審査規制法においては，既存の化学物質の安全性点検は政府の責任と費用においてなされているが，アメリカでは当該既存物質の製造または加工業者がその責任において試験を実施し，結果を米国環境保護庁 (US-EPA) へ提出しなければならない。

ここで試験が要請される既存物質としては，

① 生産または輸入量が多く，それらの使用により人または環境に悪影響を与えるおそれがある
② 安全性評価を実施するうえでこれらの物質に対するデータや経験が乏しく正当に評価できない

の二点に該当するものである。

具体的にはその物質の全製造業者の生産量の合計が 100 万ポンド/年，環境

への放出量としては100万ポンド/年または年間生産量の10%以上，のどちらか低い方，さらに暴露される人は一般住民100,000人，消費者10,000人，作業者1,000人が指針として公表されている。

### 4.6.3 EUの危険な物質の分類，包装，表示に関する第7次修正理事会指令
(1) 概　要

EU（ヨーロッパ共同体）はイギリス，ドイツ，フランス，オランダなど，ヨーロッパの25カ国から構成される国際機関である。工業化学物質の安全性の事前審査制度にかかわるものとして，いわゆる7次修正といわれている理事会指令がある。7次修正とは，1992年4月30日にEC理事会指令（92/32/EEC）として出されたもので，正式な名称は「危険物質の分類，包装，表示に関する加盟諸国の法律の近似化にかかわる第7次の指令67/548/EEC修正案」である。

この指令の目的は，新規化学物質の上市により生ずるおそれのある有害性から人と環境を守ることにあり，①危険物質の分類，包装および表示，②EUへの新規化学物質の届出がおもな内容である。

加盟各国はこの指令に基づき，工業化学物質の事前審査にかかる法律を制定している。名称は国により異なるが，基本的には全く同じ内容である。

日本の化学物質審査規制法は届出すべきデータを規定しており，このなかで暴露(分解性，濃縮性)をトリガーとしたステップシステムを採用している。一方，アメリカの有害物質規制法は届出の際には必ずしも試験の実施を要求していないが，EUの7次修正は上市量をトリガーとしたステップシステムを採用しており，たとえば，

① 完全届出
・年間1t以上（累積5t以上）の場合
　生産量，用途，毒性試験データ（人への急性・慢性，生態毒性）等を含む届出を上市の60日前までに提出
② 少量届出
・年間1t未満（累積5t未満）の場合
　生産量，用途，毒性試験データの一部（人への急性，変異原性(加盟国の

裁量によりミジンコ急性毒性))を含む届出を30日前までに提出
・年間 100 kg 未満(累積 500 kg 未満)の場合
　生産量,用途,毒性試験データの一部(人への急性毒性)を含む届出を 30 日前までに提出としている。
　これらの関係を表 4.35 に示す。
　7 次修正は基本的に化学物質のラベリング制度と考えてもよく,これまでに届出された物質のうち上市が禁止された物質は 1 物質のみである。ラベルは,その物質の爆発性,可燃性および毒性などにより付けることが義務付けられている。1990 年までのデータによると,届出物質の約半数に何らかのラベルを付けることが必要とされている。図 4.26 にラベルの例を示す。

(2) EU における新たな化学品規制規則案

　2001 年に EU は「今後の化学品政策の概要」いわゆる EU 白書を発表し,化学物質のリスク評価,リスク管理を強化する方針を出した。この方針に基づいて「EU 新化学品規制規則案,REACH, Registration, Evaluation and Authorization of Chemicals」が 2003 年 5 月に公表された。この新しい規則案は関係者のコメントを得て 2008 年前後には成立するものと思われる。
　この新規則は人および環境の保護の改善,欧州化学工業の競争力の強化が目的である。以下,提案されている内容について述べる。

A. 概　要

・新規化学物質のみでなく既存化学物質についてもその有害性などの情報を行政庁に登録することを義務付ける (No registration, no market)。
・登録時に必要とされる有害性および暴露(用途)データは製造,輸入数量により異なる。化学物質の製造輸入業者ばかりでなく,用途によっては使用者もリスク評価を義務付けられる。
・製品中に含まれる化学物質についても化学物質の有害性情報の登録が必要。
・発がん性物質,変異原性物質,生殖毒性物質,PBT (Persistent, Bioaccumulative, Toxic) 化合物(難分解,高濃縮,毒性あり),内分泌撹乱化学物質を対象として用途別に認可を行う方式の導入
　これらの提案に対して詳細は不明な点も多く現時点では評価は困難である

表 4.35　EU 指令における数量に応じた段階的な届出情報項目

| 要求情報項目 | 1業者あたりの上市量 | | |
|---|---|---|---|
| | 年間 1 t 以上<br>累積 5 t 以上 | 年間 1 t 未満<br>累積 5 t 未満 | 年間 100 kg 未満<br>累積 500 kg 未満 |
| 0. 製造業者および届出者のアイデンティティ | ○ | ○ | ○ |
| 1. 物質のアイデンティティ | | | |
| 　1.1. 名称 | ○ | ○ | ○ |
| 　1.2. 分子量および構造式 | ○ | ○ | ○ |
| 　1.3. 物質の組成 | ○ | ○ | ○ |
| 　1.4. 検出および測定の方法 | ○ | | ○ |
| 2. 物質に関する情報 | | | |
| 　2.0. 生産 | ○ | ○ | ○ |
| 　2.0. 意図される用途 | ○ | | ○ |
| 　2.1. 予想される用途または適用分野の各々に対する生産および輸入量 | ○ | ○ | ○ |
| 　2.2. 推奨される方法および予防措置 | ○ | ○ | ○ |
| 　2.3. 事故による漏出の場合の緊急処置 | ○ | ○ | ○ |
| 　2.4. 人へ障害を与えた場合の応急処置 | ○ | ○ | ○ |
| 　2.5. 包装 | ○ | ○ | ○ |
| 3. 物質の物理化学的性質 | ○ | ○ | ○ |
| 4. 毒性調査 | | | |
| 　4.1. 急性毒性 | ○ | ○ | ○ |
| 　　4.1.1. 経口投与 | ○ | ○ | ○ |
| 　　4.1.2. 吸入投与 | ○ | ○ | ○ |
| 　　4.1.3. 経皮投与 | ○ | × | × |
| 　　4.1.4. 皮膚刺激 | ○ | ○ | × |
| 　　4.1.5. 眼刺激 | ○ | ○ | × |
| 　　4.1.6. 皮膚感作性 | ○ | ○ | × |
| 　4.2. 反復投与 | ○ | × | × |
| 　　4.2.1. 反復投与毒性（28 日） | ○ | × | × |
| 　4.3. その他の影響 | ○ | ○ | × |
| 　　4.3.1. 変異原性 | ○ | ○ | × |
| 　　4.3.2. 生殖に関係する毒性のスクリーニング（記録用） | ○ | × | × |
| 　　4.3.3. ベースセットデータおよび他の関連情報から導くこと | ○ | × | × |
| 5. 生態毒性調査 | | | |
| 　5.1. 生物に対する影響 | ○ | × | × |
| 　　5.1.1. 魚に対する急性毒性 | ○ | × | × |
| 　　5.1.2. ミジンコに対する急性毒性 | ○ | ※ | × |
| 　　5.1.3. 藻の成長阻害試験 | ○ | × | × |
| 　　5.1.4. バクテリア阻害 | ○ | × | × |
| 　5.2. 分解性 | ○ | △ | × |
| 　5.3. 吸着／脱着スクリーニング試験 | ○ | × | × |
| 6. 物質を無害化する可能性 | | | |
| 　6.1. 工業／熟練職業に対して | ○ | × | × |
| 　6.2. 一般公衆に対して | ○ | × | × |

○…要求される　△…一部要求される　×…要求されない　※…加盟国が裁量により要求することができる

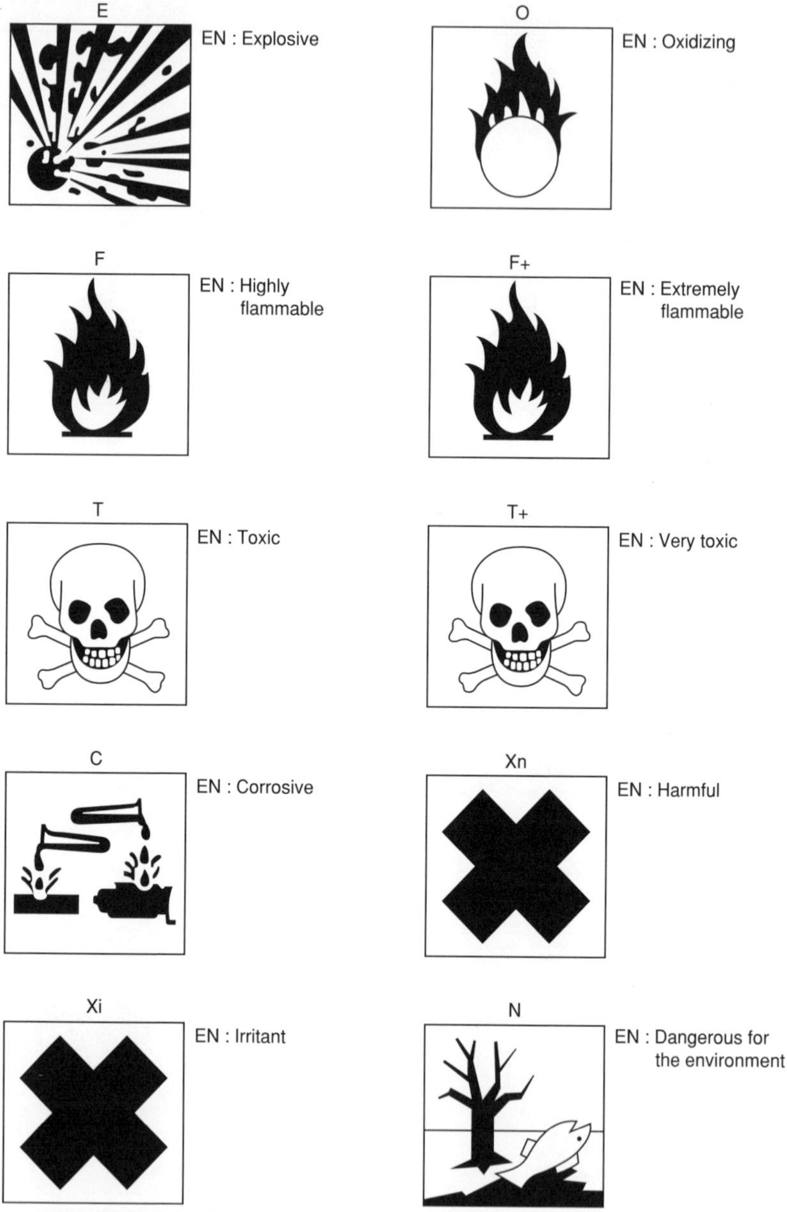

| | |
|---|---|
| E | EN : Explosive |
| O | EN : Oxidizing |
| F | EN : Highly flammable |
| F+ | EN : Extremely flammable |
| T | EN : Toxic |
| T+ | EN : Very toxic |
| C | EN : Corrosive |
| Xn | EN : Harmful |
| Xi | EN : Irritant |
| N | EN : Dangerous for the environment |

**図 4.26　7 次修正におけるラベリングの例**
図中の表示は英名のみとしてある。

表 4.36 日本，米国，EU による規制方式の相違

| | 日　本 | 米　国 | Ｅ　Ｕ |
|---|---|---|---|
| 法令名 | 化学物質審査規制法 | 有害物質規制法 | 第 6 次修正指令<br>第 7 次修正指令 |
| 公布年月日 | 1973.10.16 | 1976.10.11 | 1979.9.18<br>1992.4.30 |
| 新規化学物質届出施行 | 1974.5.7 | 1977.1.1 | 1981.9.18 |
| 改正 | 2004 年 4 月 | | REACH を検討中 |
| 法の目的 | 難分解性，人の健康，動植物の被害 | 健康および環境 | 健康および環境 |
| 対象 | 製造・輸入・使用等 | 製造・流通・加工・使用・廃棄 | 上市 |
| 化学物質の定義 | 人為的化学反応物 | 無機・有機物質 | 元素・化合物 |
| 天然物 | 含まず | 含む | 含む |
| 既存物質試験 | 政府および業界 | 製造者加工者の責任 | 理事会規則 793/93 により製造・輸入業者 |
| PRTR(§ 4.7 参照) | 別法 | 別法 | 別指令 |
| 量的取扱 | 一定数量以下特例 | 10 t/年/米国<br>30 日審査 | (1,100,1000 t)<br>(表 4.35 参照) |
| 中間物 | 免除 | 製造プロセス中の非分離物は免除（条件厳格） | 検討中 |
| 全量輸出 | 免除（条件あり） | 条件付免除 | 免除せず |
| 届出試験項目 | 生分解性，魚蓄積性，変異原性，28 日反復毒性，生態毒性 | 指定せず（構造により要求項目あり） | 量により段階的 |
| 第三者再届出 | 白公示後不要 | 公示後不要 | 必要 |

(大島による)

が，産業界側からは過重な負担を強いること，EU 域外との差別的要素があること，等から批判が出ている。しかしながら新規化学物質よりも既存物質の方がはるかに多く上市されており，これらに対しても所用のデータを要求すること，使用者に対してもリスク評価を義務付けることは化学物質の安全な使用の促進にむけて意味がある。

最後に現時点での日本，アメリカ，EU の規制方式の差を**表 4.36** に示す。

## 4.7 特定化学物質の環境への排出量の把握等および管理の改善の促進に関する法律（PRTR法）

PRTRとはPollutant Release and Transfer Registerの略で種々の排出源から排出または移動される，潜在的に有害な汚染物質の目録もしくは登録簿である。

この制度は，基本的にはアメリカの緊急計画および地域住民の知る権利法によるTRI（Toxic Release Inventory；毒物排出目録）に端を発する制度であり，現在ではアメリカ，カナダ，オランダなど各国で導入されている。OECD（経済協力開発機構）では1996年2月に各国政府のためのPRTRのガイダンスマニュアルを取りまとめて公表し，加盟各国に対しPRTRを導入し，実施し，公衆に利用可能なものとするよう勧告しており，わが国もこれを受けて1999年に法制化した。

PRTRの導入により次のような利点が考えられる。

①発生源から大気，水，土壌への環境全体への化学物質の排出や廃棄物としての敷地外への移動を行政として全国規模で毎年監視することができるため対策をとりやすい。具体的には排出主体に対する排出削減の要請，環境保全型技術への転換の促進などの指導，また地域レベルでの環境リスクの把握なども行える。

②対象となる化学物質には被害が不明確でも，潜在的に人や環境生物に対して有害と考えられるものが含まれ，人や環境生物の保護が図れる。

③行政に報告された情報は市民に公開されるため，市民の化学物質の安全性に対する意識の向上が図れ，市民は行政，企業と同じ土俵で議論ができるようになる。

④企業は物質資源の環境中への排出，別の見方をすれば消費量を知ることにより，排出削減の努力により経費の削減が図れる。また，情報が公開されるため企業イメージの向上に役立てることができる。

以下，本法の概要および2002年度の排出および移動量について述べる。

### 4.7.1 目 的

法第1条では本法の目的を次のように述べている。

この法律は,

"環境の保全に関わる化学物質の管理に関する国際的協調の動向に配慮しつつ,化学物質に関する科学的知見および化学物質の製造,使用その他の取扱いに関する状況を踏まえ,事業者および国民の理解のもとに,特定の化学物質の環境への排出量などの把握に関する処置ならびに事業者による特定の化学物質の性状および取扱いに関する情報の提供に関する処置を講ずることにより,事業者による化学物質の自主的な管理の改善を促進し,環境の保全上の支障を未然に防止することを目的とする"

すなわち,本法の目的の前段にあるのはPRTR(環境汚染物質排出・移動登録制度)の法制化であり,後段にあるのはMSDS(Material Safety Data Sheet,化学物質安全性データシート)の法制化である。

### 4.7.2 PRTR制度

図4.27にPRTRにかかわる本法の実施手順を示す。図から理解されるように,本制度は化学物質の環境への排出量などについて事業者に報告を法的に義務づけており(規制),個々の化学物質の排出量の削減については情報公開により事業者の自主的な努力に委せる(自主管理)という,規制と自主管理を組み合わせた法律となっている。なお,以下の(1)〜(5)は図中の(1)〜(5)に対応する。

### (1) 対象化学物質

本法における第一種指定化学物質が対象となる。第一種指定化学物質とは,
①人の健康を損なうおそれ,または動植物の生息もしくは生育に支障を及ぼすおそれがある物質それ自体,または自然的作用による化学的変化により容易に生成する物質が,このような性状を有する物質

または

②オゾン層を破壊し,太陽紫外線放射の地表に到達する量を増加させることにより人の健康を損なうおそれがあるものであること

のいずれかで,その有する物理化学的性状,その製造,輸入,使用または生成

## 4章 化学物質と安全

**(1) 対象化学物質** — 有害性があり、相当広範な地域の環境中に継続的に存在する物質を指定 [政令]※

[国] 化学物質管理指針の策定・公表
事業者は指針に留意しつつ、化学物質の排出・管理状況等に係る情報提供を行い、国民に理解の増進を図る。

※人の健康に係る被害等が未然に防止されるよう十分配慮

**(2) 対象事業者**
対象化学物質の製造事業者等（業種、規模を指定）[政令]

あらかじめ、それぞれの審議会の意見を聴く。
中央環境審議会（環境省）
生活環境審議会（厚生労働省）
化学品審議会（経済産業省）

※電子情報で届け出ることも可

環境への排出量・移動量を届出

※営業秘密情報は業所管大臣に直接届出

都道府県知事（経由）

※意見を付すことも可

**(3)** [国] 届出データをファイル化

**(4)** [国] 届出対象以外の排出量（家庭、農地等）

集計データとともに個別事業所データを通知

都道府県知事

※営業秘密の届出事項について業所管大臣への説明要求が可

[国] 環境への排出量と移動量を集計し、公表

[国] 環境モニタリング、健康影響等に関する調査

国の調査への意見

**地方公共団体**
①事業者からの届出を経由
②国から通知されたデータを活用し、地域ニーズに応じた集計・公表
③国が行う調査への意見
④事業者への技術的助言
⑤広報活動等を通じた国民の理解増進の支援

**(5)** [国民] 個別事業所データの開示請求 ↔ [国] 個別事業所データの開示

⇓

事業者による管理の改善を促進、環境の保全上の支障を未然に防止

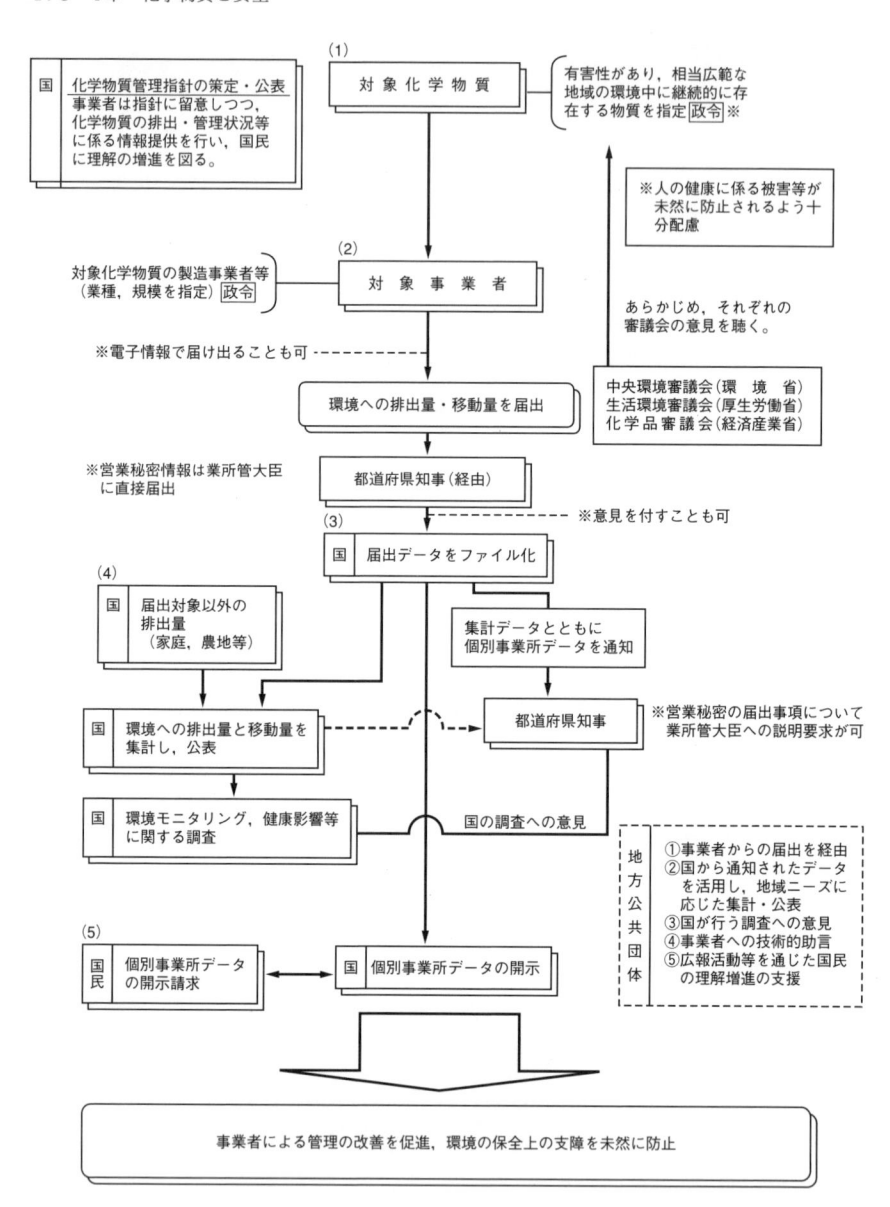

図4.27　化学物質の排出量の把握などの処置（PRTR）の実施の手順

### 表4.37 特定第一種指定化学物質の届出排出量および届出外排出量

| 物質番号 | 物質名 | 届出排出量 (kg/年) | 届出外排出量(kg/年) | | | | | 排出量合計 (kg/年) |
|---|---|---|---|---|---|---|---|---|
| | | | 対象業種 | 非対象業種 | 家庭 | 移動体 | 合計 | |
| 299 | ベンゼン | 1,827,521 | 114,758 | 826,870 | 92,495 | 16,339,665 | 17,373,789 | 19,201,310 |
| 252 | 砒素およびその無機化合物 | 7,181,684 | 1,652 | | | | 1,652 | 7,183,337 |
| 77 | 塩化ビニル | 629,607 | 0 | | | | 0 | 629,607 |
| 42 | エチレンオキシド | 298,893 | 31,570 | 185,268 | | | 216,838 | 515,731 |
| 232 | ニッケル化合物 | 218,051 | 55,190 | | | | 55,190 | 273,241 |
| 60 | カドミウムおよびその化合物 | 126,841 | 11,196 | | | | 11,196 | 138,037 |
| 69 | 六価クロム化合物 | 14,417 | 22,253 | 20,734 | | | 42,987 | 57,404 |
| 26 | 石綿 | 95 | 0 | | | 2,788 | 2,788 | 2,883 |
| 294 | ベリリウムおよびその化合物 | 1 | 555 | | | | 555 | 556 |
| 295 | ベンジリジン=トリクロリド | 0 | | | | | 0 | 0 |
| 179 | ダイオキシン類※ | 1,045,486 | 321,585 | 120,253 | 200 | 1,400 | 443,438 | 1,488,924 |

※単位:mg-TEQ/年

の状況などからみて,相当広範な地域の環境において,当該化学物質が継続して存在すると認められる化学物質が届出対象であり,現在354物質が政令で指定されている。

### (2) 対象事業者

上記対象化学物質を取扱う事業者で,各事業所あたり(事業所全体ではない)常用雇用者が21人以上,また年間の第一種指定化学物質の取扱いが1t以上の事業者が対象となっている。なお人に対して発がん性を示す12種の特定第一種指定化学物質については年間0.5t以上が対象となっている。表4.37にこれらの物質とその届出および届出外排出量を示す。なおメトキサレンについては届出がなかったため,表4.37には記載されていない。またダイオキシ

表 4.38 業種別届出事業所数と届出物質種類数

| 業種 | 届出事業所数 | 届出物質種類数 | 業種 | 届出事業所数 | 届出物質種類数 |
|---|---|---|---|---|---|
| 金属鉱業 | 18 | 31 | 武器製造業 | 5 | 12 |
| 原油・天然ガス鉱業 | 30 | 34 | その他の製造業 | 379 | 85 |
| 食料品製造業 | 337 | 32 | 電気業 | 108 | 42 |
| 飲料・たばこ・飼料製造業 | 98 | 19 | ガス業 | 43 | 13 |
| 繊維工業 | 213 | 62 | 熱供給業 | 5 | 9 |
| 衣服・その他の繊維製品製造業 | 41 | 34 | 下水道業 | 1,507 | 32 |
| 木材・木製品製造業 | 227 | 27 | 鉄道業 | 41 | 11 |
| 家具・装備品製造業 | 99 | 28 | 倉庫業 | 126 | 59 |
| パルプ・紙・紙加工品製造業 | 308 | 77 | 石油卸売業 | 593 | 7 |
| 出版・印刷・同関連産業 | 300 | 34 | 鉄スクラップ卸売業 | 8 | 9 |
| 化学工業 | 2,088 | 331 | 自動車卸売業 | 39 | 5 |
| 石油製品・石炭製品製造業 | 175 | 79 | 燃料小売業 | 18,386 | 11 |
| プラスチック製品製造業 | 828 | 119 | 洗濯業 | 115 | 12 |
| ゴム製品製造業 | 225 | 66 | 写真業 | 1 | 1 |
| なめし革・同製品・毛皮製造業 | 24 | 16 | 自動車整備業 | 164 | 8 |
| 窯業・土石製品製造業 | 446 | 66 | 機械修理業 | 18 | 16 |
| 鉄鋼業 | 307 | 45 | 商品検査業 | 5 | 6 |
| 非鉄金属製造業 | 480 | 78 | 計量証明業 | 11 | 5 |
| 金属製品製造業 | 1,297 | 68 | 一般廃棄物処理業 | 2,083 | 41 |
| 一般機械器具製造業 | 469 | 51 | 産業廃棄物処分業 | 527 | 47 |
| 電気機械器具製造業 | 1,076 | 87 | 高等教育機関 | 73 | 24 |
| 輸送用機械器具製造業 | 901 | 88 | 自然科学研究所 | 133 | 28 |
| 精密機械器具製造業 | 160 | 38 | 全業種 | 34,517 | 333 |

ン類については重量 (kg) ではなく毒性等量 (mg-TEQ) で示してある。毒性等量については§4.4を参照されたい。なお、以下の排出量等のデータは平成14年度の届出データをもとにしている。

(3) 届出化学物質の排出・移動量の集計結果

A. 届出事業所の業種および物質の種類

平成14年度における排出・移動量の届出は全国で前年度とほぼ同数の約

図 4.28 の円グラフ:
- 化学工業 25%
- 輸送用機械器具製造業 12%
- プラスチック製品製造業 8.5%
- 鉄鋼業 8.1%
- 電気機械器具製造業 6.7%
- 出版・印刷・同関連産業 5.5%
- 金属製品製造業 5.2%
- パルプ・紙・紙加工品製造業 4.8%
- 非鉄金属製造業 4.4%
- 窯業・土石製品製造業 3.4%
- その他の業種 16%
- 総届出排出量・移動量 508千トン/年

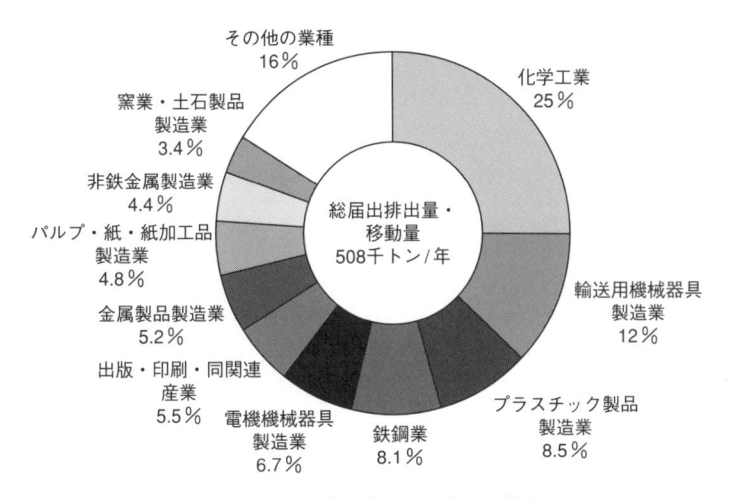

**図 4.28 届出排出量・移動量上位業種**

35,000 の事業所からあった。

表 4.38 に業種別届出事業所数および届出物質種類数を示す。届出事業所数では燃料小売業が全体の約 53% を占めており，一般廃棄物処理業，化学工業がそれぞれ約 6% である。届出物質の種類では化学工業が最も多く，対象の 354 物質中，実に 331 物質を排出・移動物質として届出ている。化学工業は届出物質の種類が多いばかりでなく図 4.28 に示すように排出量・移動量も最も多い業種である。この他，プラスチック製品製造業が 119 物質と多くの届出対象化学物質を扱っているのがわかる。

燃料小売業の届出物質はトルエン，エチレングリコール，ベンゼンなどであり排出量がほぼ 100% を占めている。なおこの業種は届出事業所数が約 1/2 と最も多いが，全業種の届出排出量・移動量に占める割合はトルエン 0.6%，キシレン 0.4%，ベンゼン 6.2% と量的には少ない。これらの 3 物質はいずれもガソリンの成分である。

### B. 排出量・移動量の構成と物質の種類

図 4.29 に届出排出量と排出先および移動量の構成を示す。これらの総排出・移動量は合計で 508,000 t であり，その半分の 254,000 t の物質が大気に排出されている。

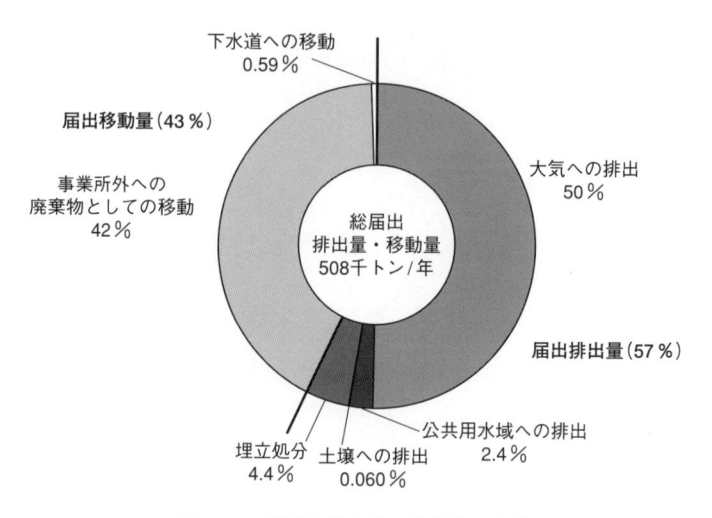

図4.29 総届出排出量・移動量の構成

- 届出移動量(43%)
  - 下水道への移動 0.59%
  - 事業所外への廃棄物としての移動 42%
  - 埋立処分 4.4%
- 届出排出量(57%)
  - 大気への排出 50%
  - 公共用水域への排出 2.4%
  - 土壌への排出 0.060%

総届出排出量・移動量 508千トン/年

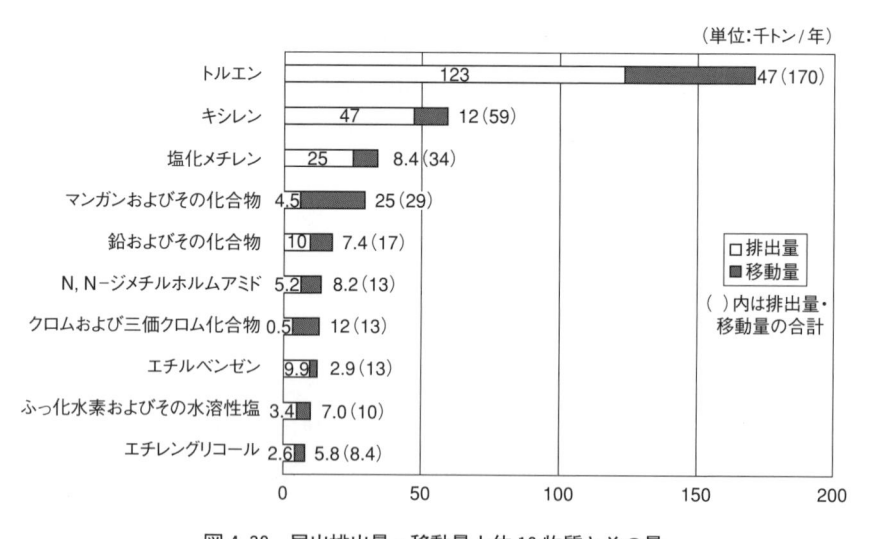

図4.30 届出排出量・移動量上位10物質とその量（単位：千トン/年）

| 物質 | 排出量 | 移動量 | 合計 |
|---|---|---|---|
| トルエン | 123 | 47 | (170) |
| キシレン | 47 | 12 | (59) |
| 塩化メチレン | 25 | 8.4 | (34) |
| マンガンおよびその化合物 | 4.5 | 25 | (29) |
| 鉛およびその化合物 | 10 | 7.4 | (17) |
| N,N-ジメチルホルムアミド | 5.2 | 8.2 | (13) |
| クロムおよび三価クロム化合物 | 0.5 | 12 | (13) |
| エチルベンゼン | 9.9 | 2.9 | (13) |
| ふっ化水素およびその水溶性塩 | 3.4 | 7.0 | (10) |
| エチレングリコール | 2.6 | 5.8 | (8.4) |

（）内は排出量・移動量の合計

図4.30に届出排出量・移動量の上位10物質を示す。図4.31に示すようにトルエン，キシレン，塩化メチレンは排出量のみでもトップ3を占めている。また，これらの3物質はほぼ100％が大気に排出されており，また3物質合計

(単位:千トン/年)

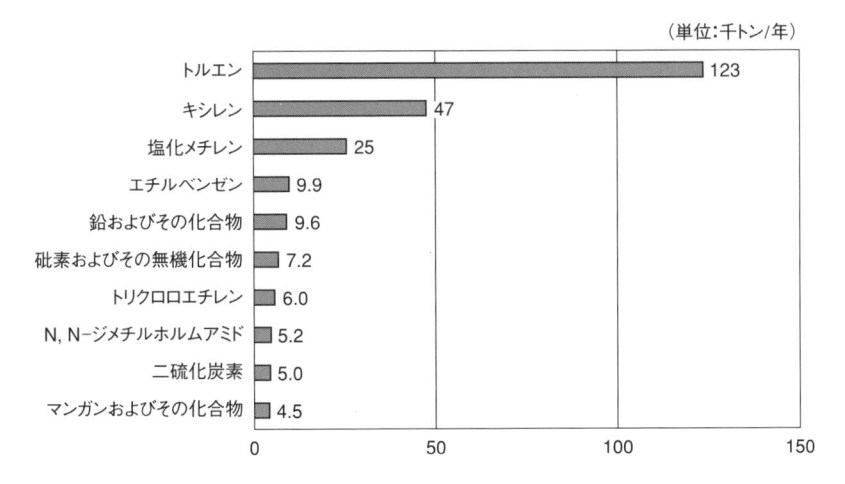

- トルエン 123
- キシレン 47
- 塩化メチレン 25
- エチルベンゼン 9.9
- 鉛およびその化合物 9.6
- 砒素およびその無機化合物 7.2
- トリクロロエチレン 6.0
- N, N−ジメチルホルムアミド 5.2
- 二硫化炭素 5.0
- マンガンおよびその化合物 4.5

図 4.31　届出排出量上位 10 物質とその量

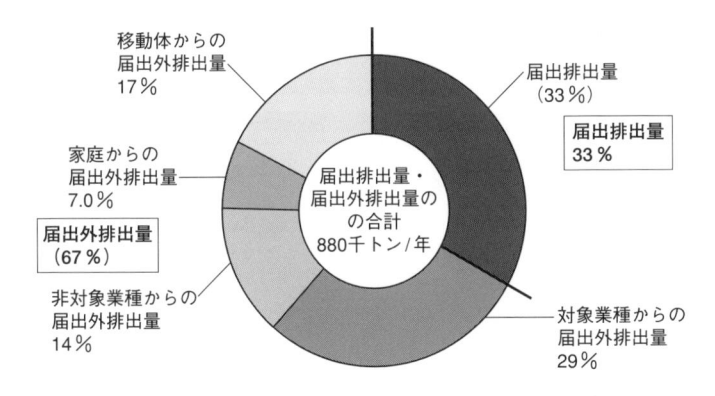

- 移動体からの届出外排出量 17%
- 家庭からの届出外排出量 7.0%
- 届出外排出量 (67%)
- 非対象業種からの届出外排出量 14%
- 対象業種からの届出外排出量 29%
- 届出排出量 (33%)
- 届出排出量 33%
- 届出排出量・届出外排出量の合計 880千トン/年

図 4.32　届出排出量・届出外排出量の構成

で全物質の大気への排出量の実に約 77% を占めている（トルエン 48%，キシレン 19%，塩化メチレン 9.9%）。トルエン，キシレンは有機合成原料，溶媒として広く用いられており，また塩化メチレンは金属洗浄剤として使用されるものである。

　マンガンおよびその化合物は前述の 3 物質と異なり排出量よりも移動量の割合が約 86% と圧倒的であり，そのほぼ 100% が廃棄物として事業所外への移

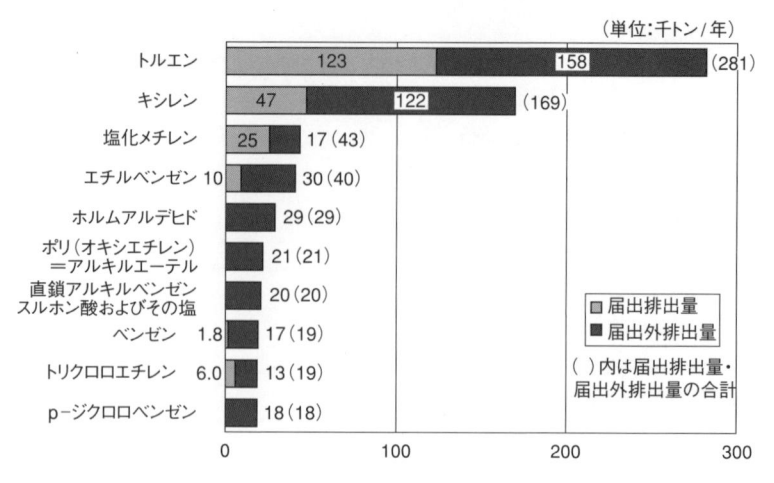

図4.33　届出排出量・届出外排出量上位10物質とその排出量

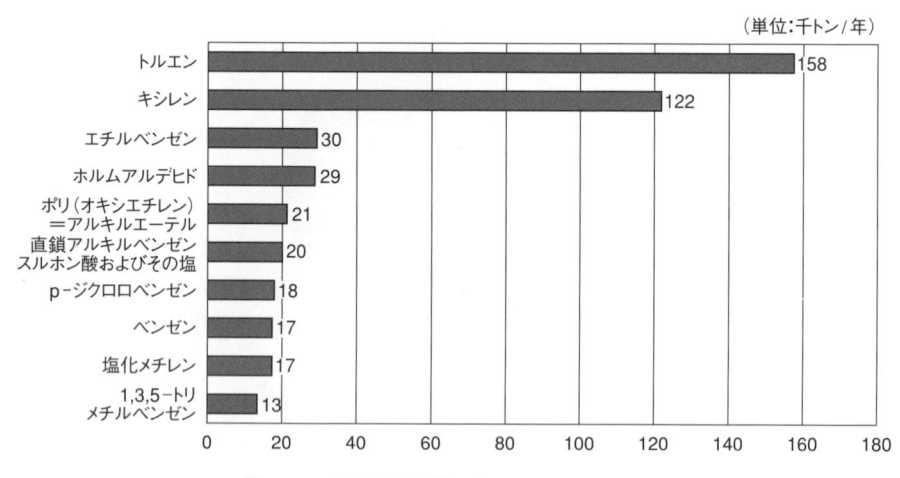

図4.34　届出外排出量上位10物質とその排出量

動である．鉛およびその化合物については約58%が排出，42%が移動であるが，排出の99%が事業所における埋立処分，移動のほぼ100%が廃棄物としての事業所外への移動である．

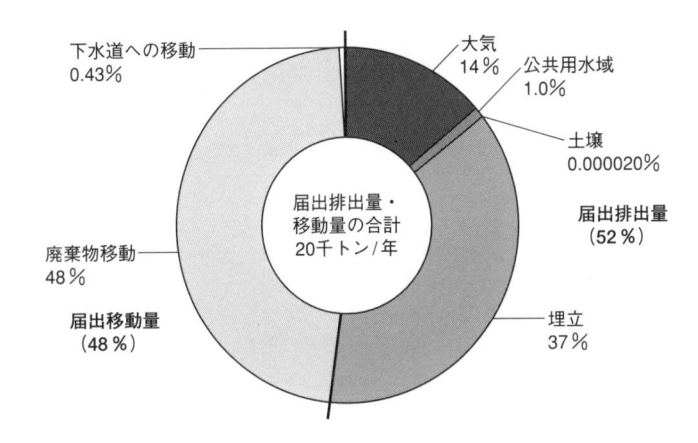

4.7 特定化学物質の環境への排出量の把握等および管理の改善の促進に関する法律 185

図4.35 特定第一種指定化学物質届出排出量・移動量

（下水道への移動 0.43％、大気 14％、公共用水域 1.0％、土壌 0.000020％、届出排出量（52％）、埋立 37％、届出移動量（48％）、廃棄物移動 48％、届出排出量・移動量の合計 20千トン/年）

(4) 届出外排出量

経済産業省および環境省が推計を行った2002年度の全国の届出外排出量の合計は589,000 t である。届出排出量と合計すると全国で880,000 t であり，届出外排出量は全排出量の67％となっている（図4.32参照）。また届出および届出外排出量の合計値の上位10物質名とその排出量を図4.33に示す。

図4.31と図4.34の比較から届出外排出量の多い物質には以下のような特徴がある。

① ホルムアルデヒド（排出ガスの成分）

約90％が移動体(自動車，鉄道，船舶，航空機，など)から排出

② ポリオキシエチレンアルキルエーテルおよび直鎖アルキルベンゼンスルホン酸およびその塩（洗浄剤，化粧品）

それぞれ約80％が家庭から排出

③ p-ジクロロベンゼン（防虫剤）

100％が家庭から排出

(5) 特定第一種指定化学物質

表4.37に示す11種およびメトキサレンは人に対する発がん性がある。これらの届出排出量，届出外排出量については表4.37に示してある。図4.35にはこれらの物質全体としての届出排出移動量の割合を示す。廃棄物としての移動

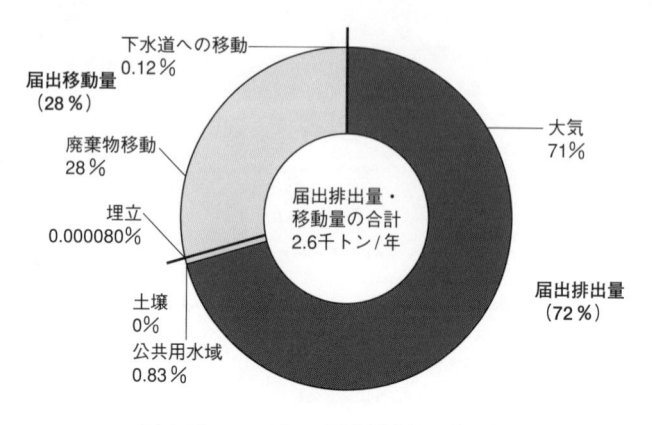

図4.36 ベンゼンの届出排出量・移動量

- 下水道への移動 0.12%
- 届出移動量 (28%)
- 廃棄物移動 28%
- 埋立 0.000080%
- 土壌 0%
- 公共用水域 0.83%
- 大気 71%
- 届出排出量 (72%)
- 届出排出量・移動量の合計 2.6千トン/年

（48%），埋立（37%）が大部分を占めているが，大気にも14%排出されている。特にベンゼンは2,600tの届出排出量・移動量の約71%が大気に排出されている。これは排出量のほぼ100%が大気に排出されていることを意味している（**図4.36**参照）。ベンゼンについては届出外排出量の多さ（**表4.37**参照）も考えれば早急な対策を取る必要がある。

### 4.7.3 MSDS制度

MSDSとはMaterial Safety Data Sheetの略で，化学物質安全性データシート，製品安全データシートなどと呼ばれている。MSDSは一般的に労働現場において用いられており，その目的はいろいろな情報を化学物質の使用者に提供し，化学物質の災害や事故を未然に防ぐことにより，化学物質の安全な使用を確保することにある（実際のMSDSの例はhttp://www.jpca.or.jp/を参照）。

MSDSは法的には本節のPRTR法のほか，労働安全衛生法，毒物および劇物取締法においても規定されている。たとえばPRTR法ではその第14条において，対象とされる化学物質を取り扱う事業者は，その物質を他の事業者に対し譲渡し，または提供するときはそれを譲渡し，または提供する時までに譲渡し，または提供する相手方に対し，当該物質などの性状および取扱いに関する

情報を文書または磁気ディスクの交付，その他の方法で提供することを義務づけている。また，その内容に変更があったときは速やかに通知することとしている。また PRTR 法においては排出量・移動量の届出が必要な 354 種の第一種指定化学物質に加え，81 種の第二種指定化学物質が定められており，合計 435 物質について MSDS の提供が義務づけられている。MSDS のみが義務づけられている 81 種の第二種指定化学物質は有害性の条件は第一種と同様であるが，将来製造量の増加等があったときには環境中に広く存在するようになることが見込まれる物質である。

### 参考および引用文献
1) 国立医薬品食品衛生研究所編：化学物質のリスクアセスメント―現状と問題点，薬業時報社（1997）
2) 平成 16 年版環境白書（環境省）
3) 平成 16 年版化学物質と環境（環境省）
4) 辻　信一：化学物質管理の新たな展開，化学経済，No.9，18～25（2003）
5) 石井一弥：欧州の新化学品規制（REACH）の概要と問題点，環境管理，**39**（11）44～49（2003）
6) 経済産業省，環境省：「平成 14 年度 PRTR データの概要―化学物質の排出量・移動量の集計結果―」について，平成 16 年 3 月 29 日
7) 環境省環境保健部　環境安全課：PRTR データを読み解くための市民ガイドブック（2003）

# 5章　地球環境の安全

　地球規模での環境問題は，科学的研究データの集積によりその深刻さが次第に明らかになってきている。このことは，先進国での工業生産の飛躍的拡大や人間の生活レベルの向上からくる大量エネルギーの消費，種々の化学物質の大量生産から起きているもので，地球環境に取り返しのつかない負荷を与えている。その影響はその地域にとどまらず，国境を越えて全世界に拡大している。

　表5.1に地球規模での各環境問題の概要をまとめて示した。本章ではこれらのうち，地球温暖化，オゾン層破壊，酸性雨の問題，現象のメカニズムや影響の状況について，各種データを中心にして述べる。

## 5.1　地球温暖化
### 5.1.1　温室効果のメカニズム

　地球の温度は，太陽から届く日射エネルギーと，地球自体が宇宙に向けて出す熱放射エネルギーとのバランスによって決まる。簡単にいうならば，地球の温度を決める基本要因は放射エネルギーの収支ということになる。

　地球上には常に太陽の放射エネルギーが降り注いでおり，一部は地球上の雪氷，砂漠，雲などによって反射され，残りは海洋，陸地に吸収される。

　大気中の水蒸気（$H_2O$），二酸化炭素（$CO_2$），オゾン（$O_3$），メタン（$CH_4$），一酸化二窒素（$N_2O$）などのガスは，太陽からの可視光線はよく通すが，赤外線を吸収する性質をもっている。これら気体に吸収された赤外線は，ふたたび大気中に放射が行われ，その一部は宇宙に逃げ，残りは地表面と周辺の大気中に吸収される。つまり地表は，太陽からの熱放射に加えて大気からも熱放射があるので，温度が一定に保たれるのである。これが温室効果といわれるもので，上に述べた気体を温室効果ガスと呼ぶ。

　もし温室効果がないとしたら，地球上の温度はどうなるのであろうか。

　地球から放出されている赤外線は，$1 m^2$あたり238 Wの熱を放出している

**表 5.1　地球規模での環境問題概要**

| 問題の類型 | 現象と影響 |
|---|---|
| 温室効果による地球温暖化 | ・現在の二酸化炭素濃度は産業革命以前の約1.32倍に増加（280 → 370 ppm）<br>・温室効果ガス濃度が産業革命以前の2倍になると、平均気温は1.5〜4.5℃上昇。氷河の融解や海水の膨張などにより、一部沿岸都市の水没や海岸の浸食を予測<br>・ツンドラ地帯の砂漠化が進行すると予測されている<br>・干ばつや暴風雨、局地的豪雨、大雪などの異常気象の発生や、生態環境の急激な変化による自然生態系、食糧生産への打撃 |
| オゾン層破壊 | ・フロンや有機塩素化合物は上空で強い紫外線を受けて分解し、生成した塩素がオゾンと反応し、オゾン層を破壊する<br>・1980年代の後半から、南極大陸上空ではオゾンの減少（オゾンホールの出現）が観測され、最近では北極上空でも同様の現象を確認<br>・成層圏オゾンの減少により、地上に有害紫外線が直接届くため、生物の染色体や免疫機能を破壊し、皮膚がんなどの発生原因となる<br>・有害紫外線により、水生プランクトンの壊滅、食物連鎖システムや地球生態系の秩序破壊 |
| 酸性雨 | ・硫黄酸化物や窒素酸化物が排煙として、ヨーロッパの工業地帯から北欧へ、アメリカの工業地帯からカナダへ流れ、その結果、酸性雨をもたらす。日本でも酸性雨・酸性雪が観測され、日本海側では中国からの硫黄酸化物や窒素酸化物が原因と推測されている<br>・スウェーデンでは、約4,000の湖の魚が死滅したり、旧西ドイツの森林の半分以上が被害を受けている<br>・土壌や河川・湖沼の酸性化による森林や農作物への被害、魚類の死滅<br>・建造物、文化財への影響 |
| 熱帯雨林の減少 | ・世界では毎年1,130万ha（本州の約半分の面積に相当）の熱帯雨林が減少中<br>・熱帯雨林は大量の二酸化炭素吸収・酸素放出により、大気中の成分バランスの維持・気候の安定化に寄与<br>・二酸化炭素吸収能力の減少により、温室効果の増大、地球の温暖化を加速<br>・土壌、水資源への影響や野生生物種の絶滅 |
| 砂漠化の進行 | ・世界では毎年600万ha（四国と九州を合わせた面積に相当）の砂漠化が進行中<br>・砂漠地の拡大は新たに気候変動を招き、さらに砂漠化を加速<br>・食糧生産の減少による飢餓人口の増大、途上国のエネルギー源である薪材の減少などによる生活水準の低下 |

温室効果ガスの概念図

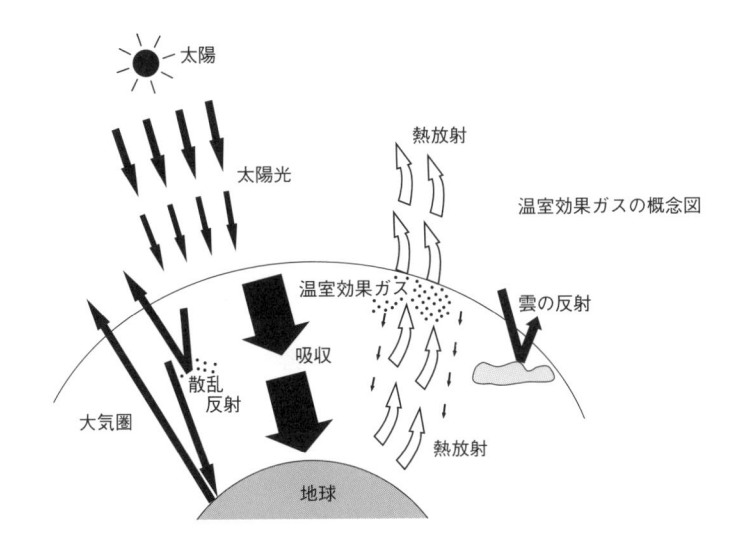

が，温室効果がないと仮定したときの地球上の温度は，理論上約 $-18°C$ と計算されている．地球が太陽から受ける熱量と，地球が赤外線として放出する熱量がつり合うためには，地球の温度は $-18°C$ でなければならないので，まさに極寒地球となってしまう．実際に，観測されている地表気温の平均値は約 $15°C$ であり，この温度は温室効果によって計算値よりも $33°C$ 高くなっている．地球は，温室効果ガスの濃度バランスとそれによる熱バランスによって，気温を一定に保っているのである．

しかし，現在起きている地球の温暖化は，従来の地球の熱バランスを維持していた大気中の温室効果ガスの濃度が必要以上に増大し，地表からの熱放射をより多く吸収することにより，熱平衡状態の崩れで起こる気温上昇の現象である．

最近，最低気温が $25°C$ より下がらない「熱帯夜」が増えてきている．図 5.1 によると，大阪では 1920 年以前は熱帯夜がひと夏に 10 回以下程度であった．それが，1940 年代頃から急激に回数が増えて，今では熱帯夜が 50 回以上という夏も珍しくなくなっている．図 5.2 は日本の年平均地上気温の経年変化であるが，1990 年頃から温度の上昇が著しい．また図 5.3 は，世界の年平均地上気温の経年変化である．

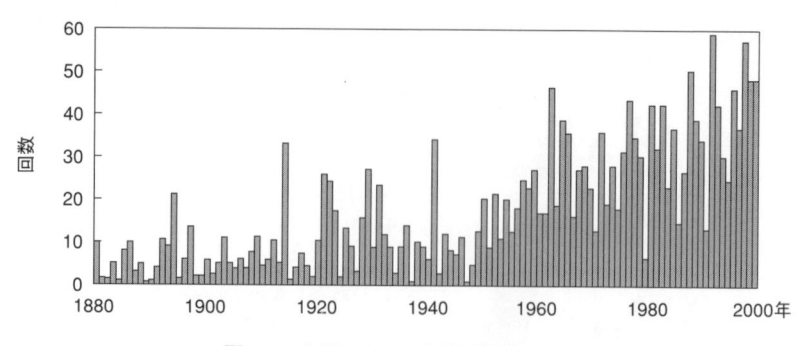

図5.1　大阪における年間の熱帯夜回数

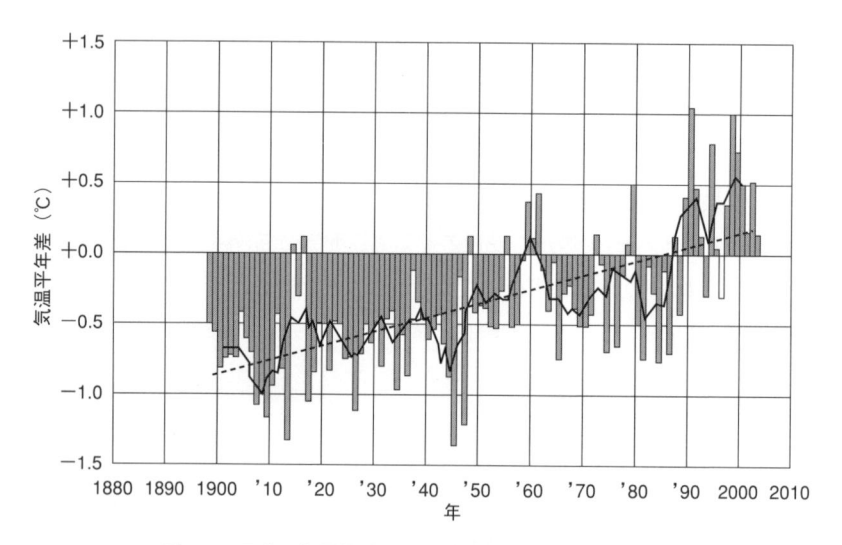

図5.2　日本の年平均地上温度の平年差（1898〜2003年）
棒グラフは各年の値，実線は各年の値の5年移動平均を，破線は長期変化傾向を示す．
（気象庁2004年2月3日発表）

### 5.1.2　温室効果ガスとその濃度分布

地球の熱収支に影響を及ぼす気体成分を表5.2に示す．現状の濃度順は，表5.3に示すように，二酸化炭素（370 ppm），メタン（1.75 ppm），一酸化二窒素（314 ppb）で，さらに微量成分としてCFC-11, CFC-12, アンモニア，エ

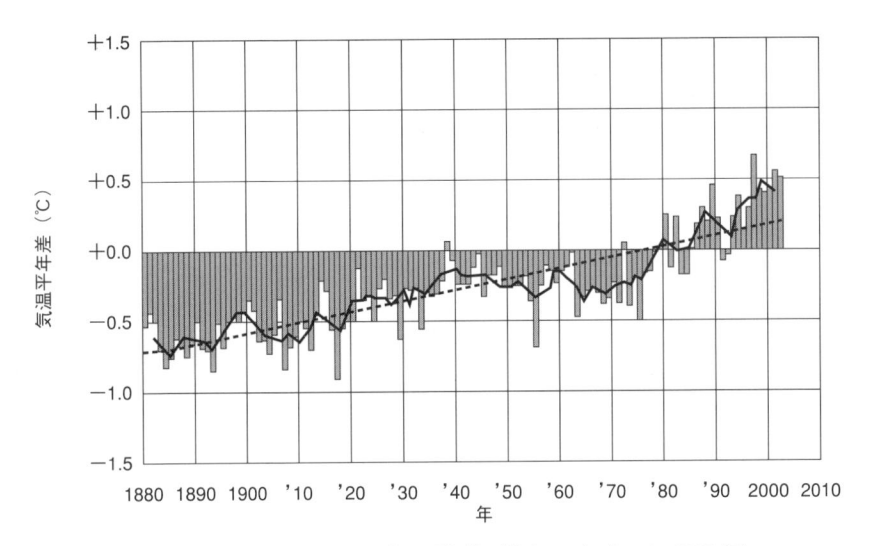

図5.3 世界の年平均地上温度の平年差（陸上のみ）（1880〜2003年）
棒グラフは各年の値，実線は各年の値の5年移動平均を，破線は長期変化傾向を示す．
（気象庁2004年2月3日発表）

タン，塩化メチル，ホルムアルデヒド，四塩化炭素，そのほか有機溶剤で地下水汚染などで問題となっているトリクロロエチレン，テトラクロロエチレン，1,1,1-トリクロロエタンなどがある．なお，CFCとはクロロフルオロカーボンの略で，一般にフロンといわれているものである．

しかし，それらの濃度分布は地域によって異なり，たとえば北半球と南半球，あるいは日本国内においてもその差が見られ，また，測定高度によっても異なっている．

次に，大気中の二酸化炭素の濃度分布の状況を概測してみる．

産業革命（1750〜1800年）以前の二酸化炭素濃度は280 ppm程度であったが，1955年ごろには320 ppmまで増加した．図5.4は化石燃料使用量の増加と二酸化炭素排出の増加を見たものである．ハワイ・マウナロア山で1958年から観測が続けられているが（米国スクリップ海洋研究所・キーリング博士により開始），それによると二酸化炭素濃度は1958年に年平均で315 ppm，1965年で320 ppm，1975年で330 ppm，1990年は353 ppm，そして2000年には

表 5.2 熱収支に影響するおもな気体成分

| 気 体 | 化学式 | 気 体 | 化学式 |
|---|---|---|---|
| 二酸化炭素 | $CO_2$ | クロロカーボン | $CH_3Cl$ |
| 窒素化合物 | $N_2O$ | | $CH_2Cl_2$ |
| | $NH_3$ | | $CHCl_3$ |
| | $NO_x(NO+NO_2)$ | | $CCl_4$ |
| 硫黄化合物 | COS | | $CH_2ClCH_2Cl$ |
| | $CS_2$ | | $CH_3CCl_3$ |
| | $SO_2$ | | $C_2HCl_3$ |
| | $H_2S$ | | $C_2Cl_4$ |
| パーフルオロ化合物 | $CF_4$ (FC-14) | 臭素およびヨウ素化合物 | $CH_3Br$ |
| | $C_2F_6$ (FC-116) | | $CBrF_3$ |
| | $SF_6$ | | $CH_2BrCH_2Br$ |
| クロロフルオロカーボン | $CClF_3$ (CFC-13) | | $CH_3I$ |
| (CFC) | $CCl_2F_2$ (CFC-12) | 炭化水素 | $CH_4$ |
| | $CHClF_2$ (HCFC-22) | | $C_2H_6$ |
| | $CCl_3F$ (CFC-11) | | $C_2H_2$ |
| | $CF_3CF_2Cl$ (CFC-115) | | $C_3H_8$ |
| | $CClF_2CClF_2$ (CFC-114) | オゾンおよびアルデヒド | $O_3$ (対流圏) |
| | $CCl_2FCClF_2$ (CFC-113) | | HCHO |
| | | | $CH_3CHO$ |

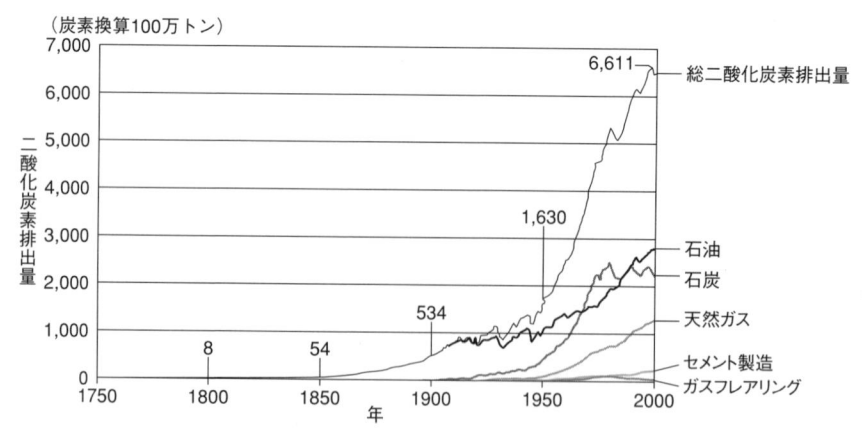

図 5.4 化石燃料使用量の増加と二酸化炭素排出の増加
出典：環境省資料「Stop The 温暖化 2004」より

表5.3 各種の温室効果ガスの濃度とその増加割合および温暖化効果*

| 要素 | 二酸化炭素 | メタン | CFC-11 | CFC-12 | 一酸化二窒素 |
|---|---|---|---|---|---|
| 産業革命以前（1750〜1800年）の大気中濃度 | 280 ppm | 0.8 ppm | 0 | 0 | 288 ppb |
| 2000年の大気中濃度 | 370 ppm | 1.75 ppm | 280 ppt | 484 ppt | 314 ppb |
| 現在の年蓄積率 | 1.8 ppm (0.5%) | 0.015 ppm (0.9%) | 9.5 ppt (4%) | 17 ppt (4%) | 0.8 ppb (0.25%) |
| 大気中寿命（年） | (50〜200) | 10 | 65 | 130 | 150 |
| 100年の期間に対する地球温暖化指数 | 1 | 23 | 3,500 | 7,300 | 296 |

［注］オゾンは正確なデータが不足しているため，表に加えなかった．
※ 表中の個々の気体は$CO_2$を除き，ここでは「寿命」を大気中総量を除去するのに必要な比率とした．この時間スケールは，放出量がどのように変わっても，大気中濃度を適正にする割合も特徴づけている．$CO_2$は何ら実際の吸収源をもたない特殊な例であるが，さまざまな貯蔵庫（大気，海洋，生物）の間を循環しているだけである．表に示した$CO_2$の「寿命」は$CO_2$濃度が放出量の変化に対応するために要する時間のおおまかな指標である．

（資料：IPPC報告書，2000年の二酸化炭素濃度）

370 ppmと上昇し，2004年では375 ppmレベルにある．表5.3に示すように最近の年蓄積率は1.8 ppm/年（0.5％）となっている．

図5.5は1958年から2002年までハワイ・マウナロア山の二酸化炭素濃度の経年変化を示したものであるが1958年の316 ppmレベルから2000年の373 ppmと濃度の上昇が続いている．

次に，そのほか主要な温室効果ガスについて，簡単に述べる．

① 一酸化二窒素（$N_2O$）は，対流圏内に現在322 ppb程度存在し，温室効果とオゾン層破壊に大きな役割を果たしている．一酸化二窒素濃度は産業革命前の約288 ppbv（ppbvは10億分の1，容量化）から約314 ppbvに上昇している．発生源は主として海洋や熱帯・亜熱帯森林，施肥農地，化石燃料・バイオマス燃焼などによるもので，いわゆる$NO_x$のような人為的なものではない．とくに微生物による自然循環系に多い．この$N_2O$はここ数年来，濃度の上昇傾向が見られ，この原因についてはまだ特定されていない．

② 2000年のメタン（$CH_4$）は地球平均濃度で1.75 ppm程度存在し，年平

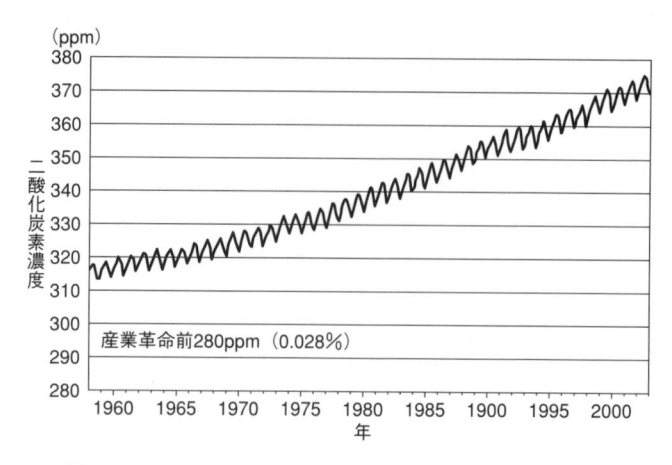

図5.5 ハワイ・マウナロア山の二酸化炭素濃度の経年変化
出典：環境省資料「Stop The 温暖化 2004」より

均増加率は 0.9% といわれている。産業革命前の 0.8 ppm から 2.15 倍に上昇している。発生源は湿地，海洋，淡水などの自然発生的なもの，人為的発生源としては天然ガス，家畜の糞尿，バイオマス燃焼，埋め立て地などである。一酸化二窒素と同様に増加をたどっており，その原因は特定されていないが，人為的なものであることには間違いない。1980年代の温暖化への寄与率は 15% とみなされている。

### 5.1.3 温暖化による環境影響

米国科学アカデミー（NAS）が1979～1987年の間に4回にわたって，二酸化炭素による気温上昇への影響を推定した結果，二酸化炭素濃度が産業革命以前の約2倍に増えた場合の地表の気温上昇は，地球全体平均で 3.0±1.5℃ となった。とくに高緯度の地域では，冬場は2～3倍もの著しい気温上昇が起こる。図5.2 は日本の年平均地上気温の平年差の経年変化を見たものであるが，とくに 1985 年後の上昇が大きい。100年間で約 1.0℃ 上昇している。最近，気温上昇のテンポがきわめて速くなってきており，このような現状は雪や氷でおおわれた地域の雪氷面積の減少とともに，地表面積の拡大による太陽光の吸

収が一層進み，さらに気温の上昇を助長することになる．

海水の熱膨張も起こり，海面の上昇もわずかながら始まっている．全地球の平均では，この100年間で海面が10 cm上昇しており，政府間パネル（IPCC）の調査によると，2050年には現在より5〜32 cm上昇すると予測している．そして2100年には，最悪の場合5.8°C気温が上昇し88 cm海面が上昇すると予測されている．

このような気候変動による種々の環境影響について，やや極端な例を**表5.4**に示す．温暖化は，世界全体の農業にも影響を及ぼす．地球の平均気温が2.5°C程度上がると，食料の需要に供給が追いつかず，食料価格が上がると予測されている．農産物の自給率が40％と低く，他の国に食料の多くを頼っている日本は，食糧確保の面で大きな影響を受ける可能性がある（**表5.5**参照）．

### 5.1.4　温暖化防止と京都議定書

温暖化防止対策は二酸化炭素排出量の大幅削減以外にないが，その排出量にもっとも関係しているのが化石燃料の使用である．温室効果ガスを影響のないように安定化させるには，現在のエネルギー使用を80％カットしなければならないという．現在の実態から考えると，これを実施するとわれわれの生活は，数十年前にタイムスリップすることになるだろう．また，開発途上国の経済活動・発展を停止せざるを得ないという結果になってしまう．したがって，経済活動や人間生活に与える影響を少なくしながら，その対応をしなければならない．

しかも，その対応は一国の対策でなく，世界的な取り決めでの大幅削減しかない．

気候変動枠組条約は1992年5月に採択され，その直後の6月にブラジルのリオ・デ・ジャネイロにおいて開催された地球サミットにおいて署名式が行われた．本条約は1994年3月に発効し，1998年1月現在171カ国が加盟している．この条約の目的は「大気中の温室ガス濃度の安定化」であり，すべての締約国の責務として，温室効果ガスの排出・吸収目録，温暖化対策の国別計画の策定などが規定されている．

気候変動枠組条約は，これまでの温室効果ガスの多くが先進国から排出され

**表 5.4 極端な現象の影響の例**

| 21世紀に予想される極端な現象の変化<br>（極端な現象がかなりの確率で生じる可能性がある） | 予想される影響の代表的な事例 |
|---|---|
| 1　最高気温の上昇，暑い日や熱波の増加（ほぼ全陸域） | 高齢者や都市貧困者の死亡や重病発生の増加<br>家畜や野生生物の熱ストレスの増加<br>観光目的地の変更<br>多くの穀物の被害リスクの増大<br>冷房電力需要の増大，エネルギー供給信頼性の低下 |
| 2　最低気温の上昇，寒い日，霜日，寒波の減少（ほぼ全陸域） | 寒さに関連した人の死亡や疾病の減少<br>多くの穀物の被害リスクの減少，一部の穀物ではリスクが増加<br>一部の病害虫や媒介動物の範囲の拡大や活動の活性化<br>暖房エネルギー需要の減少 |
| 3　集中豪雨の増大（多くの地域） | 洪水，地滑り，雪崩，土砂崩れの増加<br>土壌浸食の増加<br>洪水流量の増加，洪水氾濫原帯水層涵養の増加<br>政府，民間の洪水保険システムや災害救援への圧力が増加 |
| 4　夏季の乾燥と関連する干ばつリスクの増加（大陸内陸部の大部分） | 穀物生産量の減少<br>地面収縮による建築物基礎の被害増大<br>水資源の量・質の低下<br>森林火災の増加 |
| 5　熱帯低気圧の最大風速，平均・最大降雨強度の増大（一部地域） | 人命リスク，感染症リスク，ほかの多くのリスク増大<br>沿岸侵食の増加，沿岸建設物やインフラの被害増加<br>サンゴ礁，マングローブなどの沿岸生態系の被害増加 |
| 6　エルニーニョに関連した干ばつや洪水の強大化（多くの地域） | 干ばつ，洪水常襲地域の農業や草原の生産力の減少<br>干ばつ常襲地域の水力発電ポテンシャルの減少 |
| 7　夏季のアジアモンスーンの降雨変動性の増大 | 温帯，熱帯アジアの洪水，干ばつ強度の被害の増加 |
| 8　中緯度の暴風雨強度の増大 | 人命や健康リスクの増加<br>資産やインフラ損失の増加<br>沿岸生態系の被害の増加 |

（出典：環境省資料より）

てきたことや各国の能力等を考慮し，「共通だが差異のある責任」という考え方を根拠に捉えている。

　この考え方の下，1997年，わが国の京都で開催された「地球温暖化防止京都会議」において，気候変動枠組条約の付属書Ⅰにリストアップされた先進

表 5.5　温暖化対策がとられない場合の農業への影響

| | | 2025 年 | 2050 年 | 2100 年 |
|---|---|---|---|---|
| 大気中の $CO_2$ 濃度 | | 405〜460 ppm | 445〜640 ppm | 540〜970 ppm |
| 1990 年からの地球平均気温の上昇 | | 0.4〜1.1°C | 0.8〜2.6°C | 1.4〜5.8°C |
| 1990 年からの地球平均海面水位上昇 | | 3〜14 cm | 5〜32 cm | 9〜88 cm |
| 農業への影響 | 平均的な農作物生産量 | ・穀物生産量は，多くの中〜高緯度地域で増加する<br>・穀物生産量は，大半の熱帯および亜熱帯地域で減少する | ・熱帯および亜熱帯地域における穀物生産量はより明確に減少する | ・2〜3°C以上の温暖化では，大半の中緯度地域で穀物類生産量が相対的に減少 |
| | 極端な低温および高温 | ・一部農作物への霜による被害低減<br>・一部農作物への熱のストレスによる損害増加<br>・家畜への熱によるストレス増加 | ・極端な気温の変化の影響が増大 | ・極端な気温の変化の影響が増大 |
| | 収入および価格 | | ・開発途上国の貧困農家の収入減少 | ・気候変化を除外した予測と比較して食料価格が上昇する |

(出典：環境省資料より)

国や市場経済移行国（付属書 I 国）が，2008 年〜2012 年の間に，温室効果ガスの排出量を 1990 年のレベルより全体で約 5% 以上削減する約束がなされた。これが「京都議定書」である。京都議定書では各国の削減約束が定められており，わが国は 6% の削減約束をしている。議定書を批准した国は，それを守ることが義務づけられている（図 5.6）。

わが国は 2002 年の 6 月に，ロシアが 2004 年 11 月にそれぞれ京都議定書を批准した。そして 2005 年の 2 月 16 日に京都議定書が発効し，歴史的な国際法として最初の第一歩を踏み出した。したがって，2008 年〜2012 年の間に，1990 年のレベルと比べて温室効果ガスの排出量を 6% 削減する必要がある。

京都会議を主催したわが国の削減約束は 6% であるが，このうち 3.9% までは森林管理による吸収量を算入することができる。しかし，わが国の排出量

## 京都議定書

| 対策ガスなど | |
|---|---|
| 対策ガス | 二酸化炭素（$CO_2$），メタン（$CH_4$），一酸化二窒素（$N_2O$），ハイドロフルオロカーボン（HFC），パーフルオロカーボン（PFC），六フッ化硫黄（$SF_6$） |
| 吸収源の取扱い | 1990年以降の新規の植林や土地利用の変化に伴う温室効果ガス吸収量を排出量から差し引く |

⇩

| 削減約束 | |
|---|---|
| 基準年 | 1990年（HFC，PFC，$SF_6$ は1995年とすることができる） |
| 第一約束期間 | 2008年から2012年（5年間の合計排出量を基準年排出量の5倍に削減約束を乗じたものと比較） |
| 削減約束 | ・先進国全体の対象ガスの人為的な総排出量を基準年より少なくとも約5%削減する<br>・国別目標（日本6%減，アメリカ7%減，EU 8%減など） |

⇧

| 京都メカニズム | |
|---|---|
| 排出量取引 | 先進国が割り当てられた排出量の一部を取引できる仕組み |
| 共同実施 | 先進国同士が共同で削減プロジェクトを行った場合に，それで得られた削減量を参加国の間で分け合う仕組み |
| クリーン開発メカニズム | 先進国が途上国において削減・吸収プロジェクト等を行った場合に，それによって得られた削減量・吸収量を自国の削減量・吸収量としてカウントする仕組み |

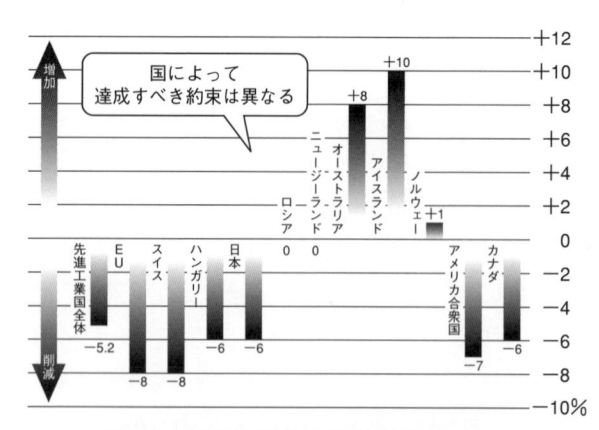

図5.6 主要国の温室効果ガス排出削減約束
出典：環境省資料「Stop The 温暖化 2004」より

は，2002年には1990年と比べて約7.6％上回っており，目標達成のために約13.6％も削減しなければならないことになる。

## 5.2 オゾン層破壊

F.ラブロック（NASA：米国航空宇宙局）は，海洋と大気との関係を明らかにするため，1970年代のはじめに対流圏中の微量成分を分析したところ，クロロフルオロカーボンが世界中どこでも検出され，しかも年々数％ずつ上昇していることを見いだした。このデータをもとにF.S.ローランド（カリフォルニア大学）らは対流圏状況，成層圏でのフロンの分解規模，反応速度などのモデルを設定し，理論的，実験的，仮定的数値を入れて計算した。

その結果，"フロンによりオゾンが減少してオゾン層（ozone layer）が破壊される"との仮説を見いだし，このままフロン類の生産を続ければ，有害紫外線の増加により人体や生態系に悪影響を及ぼすことを「環境中のクロロフルオロメタン類」と題し，*Nature*誌に発表した（1975年）。この発表は全世界に大きな反響をまき起こし，フロンによるオゾン層破壊問題の端緒となった。

### 5.2.1 オゾン層とその破壊

オゾン層は，大気の対流圏（高度約18 km）の外側をとりまく成層圏（幅約40 km）のなかで高度20〜40 kmの間に，非常に希薄なオゾンガスで構成

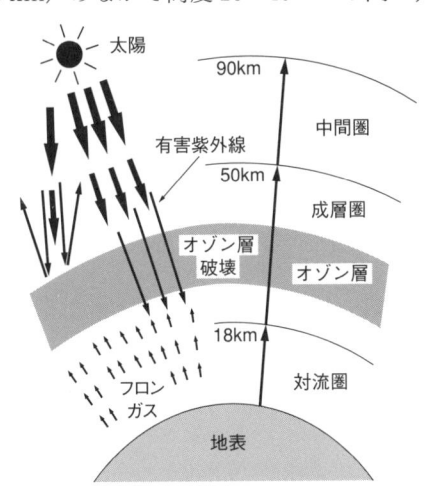

成層圏におけるオゾン層の概念図

されている。オゾンの存在量は全大気の約100万分の1で，これを0℃，1気圧の標準状態に換算すると，わずか0.2〜0.5 mmの厚さにしかならない。

オゾン（$O_3$）の重要な働きは，遺伝子を傷つけ，がんなどを誘発する紫外線の吸収にある。

一般に，紫外線は波長領域によって，短波長領域（280 nm以下，UV-Cと略記），中波長領域（280〜315 nm，UV-Bと略記），長波長領域（315〜400 nm，UV-Aと略記）に分けられる。(図5.7参照)。すなわち，オゾンはこのうち，C領域である280 nm以下の有害な紫外線にきわめて強い吸収帯を有し，その紫外線を吸収することによって，生体を有害な作用（たとえば，染色体のDNAや細胞の破壊など）から保護している。しかし，地表の照射量が上空のオゾン量に依存する有害UV-Bの方がより重大である。

オゾン層の減少は，この有害UV-Bの地上への照射量の増加につながる。この上空のオゾン減少と地表UV-Bの照射量の増加は相関関係にある。UV-Bの増加は短期的，長期的にさまざまな健康影響の発生あるいは重症化の増加をもたらすと見られている。もちろん，ヒトだけでなく種々の動物，植物，微生物にとっても遺伝子の発現調節に影響を与える。

オゾン層におけるオゾンの量が1%減少すると，地表に降り注ぐ有害紫外線（UV-B）の量は2%増える。

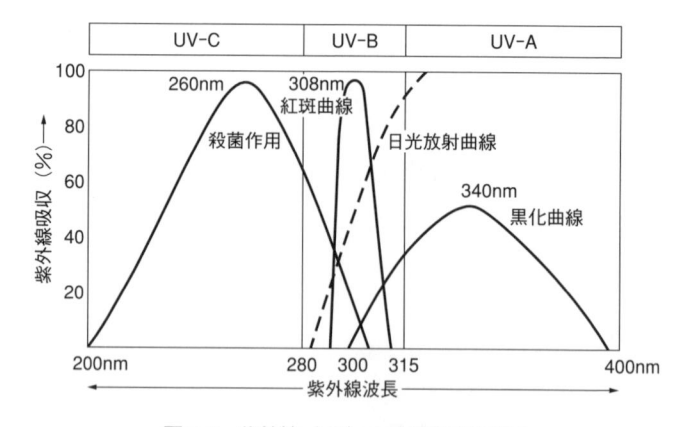

図5.7 紫外線（UV）の波長領域と作用

### 5.2.2 オゾン層の生成

大気中のオゾンは，酸素分子が解離して生じた酸素原子が他の酸素分子と結合して生成される。逆に，オゾンは太陽光（$h\nu$）の吸収によって分解するほか，酸素原子と結合して酸素分子に戻る。

$$O_2 + h\nu \rightarrow 2\,O$$
$$O_2 + O + M \rightarrow O_3 + M$$
$$O_3 + h\nu \rightarrow O_2 + O$$
$$O_3 + O \rightarrow 2\,O_2$$

ここで，Mは反応の第三体と呼ばれ，反応によって生じた過剰なエネルギーを取り去ってオゾンを安定化する役割を果たすもので，成層圏では窒素分子と酸素分子がこれにあたる。

ところが，ヒトや生物にとって有害な紫外線を吸収しているオゾンは，クロロフルオロカーボン（CFC-11,12,113）などによって，以下に示す分解反応により減少するのである。

＊紫外線によるフロン類の分解

$$\text{CFC-11}: CCl_3F \xrightarrow{h\nu} CCl_2F + Cl$$
$$\text{CFC-12}: CCl_2F_2 \xrightarrow{h\nu} CClF_2 + Cl$$

＊塩素とオゾンの反応（オゾン破壊サイクル）

$$Cl + O_3 \rightarrow ClO + O_2$$
$$ClO + O \rightarrow Cl + O_2$$

すなわち，まずフロン類は紫外線によってオゾン破壊活性な塩素（Cl）を放出し，このClがオゾンと反応し，一酸化塩素と酸素分子に分解し，一酸化塩素と酸素原子が反応し，さらに酸素分子と塩素原子に分解されるのである。この一連の分解反応により，オゾンが消滅するのである。

また，このフロン類は大気中における寿命が約100年（65～130年）という安定な物質のため，長期間にわたり破壊が進行するのである。これまでに大気中に放出されたフロン類量は2,000万 t にも達し，さらに毎年100万 t 以上が新たに放出されると推測されている。これらのうち，10%の量がオゾン層に達しているのである。

塩素と同様に，ハロンからの臭素（Br）もオゾンと反応する。

$$Br + O_3 \rightarrow BrO + O_2$$
$$BrO + O \rightarrow Br + O_2$$
$$BrO + ClO \rightarrow Br + OClO \rightarrow Br + Cl + O_2$$

　また，一酸化塩素（ClO）は，$NO_2$ とも反応して安定化合物であるクロリンナイトレイト（$ClONO_2$）を生成する。あるいは ClO は $HO_2$ と反応し HOCl を生成し，さらに光化学反応により Cl を放出する。

　オゾンと連鎖反応を起こす反応系として，水素酸化物（$HO_x$）サイクル，窒素酸化物（$NO_x$）サイクル，塩素酸化合物（$ClO_x$）サイクル，臭素酸化化合物（$BrO_x$）サイクルなどがあげられる。これらの各々のサイクルは反応しながら，オゾン層破壊の大きな触媒サイクルを構成しているのである。

### 5.2.3　オゾン層破壊物質の変化

　WMO（世界気象機関）レポート，オゾン層破壊の科学アセスメント報告書要旨によると，対流圏（すなわち下層大気）では，各種のオゾン層破壊物質の実効的な総量は 1992～1994 年のピーク以来ゆっくりと減少し続けていることが観測から示されている。塩素総量は減少しているが，工業用ハロンからの臭素量は，（1998 年のアセスメントで報告されたように）以前よりはゆっくりではあるものの依然増加している。2000 年の時点における長寿命および短寿命の塩素炭素化合物を起源とする対流圏塩素総量は，1992～1994 年のピーク時の観測値よりも約 5％ 低く，一年あたりの変化率は 2000 年において $-22$ ppt（$-0.6\%$/年）であった。1-1-1-トリクロロエタン（メチルクロロホルム，$CH_3CCl_3$）はかつて塩素総量の減少に大きく寄与していたが，その大気中濃度が急速に減少したため，寄与は小さくなっている。主要なクロロフルオロカーボン類（CFCs）を起源とする塩素総量は，1998 年アセスメントの時点ではやや増加していたが，現在ではもはや増加していない。特に 2000 年には，CFC-11 と CFC-113 の大気中濃度は引き続き減少しており，他方，CFC-12 の増加率は緩やかになっている。ハロン起源の対流圏臭素総量は，3％/年の割合で増加を続けている。

### 5.2.4 オゾン層の状況

クロロフルオロカーボンなどから生じた塩素・臭素によるオゾン層破壊が，熱帯地域を除くほぼ全世界で現れている。日本でも北に位置する観測点ほどはっきりとしたオゾンの減少が観測されている。現在，オゾン層を破壊する物質は世界的な取り決めにより規制され，成層圏の塩素などの量はほぼピークとなっており，今後は徐々に減少すると考えられている。しかし，オゾン層破壊は，温室効果ガス増加などの影響も受けることから，2020年頃まで続く可能性があると推定されている。日本では札幌，つくば，鹿児島，那覇の4カ所でオゾン量の観測が行われている。その経年変化を図5.8に示したが，北の高緯度地方ほどオゾンの減少幅が大きく，札幌，つくば，鹿児島において減少が確認される。

### 5.2.5 オゾンホール

オゾンホール（オゾンの穴）とは，オゾン層が破壊されてオゾンの濃度が極端に薄くなった領域のことで，南極上空で見られる。人工衛星で撮ったオゾン

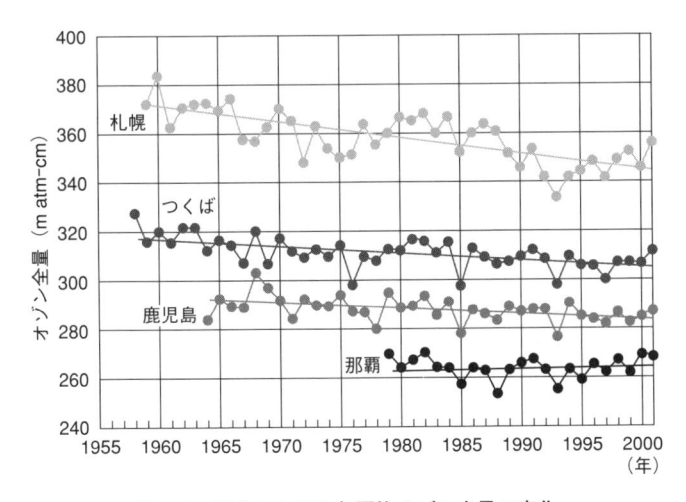

**図5.8 日本における年平均オゾン全量の変化**

オゾン全量：上空のオゾンの総量をオゾン全量と呼ぶ。オゾン全量は，仮に上空のオゾンを地上にすべて集めたとした時の厚さで表す。300 m atm-cmは3 mmの厚さになる（直線は長期的な変化傾向を示す）。出典：平成16年版環境白書

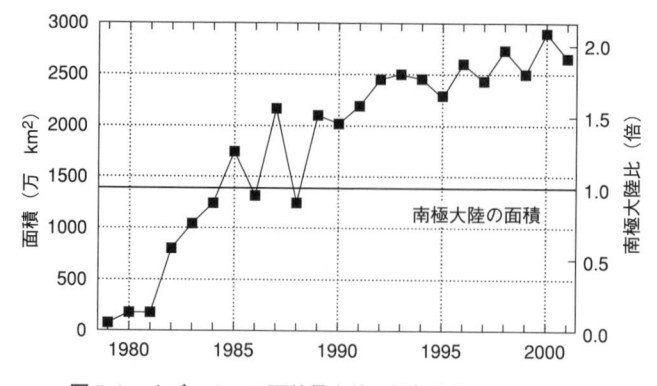

図5.9 オゾンホール面積最大値の経年変化
（米国航空宇宙局提供の TOMS データをもとに気象庁が作成）

濃度の解析図で，南極上空のオゾン層に穴があいたように見え，毎年9〜10月頃（南極では春頃にあたる）に観測される。

オゾン層の破壊は予想以上に進んでいる事実が，最近多くの観測データで明らかになった。NASAの報告によると，北半球のオゾン全量は自然の変動を除いて過去18年間に2〜3%も減少しており，モデルによる予測より急速に全地球的なオゾン減少が続いている。南極でも1980年代に入って春先に成層圏オゾン量の顕著な減少が続いている。図5.9は南極におけるオゾンホールの規模の年変化を示している。オゾンホールの面積は，図に見られるように1980年代前半から1990年頃にかけて急激に大きくなり，その後も徐々に拡大している。

### 5.2.6 オゾン層破壊物質等の用途と生産規制

オゾン層保護対策は，条約などに基づき国際的に協力して進められており，わが国でも，「特定物質の規制等によるオゾン層の保護に関する法律（オゾン層保護法）」を制定し，CFCなどの生産規制などを実施している（表5.6参照）。

(1) 国際的な取組み

国際的に協調してオゾン層保護対策を推進するため，「オゾン層の保護のた

表5.6 オゾン層破壊物質の用途と規制

| | 種類 | 用途 | オゾン破壊係数(ODP) | 地球温暖化係数(GWP) | 生産規制のスケジュール | |
|---|---|---|---|---|---|---|
| | | | | | 先進国 | 開発途上国 |
| オゾン層破壊物質 | CFC | 電気冷蔵庫 カーエアコン 業務用冷凍空調機器 発泡剤 洗浄剤 | 0.6〜1.0 | 4,600〜14,000 | 1995年末全廃 | 2009年末全廃 |
| | ハロン | 消火剤 | 3.0〜10.0 | 1,300〜6,900 | 1993年末全廃 | 2009年末全廃 |
| | 四塩化炭素 | 一般溶剤 研究開発用 | 1.1 | 1,800 | 1995年末全廃 | 2009年末全廃 |
| | 1,1,1-トリクロロエタン | 部品の洗浄剤 | 0.1 | 140 | 1995年末全廃 | 2014年末全廃 |
| | HCFC | ルームエアコン 業務用冷凍空調機器 発泡剤 洗浄剤 | 0.01〜0.52 | 120〜2,400 | (消費量)2019年末全廃 (生産量)2004年以降は1989年レベルに凍結 | (消費量)2039年末全廃 (生産量)2016年以降は2015年レベルに凍結 |
| | HBFC | 消火剤 | 0.74 | 470 | 1995年末全廃 | 1995年末全廃 |
| | ブロモクロロメタン | 溶剤 農薬 医薬 防虫剤 | 0.12 | — | 2001年末全廃 | 2001年末全廃 |
| | 臭化メチル | 土壌の殺菌 殺虫剤 | 0.6 | — | 2004年末全廃 | 2014年末全廃 |
| 代替フロン等 | HFC | 冷媒 発泡剤 エアゾール | 0 | 12〜12,000 | | |
| | PFC | 溶剤 洗浄剤 | 0 | 5,700〜11,900 | フロン類の中にはオゾン層は破壊しないけれど温暖化を進めてしまうものもある | |
| | $SF_6$ | 電力用絶縁物質 半導体洗浄剤 | 0 | 22,200 | | |

【オゾン破壊係数(ODP)】CFCの中で最もよく使われていた「CFC-11」の単位重量あたりのオゾン破壊効果を1とした場合の相対値
【地球温暖化係数(GWP)】二酸化炭素($CO_2$)の単位重量あたりの地球温暖化効果を1とした場合の相対値

めのウィーン条約」(1985年)およびこの条約に基づく「オゾン層を破壊する物質に関するモントリオール議定書」(1987年)が採択され,一定の種類のCFCおよびハロンの生産量などの段階的な削減を行うことが合意された。

その後,従来の予測を超えてオゾン層の破壊が進んだため,1990,1992,1995および1997年モントリオール議定書の改正などによって,CFCなどの生産全廃までの規制スケジュールを早めたり,新たに規制物質を追加するなど規制が強化された。現在の生産規制状況は**表5.7**のとおりである。

(2) 日本の取組み

日本では,オゾン層保護法等に基づき,モントリオール議定書に定められた規制対象物質を特定物質として,製造規制等の実施により,モントリール議定書の規制スケジュールに即して生産量および消費量(=生産量+輸入量−輸出量)の段階的削減を行っている。この結果,特定フロンについては1993年末,CFC,四塩化炭素,1,1,1-トリクロロエタンおよびHBFCについては1995年末,ブロモクロロメタンについては2001年末をもって生産等が全廃されている。このほか,HCFCについては2019年末をもって消費量が全廃され,臭化メチルについては2004年末をもって,検疫用途等を除きその生産等が全廃

表5.7 フロン回収破壊法により構造に関する基準が定められているフロン類破壊施設

| 破壊処理技術 | 内容 |
|---|---|
| 廃棄物混焼方式施設 | 廃棄物焼却炉にフロン類を添加し，焼却することにより破壊処理する |
| セメント・石灰焼成炉混入法方式施設 | セメント焼却炉として使用されるロータリーキルンまたは石灰焼却炉にフロン類を添加し，焼却することにより破壊処理する |
| 液中燃焼法方式施設 | 助燃剤，水蒸気等とともに，フロン類を燃焼室に供給し，焼却することにより破壊処理する |
| プラズマ法方式施設 | プラズマ状態にした反応器内にフロン類と水蒸気等を注入し，加水分解することにより破壊処理する |
| 触媒法方式施設 | 加熱したフロン類と水蒸気等を反応器に注入し，触媒と反応させることにより破壊処理する |
| 過熱蒸気反応法方式施設 | 過熱蒸気によりフロン類を破壊処理する |

(資料：環境省)

されることとなっている。

また家電リサイクル法に基づき，家庭用冷蔵庫およびルームエアコンについては2001年4月から，フロン回収破壊法に基づき，業務用冷凍空調機器（第1種特定製品）については2002年4月から，カーエアコン（第2種特定製品）については2002年10月から，これらの機器の廃棄時に機器中に冷媒として残存しているフロン類（CFC, HCFC, HFC）の回収が義務付けられた。また，フロン回収破壊法に基づき回収されたフロン類は，再利用される分を除き，国の許可を受けたフロン類破壊業者により破壊されることとなっており，2004年3月31日現在で，許可を受けたフロン類破壊業者は76である。表5.7はフロン類破壊施設での処理技術と内容である。

### 5.2.7 人および環境への影響

紫外線はオゾン層に吸収されるため，地表上に有害な紫外線は届かずに生物は保護される。したがって，オゾン層が破壊されると地表への紫外線到達量が多くなり，先にも述べたようにオゾンが1%減少した場合，UV-A量は変わらないがUV-B量は2%増大する。

地表上でこの紫外線のUV-B量が増加すると，皮膚障害，ことに皮膚がんやメラノーマ（悪性黒色腫）発症など人体への影響が高くなる。また，角膜炎，白内障の視力障害も増加する。さらに免疫機能が低下して，がんや感染症

表5.8 紫外線が影響する疾病

| | | |
|---|---|---|
| 急性 | | ①日焼け（サンバーン，サンタン）<br>②雪目<br>③免疫機能低下 |
| 慢性 | 皮膚 | ①しわ（菱形皮膚）<br>②シミ・老人斑<br>③良性腫瘍<br>④前がん症（日光角化症＋悪性黒子）<br>⑤皮膚がん |
| | 目 | ①白内障<br>②翼状片 |

にもかかりやすくなる。このような紫外線の増加は，皮膚がんや視力障害という人体だけでなく，植物やプランクトンに対しても影響を与えている。また，UV-Cは生体中のDNA（デオキシリボ核酸）を傷つけて突然変異による皮膚がんを引き起こすが，先にも述べたようにオゾン層によって吸収され，地球上に到達せず生物は保護されている。表5.8は紫外線が人体に影響する例である。

## 5.3 酸性雨
### 5.3.1 酸性雨とは

　酸性雨とは，主として石油や石炭などの化石燃料の燃焼によって生ずる硫黄酸化物や窒素酸化物などが，大気中で硫酸や硝酸などに変化し，それらを取り込むことによりpHが5.6以下になった雨をいう。このpHが5.6以下での降雨を酸性雨としている根拠は，1990年代の環境中の二酸化炭素濃度を356 ppmとして計算によって求めたものであるが，この値はバックグラウンド値を考慮しても現実的ではない。

　すなわち，自然の地球化学的サイクル反応のうち，低級カルボン酸の光化学的反応による過酸化物などの生成により，化石燃料などの燃焼がなくても酸性物質は生成し，また，生分解によるアンモニアの生成，土壌由来のカルシウムなどと反応して中和する物質も生成する。したがって，現実的には正確なpH値を求めることは不可能である。雨と同様に雪の酸性化も観測されており，こ

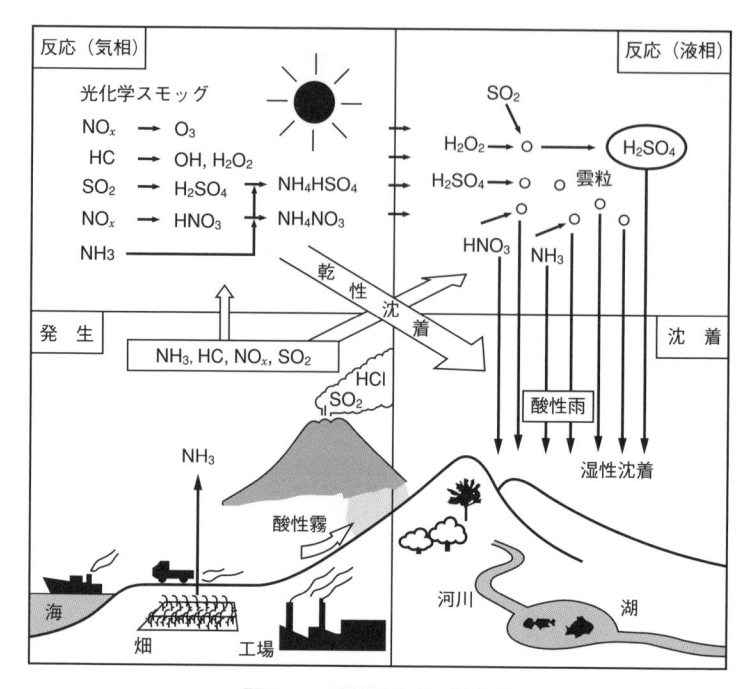

図 5.10 酸性雨生成の模式図

れは酸性雪と呼ばれている。

### 5.3.2 酸性雨の生成過程

硫黄酸化物（$SO_x$），窒素酸化物（$NO_x$），炭化水素類（HC），アルデヒドおよびエアロゾルなどが一次排出物質として，工場の排煙や自動車などの走行に伴って大気中に拡散される。この排出物質が長距離輸送されるうちに，光化学反応などによってガス状の亜硫酸（$H_2SO_3$），硝酸（$HNO_3$），カルボン酸，さらにはオゾン（$O_3$）やOHラジカルなどを生成し，複雑な反応を経て，酸性物質，酸化性物質が生成される。この生成物がガスやエアロゾルとして大気中に存在している。

雲，霧，雨が生成すると，これらの生成物が液滴のなかに溶け込み，雨水中で$NO_3^-$，$SO_4^{2-}$，$NH_4^+$，アルデヒド，カルボン酸となる。雨水中にガス状，粒子状の物質が溶け込む過程には，レインアウトとウォッシュアウトの二つが

ある。

一つは，雲がある場合，その液滴のなかにガスが溶け込み，液相反応により酸性物質が生成され，雲水の酸性化を進めるのがレインアウトである。

ウォッシュアウトは雨滴が落下するときに気相中に存在している成分を捕捉しながら落ちてくる。その際，粒子物質やガスが，液滴に捕捉されて雨水中の化学種濃度が増加する。一方，大気中の $NH_4^+$ や $Ca^{2+}$ は雨水のアルカリ化に働く。

### 5.3.3 日本における酸性雨の現状

日本では，1983年度から2000年度まで，第一次から第四次にわたる酸性雨対策調査を実施してきた。その結果は，

① 全国48カ所の酸性雨測定所において，年平均 pH 4.72～4.90（第四次調査：1998年度～2000年度）と，欧米とほぼ同程度の酸性雨が継続的に観測されている（図5.11）。

② 日本海側で，冬季に硫酸イオン，硝酸イオンの沈着量が増加する傾向が認められ，大陸からの影響が示唆されている。

③ 2000年8月以降，関東および中部地方の一部で，三宅島雄山の噴火の影響と考えられる硫酸イオンの沈着量が増加する傾向が見られた。

④ 酸性雨との関連性が明確に示唆される土壌や湖沼の酸性化は生じていないと考えられたが，一部の森林では原因不明の樹木衰退が見られた。このように，日本における酸性雨による影響は現時点では明らかになっていないが，現在のような酸性雨が今後も降り続ければ，将来，酸性雨による影響が顕在化するおそれが考えられる。

### 5.3.4 海外における酸性雨の現状

東アジア地域においては，近年のめざましい経済成長やそれに伴うエネルギー消費の増加により，酸性雨原因物質の排出量が今後さらに増加することが予測されている。このことから，近い将来，酸性雨による影響が深刻なものとなることが懸念されている。

このため，東アジア地域における酸性雨の現状やその影響を解明するととも

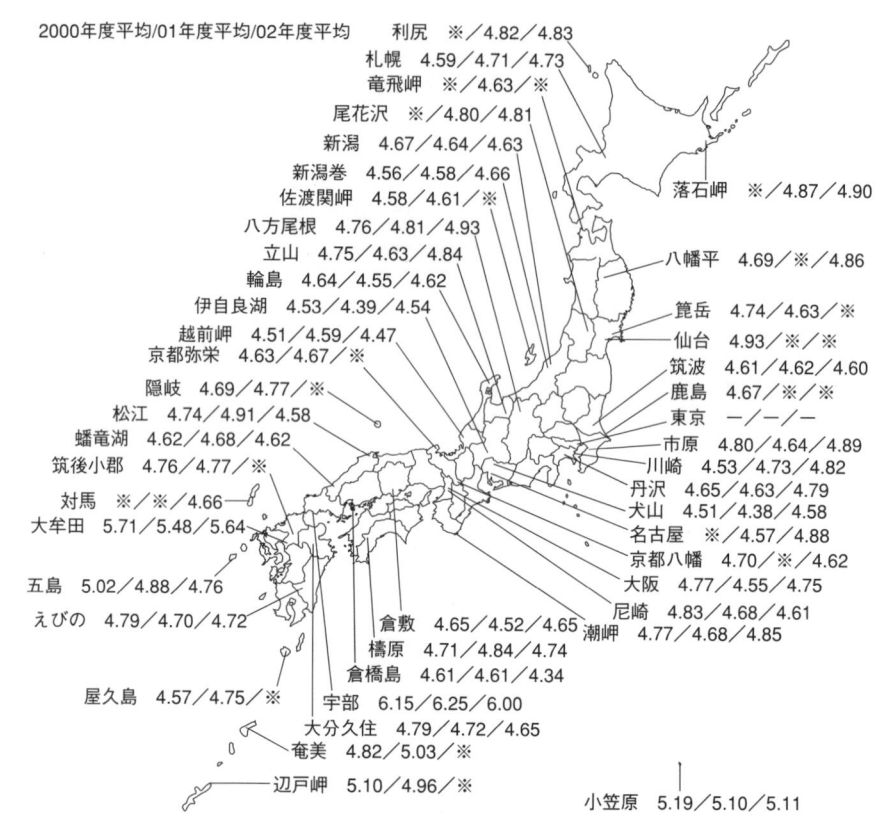

2000年度平均/01年度平均/02年度平均

| 地点 | 値 |
|---|---|
| 利尻 | ※／4.82／4.83 |
| 札幌 | 4.59／4.71／4.73 |
| 竜飛岬 | ※／4.63／※ |
| 尾花沢 | ※／4.80／4.81 |
| 新潟 | 4.67／4.64／4.63 |
| 新潟巻 | 4.56／4.58／4.66 |
| 佐渡関岬 | 4.58／4.61／※ |
| 八方尾根 | 4.76／4.81／4.93 |
| 立山 | 4.75／4.63／4.84 |
| 輪島 | 4.64／4.55／4.62 |
| 伊自良湖 | 4.53／4.39／4.54 |
| 越前岬 | 4.51／4.59／4.47 |
| 京都弥栄 | 4.63／4.67／※ |
| 隠岐 | 4.69／4.77／※ |
| 松江 | 4.74／4.91／4.58 |
| 蟠竜湖 | 4.62／4.68／4.62 |
| 筑後小郡 | 4.76／4.77／※ |
| 対馬 | ※／※／4.66 |
| 大牟田 | 5.71／5.48／5.64 |
| 五島 | 5.02／4.88／4.76 |
| えびの | 4.79／4.70／4.72 |
| 屋久島 | 4.57／4.75／※ |
| 宇部 | 6.15／6.25／6.00 |
| 倉敷 | 4.65／4.52／4.65 |
| 橿原 | 4.71／4.84／4.74 |
| 倉橋島 | 4.61／4.61／4.34 |
| 大分久住 | 4.79／4.72／4.65 |
| 奄美 | 4.82／5.03／※ |
| 辺戸岬 | 5.10／4.96／※ |
| 落石岬 | ※／4.87／4.90 |
| 八幡平 | 4.69／※／4.86 |
| 箟岳 | 4.74／4.63／※ |
| 仙台 | 4.93／※／※ |
| 筑波 | 4.61／4.62／4.60 |
| 鹿島 | 4.67／※／※ |
| 東京 | —／—／— |
| 市原 | 4.80／4.64／4.89 |
| 川崎 | 4.53／4.73／4.82 |
| 丹沢 | 4.65／4.63／4.79 |
| 犬山 | 4.51／4.38／4.58 |
| 名古屋 | ※／4.57／4.88 |
| 京都八幡 | 4.70／※／4.62 |
| 大阪 | 4.77／4.55／4.75 |
| 尼崎 | 4.83／4.68／4.61 |
| 潮岬 | 4.77／4.68／4.85 |
| 小笠原 | 5.19／5.10／5.11 |

—：未測定
※：無効データ（年判定基準で棄却されたもの）
注：冬季閉鎖地点（尾瀬，日光，赤城）のデータは除く．
出典：環境省資料

図5.11　降水中のpH分布図（平成16年版　環境白書）

に，酸性雨問題に関する地域の協力体制を確立することを目的として，2001年1月から，東アジア酸性雨モニタリングネットワーク（EANET）が本格稼働を開始している（図5.12）．EANETの参加国は当初，中国，インドネシア，日本，韓国，マレーシア，モンゴル，フィリピン，ロシア，タイ，およびベトナムの10カ国であったが，その後カンボジア，ラオスが新たに参加し，現在の参加国は12カ国である．そのEANETの本部センターは新潟市に設置

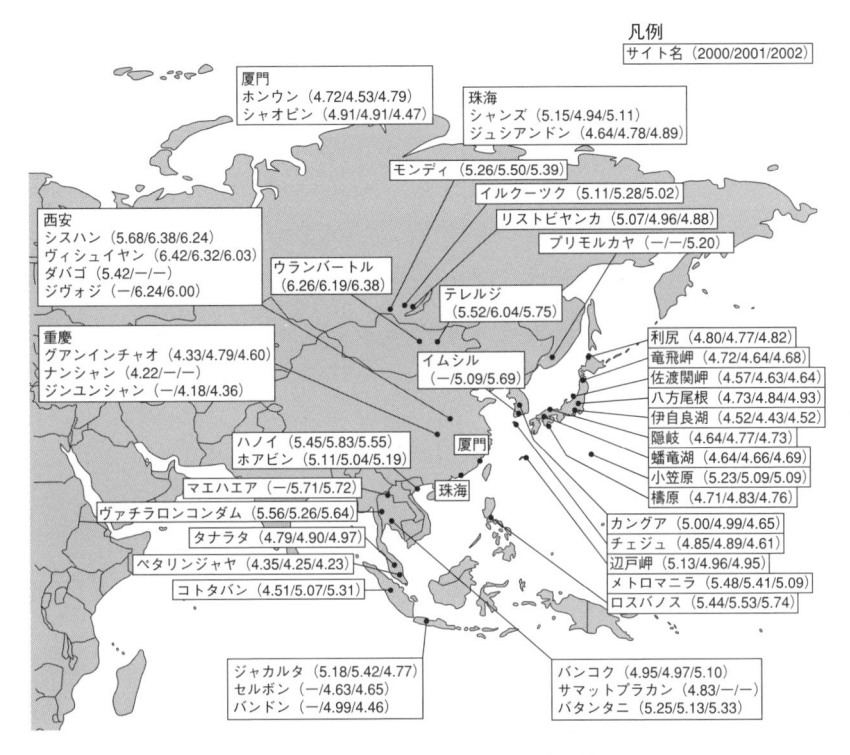

図 5.12 EANET 測定地点における年平均 pH

されている。

**参考および引用文献**

1) 地球環境工学ハンドブック編集委員会編：地球環境工学ハンドブック，オーム社(1991)
2) 環境省編：平成 16 年版環境白書(2004)
3) 及川紀久雄，北野大，久保田正明，川田邦明：環境と生命，三共出版(2004)
4) T. G. Spiro 他著，岩田元彦，竹下英一訳：地球環境の化学，学会出版センター(2000)

# 6章　エネルギー問題と安全

　エネルギーという言葉はギリシャ語のエネルゲイア（仕事をする能力）が語源であるとされている。エネルギーには図 6.1 に示すように種々のものがあり，これらは相互に変換しうる。たとえば，太陽電池は太陽の光エネルギーを電気エネルギーに変換し，またこの電気エネルギーはモーターにより力学エネルギーに，一方，電気分解により化学エネルギーにも変換できる。また，エネルギーは地球環境問題，特に温暖化と大きなかかわりをもっている。
　本章では，エネルギー全般について学ぶことにする。

## 6.1　人類の誕生とエネルギー利用の歴史

　人類のエネルギー利用の始まりは数十万年前の火の発見とされている。山火事，火山，落雷などから偶然に火を発見した人類は，これを意図的に暖房，調理，照明などに使い出した。燃料としては薪，植物油，動物の糞などであり，これらは広く考えれば太陽の光合成産物である。人類は狩猟，採集，漁労により食を求め移動生活をしていたが，約 1 万年前に地球に寒期が訪れ，人類はメ

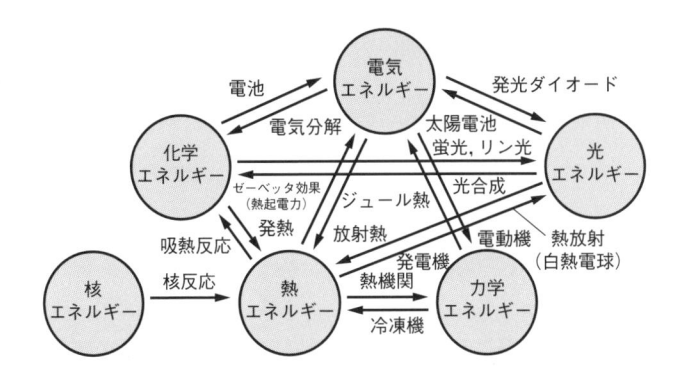

図 6.1　エネルギーの種類とその変換
（出典：エネルギー環境教育情報センター「60 億人のエネルギーと地球環境」）

ソポタミア，中国，東南アジアで農耕を開始した。これはエネルギー的には人類による太陽エネルギーの意図的な利用であるし，文明論的にはこれにより人類は定住生活を行うことになり，また食糧の生産にかかわらない人間の出現を可能とし，これが文明の発達を加速させてきた。

　その後，約2,200年前に水車が発明された。水車は太陽の熱エネルギーにより水が蒸発して雲という位置のエネルギーとなり，それが最終的に力学エネルギーに変換されて廻るわけである。すなわち水車を廻しているのは太陽といえる。さらに紀元後800年くらいに東アジアで風車が発明された。実は風車を廻しているのも太陽といえる。説明できるであろうか。水は液体として最も大きな比熱を有する物質である。太陽により海と陸地が熱せられた時，水は比熱が大きいため陸地に比べて温度上昇が小さい。逆に陸地は海より早く温まる。温度が上昇すると空気は膨張し軽くなり上に上がる。するとその部分は若干陰圧になるので海から陸に向かって風が吹く。夜は逆である。そして昼の海風，夜の陸風の中間が凪である。

　また，8世紀ごろ中国で黒色火薬が発明された。これは人類による新たなエネルギー創出といえる。

　このように人類は太陽の恵みを得て農耕を行い，水車，風車を利用し，さらには燃料として太陽の光合成産物を利用してきた。18世紀に入りイギリスで産業革命が起こり，人類は石炭を用いる蒸気機関を発明し大きなエネルギーの獲得に成功した。その後人類は19世紀に入り石油を利用しはじめ，現在は天然ガスも用いている。石炭，石油，天然ガスは化石燃料と呼ばれるが，これらは植物，動物の遺骸が高温，高圧の下で生成したものである。したがって，化石燃料も太陽の恵みといえる。

　地上にある太陽の直接の利用，すなわち，薪などの燃料，水車，風車から地下にあるかつての太陽の産物である化石燃料へのシフトが人類に大きなエネルギーを与えるとともに，地域的には大気汚染，地球規模では二酸化炭素による地球の温暖化をもたらしたといえる。図6.2はこれまでの説明を図に示したものである。棒グラフに読めるように人類の歴史はエネルギー消費量の増大の歴史といえる。人類はエネルギーの大量使用により時間を短縮し，さらには人口の増加，寿命の延長を可能としてきた。

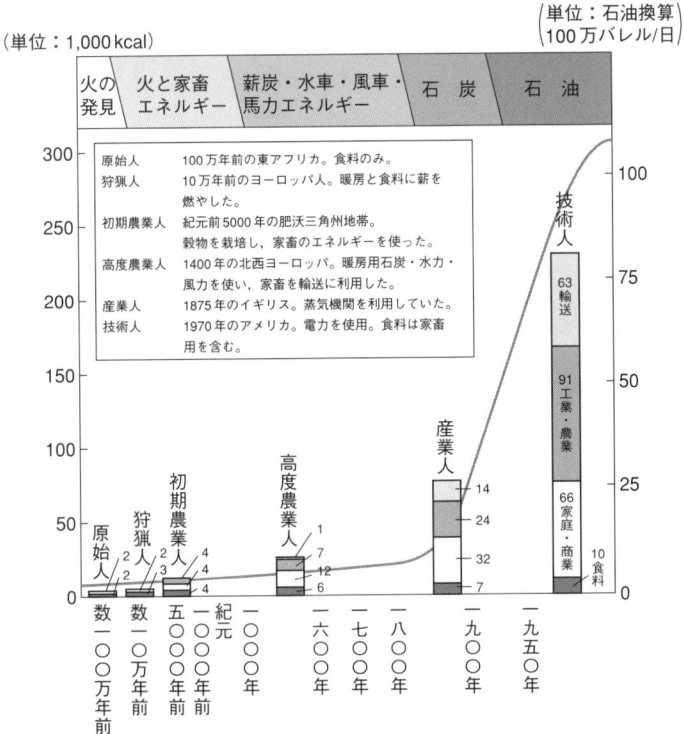

図 6.2 人類とエネルギーとのかかわり

## 6.2 化石燃料の埋蔵量および可採年数

　図 6.3 に示すように，世界全体では一次エネルギーの約 85％ を化石燃料に依存している．中でも日本，韓国，ブラジル，イタリアは石油への依存割合が多く，一方，ロシアは石炭への依存が大きいことがわかる．このように，国により化石燃料の種類の依存割合は異なるが，先述したように世界全体としては約 85％ を化石燃料に依存している．本節ではこれらの化石燃料の埋蔵量および可採年数について見ていく．

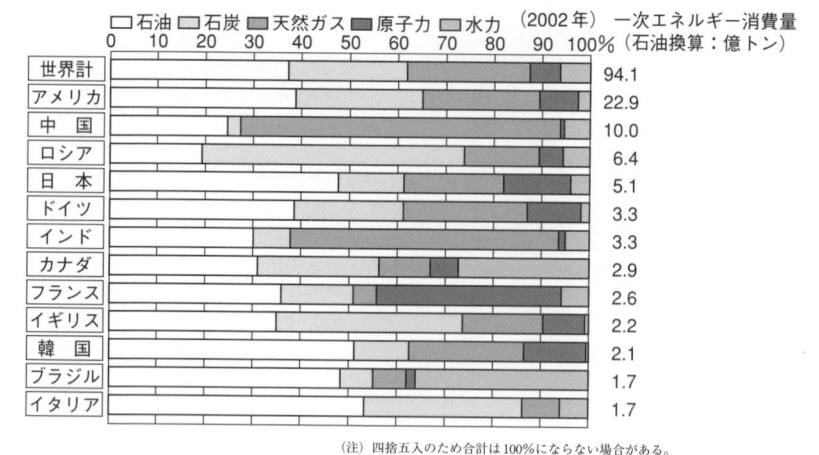

218  6章 エネルギー問題と安全

□石油 ▨石炭 ▨天然ガス ▨原子力 ▨水力　（2002年）　一次エネルギー消費量
　　　 0　10　20　30　40　50　60　70　80　90　100%　　　（石油換算：億トン）

| 国 | 一次エネルギー消費量（億トン） |
|---|---|
| 世界計 | 94.1 |
| アメリカ | 22.9 |
| 中　国 | 10.0 |
| ロシア | 6.4 |
| 日　本 | 5.1 |
| ドイツ | 3.3 |
| インド | 3.3 |
| カナダ | 2.9 |
| フランス | 2.6 |
| イギリス | 2.2 |
| 韓　国 | 2.1 |
| ブラジル | 1.7 |
| イタリア | 1.7 |

（注）四捨五入のため合計は100%にならない場合がある。

出典：BP統計（2003）

**図6.3　主要国の一次エネルギー構成**
（提供：（財）日本原子力文化振興財団：「原子力」図面集—2003～2004年版—（2003.12）（同 CD-ROM））

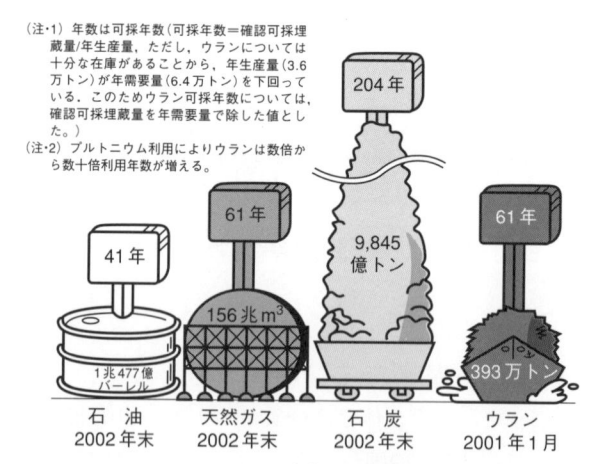

（注・1）年数は可採年数（可採年数＝確認可採埋蔵量/年生産量，ただし，ウランについては十分な在庫があることから，年生産量（3.6万トン）が年需要量（6.4万トン）を下回っている。このためウラン可採年数については，確認可採埋蔵量を年需要量で除した値とした。）
（注・2）プルトニウム利用によりウランは数倍から数十倍利用年数が増える。

石　油　　　天然ガス　　　石　炭　　　ウラン
41年　　　　61年　　　　204年　　　　61年
1兆477億バーレル　156兆m³　9,845億トン　393万トン
2002年末　　2002年末　　2002年末　　2001年1月

出典：BP統計2003/URANIUM2001

**図6.4　世界のエネルギー資源確認埋蔵量**
（提供：（財）日本原子力文化振興財団：「原子力」図面集—2003～2004年版—（2003.12）（同 CD-ROM））

・一次エネルギーと二次エネルギー
一次エネルギーとは地球から直接に取り出せるエネルギーであり，石炭，石油，天然ガスの化石燃料の他に原子力，水力，地熱などがある。二次エネルギーとは一次エネルギーを転換して得られるエネルギーであり，電力，ガソリン，都市ガスなどがある。

・埋蔵量と可採年数とは
(1) 究極可採埋蔵量
　採取するときの技術的，経済的条件を考えずに，物理的に取り出すことが可能な埋蔵量
(2) 確認可採埋蔵量
　現在の技術レベルと経済水準で採掘することが可能な埋蔵量
(3) 可採年数（確認可採年数）
　ある年の確認可採埋蔵量をその年の生産量で除した値，現状のままの生産量ならあと何年もつかを示した値

　図6.4に世界のエネルギー資源確認埋蔵量と可採年数を示す。一次エネルギーの38％と世界で最も多く依存している石油（図6.3参照）の可採年数が41年と最も短いことがわかる。しかしながらもっと大きな問題はその偏在である。図6.5に示すように石油はサウジアラビア，イラク，アラブ首長国連邦などの中東に約65％が集中している。中東地域は政情不安定であり，過去の二度の石油危機の原因ともなった。
　一方，最も可採年数の長い石炭は世界中に分布しており，わが国も石炭資源には恵まれているが現在は商業生産をしている炭鉱はない。これは石炭が固体であることの輸送面，また単位カロリーあたりの$CO_2$排出量の多さという地球環境面，排煙脱硫，排煙脱硝が必要であることなどがネックとなっている。エネルギーの流体化革命の流れもあり，またわが国で採掘するコスト上の問題もあり，現在わが国が使用している石炭はすべて中国，オーストラリアなどからの輸入炭である。

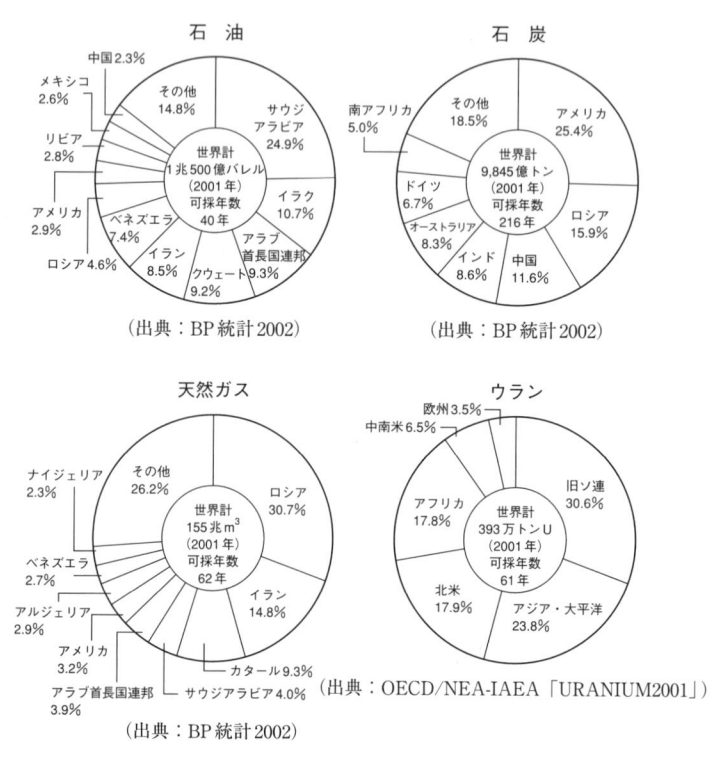

図6.5 エネルギー資源の国別埋蔵量
（出典：エネルギー教育ハンドブック（2002〜2003），（財）社会経済生産性本部エネルギー環境教育情報センター）

　さて，石油はあと何年もつのであろうか．2002年の計算によれば可採年数は41年である．筆者が中学生時代には可採年数は30年といわれてきたが，あれから45年過った今でも41年となっている．この理由は何か．1つは図6.6に示すように新たな油田の発見である．1970年代以降新たな油田の発見数とその規模は減少傾向にある．しかしながら，もう一方では既存油田の埋蔵量の再評価がある．表6.1に示すように埋蔵量は大きく変化しているが，これは資源量の再評価と回収技術の進歩によるものである．図6.7はキャンベルによる世界の石油生産量の予測であり，2004年に石油生産のピークが訪れ，それ以降減少していくものとしている．

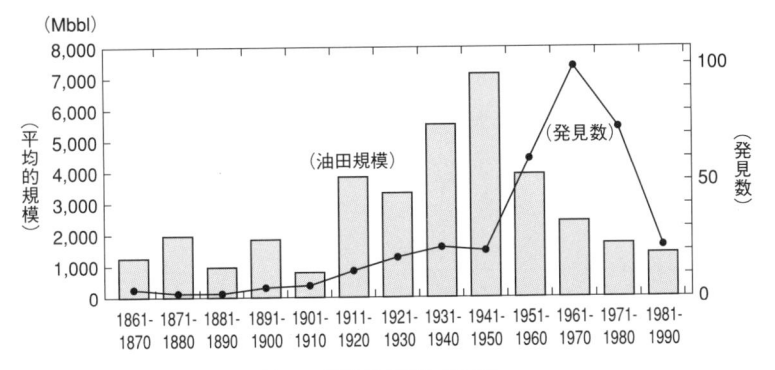

図 6.6 発見された油田の平均的規模と発見数
(出典：内山洋司，エネルギー資源，(財)日本原子力文化振興財団(1996))

表 6.1 湾岸 5 カ国における埋蔵量の再評価

(単位：億バーレル)

| 国 | 1979 年 12 月末 | 1989 年 12 月末 |
|---|---|---|
| イラン | 580 | 929 |
| イラク | 310 | 1,000 |
| クウェート | 654 | 945 |
| サウジアラビア | 1,634 | 2,550 |
| アラブ首長国連邦 | 294 | 981 |
| 湾岸計 | 3,472 | 6,405 |
| OPEC全体 | 4,536 | 7,671 |

(出典：内山洋司，エネルギー工学と社会，日本放送出版協会(2003))

## 6.3 新エネルギー

増大するエネルギー利用にともなう化石燃料の枯渇の問題，化石燃料の使用により生ずる地球環境問題など，さらには原子力発電への国民の不安感などに対処するため，新エネルギーの開発，利用の促進が急務となっている。また，新エネルギーの利用は§6.4 に述べるわが国のエネルギー安全保障（自給率の向上，分散型エネルギーシステムの確立）の面においても望ましいものである。

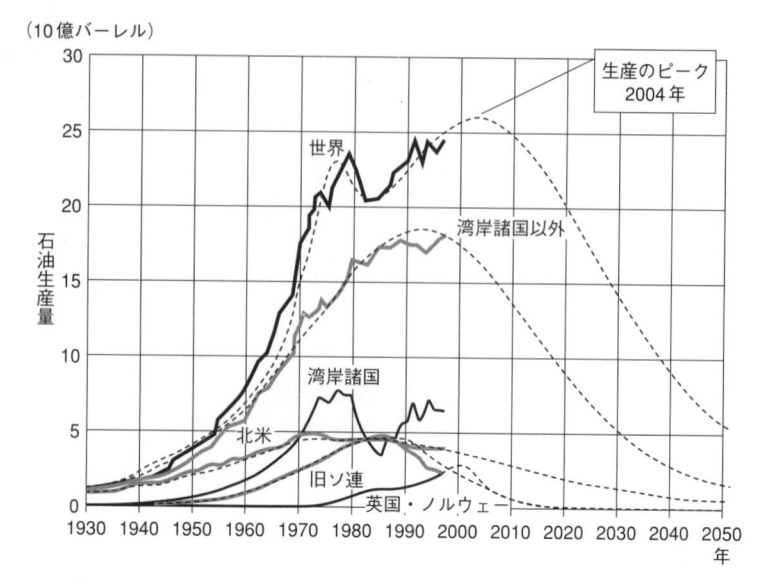

**図 6.7　世界の石油生産量（キャンベル）**
（提供：石井吉徳：21 世紀，人類は持続可能か―エネルギーからの視点―，季報エネルギー総合工学，Vol. 24, No. 3,（財）エネルギー総合工学研究所（2001 年 10 月））

### 6.3.1　新エネルギーの定義

　新エネルギーとは「技術的に実用化段階に達しつつあるが，経済性の面での制約から普及が十分でないもので，石油代替エネルギーの導入を図るために特に必要なもの」と『新エネルギー利用等の促進に関する特別措置法』により定義されている．したがって，すでに実用化段階にある水力発電や地熱発電，また研究開発段階にある波力発電，海洋温度差発電は自然エネルギーではあるが，法律的には新エネルギーには指定されていない．**表**6.2 にその導入状況を，**図**6.8 にこれらの関係を示す．

### 6.3.2　新エネルギーの導入実績と目標

　**図**6.9 に示すように 1999 年度実績は原油換算 693 万 kl で，一次エネルギーの約 1.2% である．国は 2010 年には 3.1% まで増加する目標を立てており，太陽熱利用，廃棄物発電，黒液，廃材が主たるものである．

表6.2 各新エネルギーの導入状況

| 種類 | 導入状況 |
|---|---|
| 太陽光発電 | 導入量は過去3年間で約3.5倍。システム価格は過去6年間で約1/4まで低減したものの，発電コストは依然高い |
| 風力発電 | 立地条件によっては一定の事業採算性も認められ，導入量は過去3年間で約7倍。経済性，安定性が課題 |
| 廃棄物発電 | 地方自治体を中心に導入が進展。立地問題等が課題 |
| バイオマス発電 | 木屑，バガス（さとうきびの絞りかす），汚泥が中心。近年，食品廃棄物から得られるメタンの利用も見られるが，依然，経済性が課題 |
| 太陽熱利用 | 近年導入量が減少。経済性が課題 |
| 廃棄物熱利用 | 熱供給事業による導入事例はあるものの，導入量は低い水準 |
| 温度差エネルギー | |
| バイオマス熱利用等 | 黒液，廃材は新エネルギーの相当程度の割合を占める |
| クリーンエネルギー自動車 | ハイブリッド自動車，天然ガス自動車が比較的順調に増加し，導入量は過去3年間で約4倍。経済性，性能インフラ整備の面が課題 |
| 天然ガスコージェネレーション | 導入量は過去3年間で約1.4倍。高効率機器設備は，依然，経済性の面が課題 |
| 燃料電池 | りん酸型は減少。固体高分子型は実用化普及に向けて内外企業の開発競争が本格化。今後大規模な導入を期待 |

（出所：資源エネルギー庁＞エネルギー・資源を取り巻く情勢＞新エネルギーを巡る動向，http://www.iae.or.jp/energyinfo/energydata/data4001.html）

図6.10～11に示すようにわが国は太陽光発電の導入では世界でもトップレベルであるが，風力発電では大きく遅れをとっている。

### 6.3.3 新エネルギーの評価とベストミックス

表6.3に示すように，新エネルギーは多くのメリットをもつと同時にデメリットも多い。特に発電に関してはわが国では各エネルギー源の特徴をうまく組み合わせたベストミックスという考え方をとっている。一方，日本と同じように石炭は産出するが石油が出ないフランスは原子力に力を入れており，実に発電の77％を原子力に依存している（日本は31％，図6.12参照）。

今後はさらに新エネルギーの導入を図ることが必要であるが，新エネルギーの導入がわが国のエネルギー問題を解決すると誤解してはならない。

エネルギー資源の選択にあたっては資源の枯渇性，価格面，環境負荷面およ

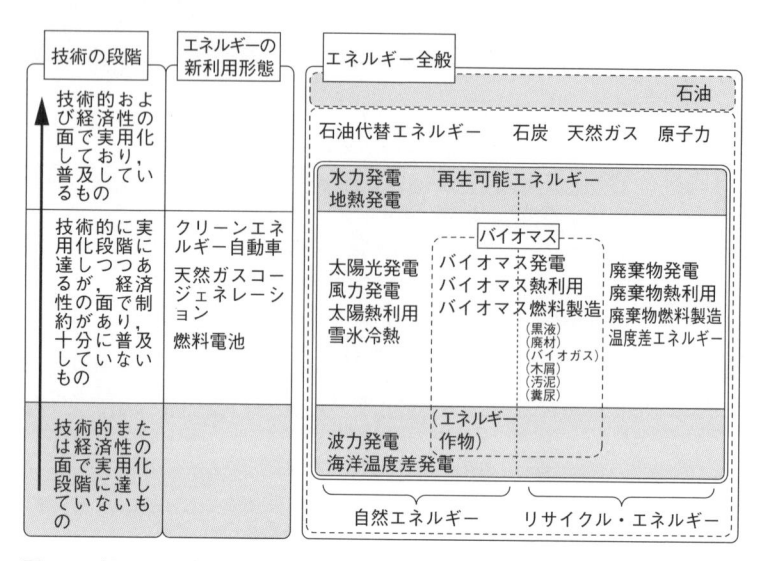

図 6.8　新エネルギーの位置づけ
(出典：資源エネルギー庁＞エネルギー・資源を取り巻く情勢＞新エネルギーを巡る動向
http://www.iae.or.jp/energyinfo/energydata/data4001.html)

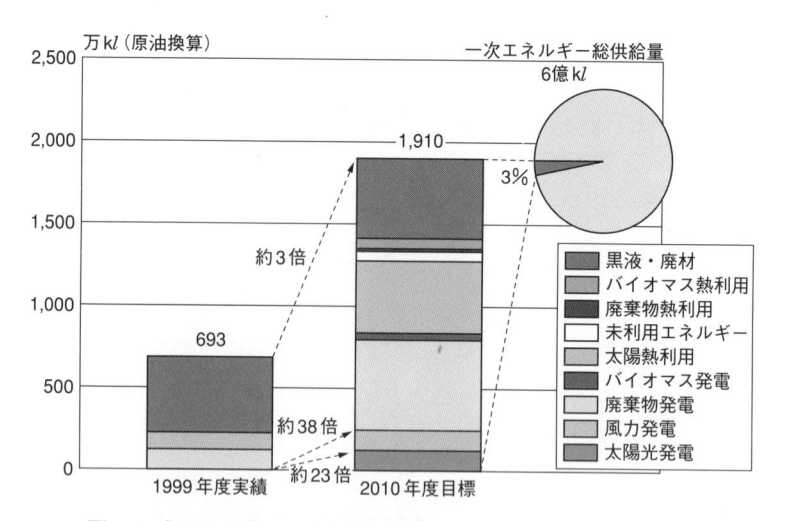

図 6.9　新エネルギー導入実績と目標
(出典：総合資源エネルギー調査会総合部会/需給部会報告書(2001年7月))

6.3 新エネルギー　225

**図 6.10　太陽光発電の導入実績**

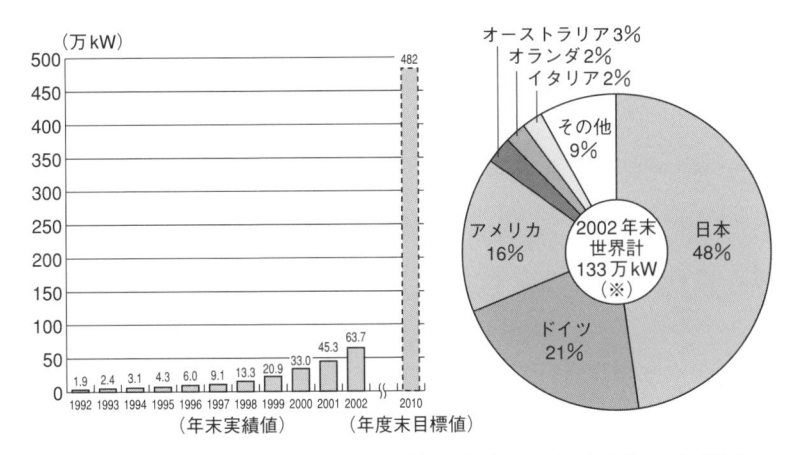

(万 kW) 年末実績値: 1992: 1.9, 1993: 2.4, 1994: 3.1, 1995: 4.3, 1996: 6.0, 1997: 9.1, 1998: 13.3, 1999: 20.9, 2000: 33.0, 2001: 45.3, 2002: 63.7　年度末目標値: 2010: 482

2002 年末世界計 133 万 kW (※)
日本 48%、ドイツ 21%、アメリカ 16%、オーストラリア 3%、オランダ 2%、イタリア 2%、その他 9%

注：四捨五入の関係で，合計が 100% にならないことがある。
出典：IEA 資料　他
(※) IEA 太陽光発電システムプログラムに参加の 20 カ国

(提供：(財) 日本原子力文化振興財団：「原子力」図面集—2003〜2004 年版—(2003.12)
(同 CD-ROM))

**図 6.11　風力発電設備の導入実績**

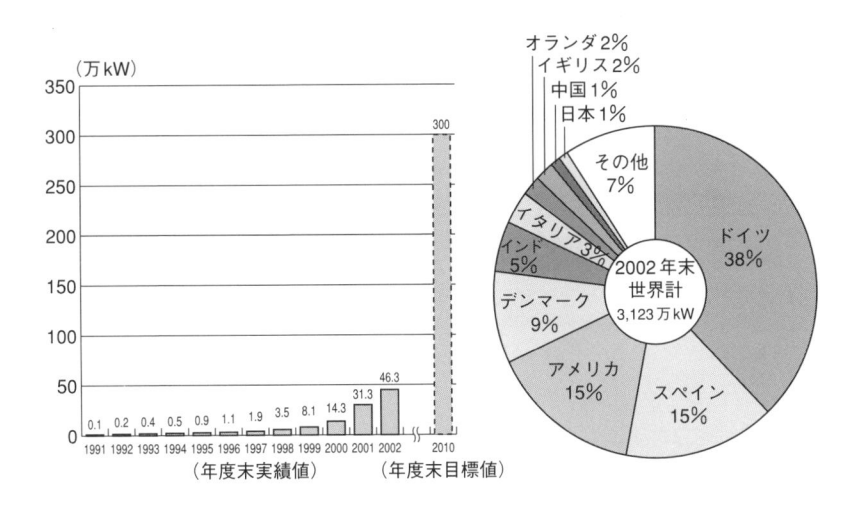

(万 kW) 年度末実績値: 1991: 0.1, 1992: 0.2, 1993: 0.4, 1994: 0.5, 1995: 0.9, 1996: 1.1, 1997: 1.9, 1998: 3.5, 1999: 8.1, 2000: 14.3, 2001: 31.3, 2002: 46.3　年度末目標値: 2010: 300

2002 年末世界計 3,123 万 kW
ドイツ 38%、スペイン 15%、アメリカ 15%、デンマーク 9%、インド 5%、イタリア 3%、オランダ 2%、イギリス 2%、中国 1%、日本 1%、その他 7%

注：四捨五入の関係で，合計が 100% にならないことがある。
出典：WIND POWER MONTHLY　他

(提供：(財) 日本原子力文化振興財団：「原子力」図面集—2003〜2004 年版—(2003.12)
(同 CD-ROM))

表6.3 新エネルギーの評価

| | | 太陽光発電 | 風力発電 | 廃棄物発電 | 燃料電池 |
|---|---|---|---|---|---|
| 評価 | メリット | ・枯渇する心配がない<br>・発電時に$CO_2$などを出さない | ・枯渇する心配がない<br>・発電時に$CO_2$などを出さない | ・発電に伴う追加的な$CO_2$の発生がない<br>・新エネルギーの中では連続的に得られる安定電源 | ・$SO_x$は全く発生せず、$NO_x$もほとんど発生しない<br>・発電効率が高い<br>・騒音が少なく、全自動運転が可能 |
| | デメリット | ・エネルギー密度が低く、火力・原子力と同じ電力量を得るとすると広大な面積が必要<br>・夜間は発電できず、さらに雨、曇りの日は発電出力が低下し不安定<br>・設備にかかるコストが高い | ・エネルギー密度が低く、火力・原子力と同じ電力量を得るとすると広大な面積が必要<br>・風向き・風速に時間的・季節的変動があり、発電が不安定<br>・風車が回転するときに騒音が発生<br>・設備にかかるコストが高い | ・発電効率が低い<br>・ダイオキシンの排出抑制対策や焼却灰の減量化などの更なる環境負荷低減が必要 | ・電池の耐久性とシステムとしての信頼性が低い<br>・設備にかかるコストが高い |
| | 適用分野 | ・一般住宅用<br>・工場、業務用ビル等の産業用など | ・好風況地域での自家用消費用、売電事業用 | ・ごみ発電（スーパーごみ発電、RDF〔固形化燃料〕発電） | ・自動車用、一般家庭用、産業用、発電事業用などに幅広く適用 |
| | 導入実績と目標 | 1. 実績：1999年度 20.9万kW<br>2. 目標：2010年度 482万kW | 1. 実績：1999年度 8.1万kW<br>2. 目標：2010年度 300万kW | 1. 実績：1999年度 90万kW<br>2. 目標：2010年度 417万kW | 1. 実績：1999年度 1.2万kW<br>2. 目標：2010年度 220万kW |

(出典：総合資源エネルギー調査会新エネルギー部会報告書（2001年6月）他，
提供：(財)日本原子力文化振興財団：「原子力」図面集－2002～2003年版－(2002.12)（同CD-ROM））

び安定供給の面を考えねばならない。太陽光発電，風力発電は安定供給の面で難がある。

## 6.4 わが国のエネルギー事情とエネルギー基本計画

章末に2003年10月にエネルギー政策基本法に基づき制定されたエネルギー基本計画を示す。基本計画に安定供給の確保とあるように，わが国のエネルギー事情の最大の問題点は自給率の低さである。図6.13に示すようにイタリア

6.4 わが国のエネルギー事情とエネルギー基本計画　227

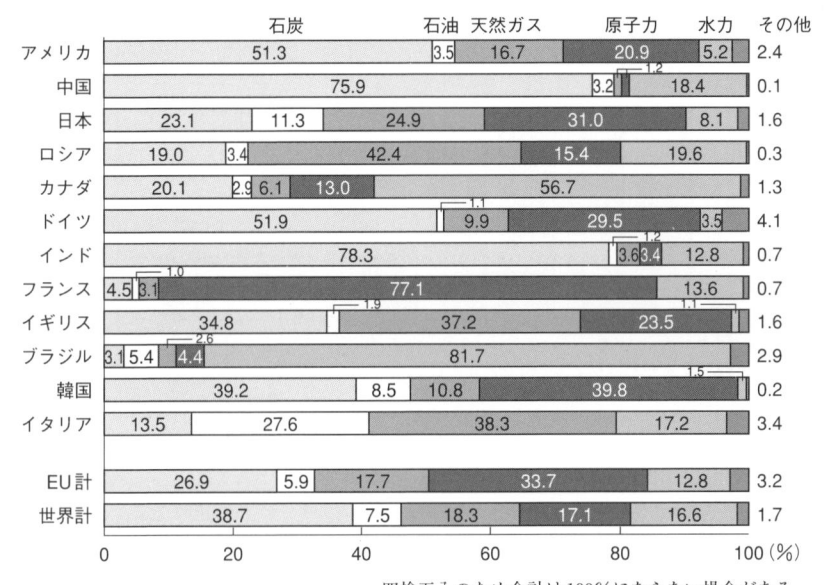

| | 石炭 | | 石油 | 天然ガス | 原子力 | 水力 | その他 |
|---|---|---|---|---|---|---|---|
| アメリカ | 51.3 | | 3.5 | 16.7 | 20.9 | 5.2 | 2.4 |
| 中国 | 75.9 | | | 1.2 | 3.2 | 18.4 | 0.1 |
| 日本 | 23.1 | 11.3 | | 24.9 | 31.0 | 8.1 | 1.6 |
| ロシア | 19.0 | 3.4 | | 42.4 | 15.4 | 19.6 | 0.3 |
| カナダ | 20.1 | 2.9 | 6.1 13.0 | | 56.7 | | 1.3 |
| ドイツ | 51.9 | | 1.1 9.9 | | 29.5 | 3.5 | 4.1 |
| インド | 78.3 | | | | 3.6 3.4 | 12.8 | 0.7 |
| フランス | 4.5 3.1 | 1.0 | | 77.1 | | 13.6 | 0.7 |
| イギリス | 34.8 | | 1.9 | 37.2 | 23.5 | 1.1 | 1.6 |
| ブラジル | 3.1 5.4 2.6 4.4 | | | 81.7 | | | 2.9 |
| 韓国 | 39.2 | | 8.5 | 10.8 | 39.8 | 1.5 | 0.2 |
| イタリア | 13.5 | 27.6 | | 38.3 | | 17.2 | 3.4 |
| EU計 | 26.9 | 5.9 | 17.7 | | 33.7 | 12.8 | 3.2 |
| 世界計 | 38.7 | | 7.5 | 18.3 | 17.1 | 16.6 | 1.7 |

0　　　20　　　40　　　60　　　80　　　100 (%)

四捨五入のため合計は100%にならない場合がある。
出典：ENERGY BALANCES OF OECD COUNTRIES2000-2001　他

図 6.12　主要国の電源別発電電力量の構成比（2001年）
(提供：(財)日本原子力文化振興財団：「原子力」図面集―2003～2004年版―(2003.12)
(同 CD-ROM))

に次いで輸入依存度が大きいことがわかる。一次エネルギーとして最も多くを依存している石油（約50%，図6.3参照）の輸入割合がほぼ100%であること，さらには石油の輸入における中東依存度が86%と大きいこともエネルギーの安定供給を考える上で大きな問題である。上記の基本計画においてはこの点について「自主開発を含めた総合的資源戦略の展開を通じて特定地域への過度の依存を是正すべく，供給源の多角化に努める。同時に主要産出国との関係強化等を通じて，主要な供給地域からの安定供給を確保するための取組も着実に進める」としている。また「中東からの輸入依存度の高い石油とLPガスについて，国内において適正な備蓄水準を確保する」とあるが，1998年2月には石油の国家備蓄を5,000万klとし，これはすでに達成している。また民間備蓄は70日分としている。5,000万klはわが国の石油消費量が年間26,600万t程度であるので，比重を0.9とすると約60日分程度となり，民間備蓄を

図6.13 主要国のエネルギー輸入依存度
(2001年)

イタリア 85/85、日本 96/80、ドイツ 75/62、フランス 91/50、アメリカ 34/25、イギリス ▲2/▲11、カナダ ▲45/▲53、ロシア ▲55/▲60

□ 原子力を輸入エネルギーとして計算
■ 原子力を国産エネルギーとして計算

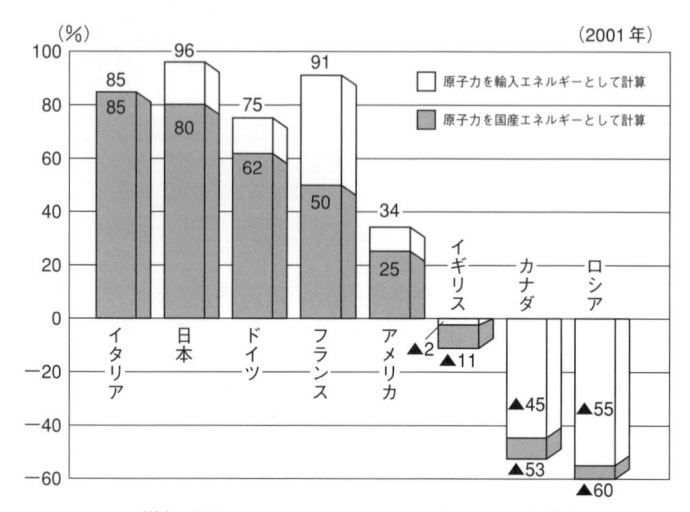

（注）イギリス，カナダ，ロシアはエネルギーの純輸出国である。
出典：ENERGY BALANCES OF OECD COUNTRIES, 2000-2001
ENERGY BALANCES OF NON-OECD COUNTRIES, 2000-2001

(提供：(財)日本原子力文化振興財団：「原子力」図面集―2003～2004年版―(2003.12)
(同CD-ROM))

合わせ約130日分の備蓄量となる。

　次に基本計画においては多様なエネルギーの開発，導入および利用の中で原子力の開発，導入および利用を述べている。この中で原子力発電については，「①燃料のエネルギー密度が高く備蓄が容易であること，②燃料を一度装塡すると一年程度は交換する必要がないこと，③ウラン資源は政情の安定した国々に分散していること，④使用済燃料を再処理することで資源燃料として再利用できることから，国際情勢の変化による影響を受けることが少なく供給安定性に優れており，資源依存度が低い準国産エネルギーとして位置付けられるエネルギーとしている。また，発電過程で二酸化炭素を排出することがなく地球温暖化対策に資するという特性をもっている。

　原子力発電については以上の点を踏まえ，安全確保を大前提として，今後とも基幹電源と位置付け引き続き推進する。」ことにしている（図6.12参照）。

　新エネルギーの開発，導入および利用については§6.3に述べたが，基本計画では下記のように位置付けている。

「新エネルギーは，エネルギー自給率の向上や地球温暖化対策に資するほか，分散型エネルギーシステムとしてのメリットも期待できる貴重なエネルギーである。また，燃料電池を始めとして，大きな技術的ポテンシャルを有する分野であり，その積極的な技術開発を進めることは経済活性化にも資する。さらに，風力発電や太陽光発電等は，国民一人一人がエネルギー供給に参加する機会を与えるものであり，非営利組織の活動等を通じて，地域の創意工夫を活かすことができるものでもある。他方，現時点では，出力の不安定性や高コスト等の課題を抱えていることも事実であり，これらの課題の克服には，更なる技術開発等の進展が必要である。

したがって，当面は補完的なエネルギーとして位置付けつつも，安全の確保に留意しつつ，コスト低減や系統安定化，性能向上等のための技術開発等について，産学官等関係者が協力して戦略的に取り組むことにより，長期的にはエネルギー源の一翼を担うことを目指し，施策を推進する。

とりわけ，燃料電池については，自動車用を始めとして広範な分野における応用が期待される戦略技術である。燃料電池で用いられる水素は，副生水素として得られるもののほか，他のエネルギー資源から転換して製造することが必要であることから，燃料電池自体の技術開発と並んで，水素の生産，貯蔵および輸送を含め，利用プロセス全体を通じた効率を向上させるための技術開発，インフラ整備および規制の見直しを含む総合戦略を強力に推進する。」

すなわち，原子力発電については基幹電源として位置付け，新エネルギーについては当面の補完的なエネルギー源とするが，今後の技術開発により将来はエネルギー源の一翼を担うものとすること，新エネルギーの中でも特に燃料電池に期待していることがわかる。

**引用および参考資料**
1) 資源エネルギー庁編：エネルギー 2004，エネルギーフォーラム（2004）
2) 内山洋司：エネルギー工学と社会，日本放送出版協会（2003）
3) (財)社会経済生産性本部エネルギー環境教育情報センター編：エネルギー教育ハンドブック，(財)社会経済生産性本部（2003）
4) 北野大，及川紀久雄，久保田正明：資源・エネルギーと循環型社会，三共出版（2003）

## エネルギー基本計画（骨子）

資源エネルギー庁

**はじめに**
我が国は，二度に渡る石油危機を経て，石油代替対策や省エネルギー対策等，エネルギーの安定供給確保に最優先で取り組んできたが，**安定供給確保は現在でも依然重要な課題**。近年，**地球環境問題への対応が重要な課題として顕在化**。また，経済活動の国際化の進展を踏まえた**効率性の確保も課題**。

**Ⅰ．施策についての基本的な方針**

**1．安定供給の確保**
・アジア地域を中心とした今後のエネルギー需要の伸びや我が国の石油の中東依存度を踏まえ，安定供給確保のため以下の対策を推進。
① 省エネルギー
② 輸入エネルギー供給源の多角化や主要産出国との関係強化
③ 国産エネルギー等エネルギー源の多様化
④ 備蓄の確保
・**関東圏の電力需給問題**等を踏まえ，国内供給の信頼性・安全性の確保を図る。
・**安全確保は安定供給の大前提**。国，事業者は安全の確保に全力を挙げて取り組む。

**2．環境への適合**
・NOx，SOx 等の低減に加え，地球温暖化問題に対応するため，以下の対策を推進。
① 省エネルギー
② 非化石エネルギーの利用，ガス体エネルギーへの転換
③ 化石燃料のクリーン化及び高効率利用技術の開発・導入

**3．市場原理の活用**
・「安定供給の確保」，「環境への適合」を十分考慮した上で，制度改革を進めるとともに，我が国の実情に適合する形での市場原理の活用策を設計。

**Ⅱ．長期的，総合的かつ計画的に講ずべき施策**

**1．エネルギー需要対策の推進**
**(1) 省エネルギー対策の推進と資源節約型の経済・社会構造の形成**
・安定供給対策と地球温暖化防止の両面に資する。加えて，機器開発，投資，新規産業の創出を通じた経済活性化効果による「**経済と環境の両立**」を期待。
・エネルギー需要の伸びが著しい**民生・運輸部門を中心に対策を強化**。
・資源節約型の経済・社会構造の形成に資する施策を長期的視点に立って推進。
① **民生部門における対策**
・トップランナー方式等により機械器具の効率改善を推進。
・省エネ法，ESCO（エネルギーサービス事業）等を活用し需要の適正管理を進める。
・省エネルギー基準を満たす住宅・建築物の普及を図る。

② 運輸部門における対策
・自動車のエネルギー消費効率向上を図るため，トップランナー方式の効果的運用，ハイブリット車，アイドリングストップ車の普及促進を図る。
・自動車交通流の改善，モーダルシフト，物流の効率化を進める。
③ 産業部門における対策
・省エネ技術開発，省エネ投資の促進を図る。
・経団連環境自主行動計画の着実な実施を期待する。国は進捗状況をフォローアップ。
④ 部門横断的な対策
・情報提供，広報等を強化し，国民の省エネ意識を高める。
・個々の工場，ビル，住宅等の枠を超えた複数主体の連携により省エネを推進。
(2) 負荷平準化対策
・負荷平準化は，コストの削減，地球環境対策，電力供給システム安定化に資する。
・負荷平準化効果の高い機器やシステムの普及，開発に向けて環境整備を図る。
・負荷平準化の意義・必要性についての国民の理解を促進。

2．多様なエネルギーの開発，導入及び利用
(1) 原子力の開発，導入及び利用
① 原子力発電
・原子力発電は，ウラン資源の安定供給面，及び二酸化炭素を排出しないという地球温暖化対策の面等で優れた特性を有し，安全確保を大前提に**基幹電源として推進**。
② 核燃料サイクル
・核燃料サイクルは供給安定性を更に改善するもの。核燃料サイクルの推進を国の基本的な考え方としており，安全の確保と核不拡散を前提として，着実に取り組むことが必要。
・**プルサーマルを当面の中軸**として，国民の理解を得つつ着実に推進。
③ 電力自由化との両立，国民理解，立地地域との共生に向けた取り組み
・電力小売自由化のなかで，ベース電源としての利用，投資推進のため環境整備。
・バックエンド事業に関し平成16年末までに制度・措置を検討，必要な措置を講ずる。
・国民理解を得るための広聴・広報活動の強化等を図る。
・立地地域の振興，立地地域と消費地の相互交流等を増進。
(2) 原子力の安全の確保と安心の醸成
・一連の不正問題等を踏まえ，信頼を回復するため，透明性の確保と説明責任を果たしつつ，**改革された安全規制制度の下で**，**不正の再発防止，安全確保を確実に実施**。
・改革が有効に機能しているか，立地地域関係者に十分説明，**聖域なく十二分に検証**。
(3) 新エネルギーの開発，導入及び利用
・自給率向上，地球温暖化対策に資するとともに，分散型エネルギーシステムとしても期待。出力の不安定性や高コスト等の課題もあり，技術開発等により課題を克服。
・**燃料電池は広範な分野における応用が期待される戦略技術**であり，技術開発，インフラ整備及び規制の見直しを含む総合戦略を強力に推進。
(4) ガス体エネルギーの開発，導入及び利用
・天然ガスは中東以外の地域に広く分散して賦存するとともに，環境負荷が小さいエネルギーである。このため，燃料転換や新たな利用技術の開発を推進。

- LPガスは環境負荷が小さいエネルギーであることから，幅広い利用を促進する。輸入の中東依存度が高いため，安定供給確保の観点から備蓄体制を整備。

(5) 石炭の開発，導入及び利用
- 高効率の燃焼技術等，環境に適合した利用技術（クリーン・コール・テクノロジー）の開発・普及を行うとともに，環境面で優れた利用技術のアジア諸国等への普及を図る。

3．石油の安定供給の確保等
- 石油は我が国の一次エネルギー供給量の約5割を占めており，経済性・利便性の観点から今後も重要なエネルギー。大部分を中東に依存しており，供給構造は脆弱。
- このため，安定供給を確保する観点から，**石油備蓄の着実な実施，産油国との関係強化等総合的な資源戦略の展開，石油産業の強靱な経営基盤の構築**を進める。

4．電気事業制度・ガス事業制度の在り方
(1) 電気事業制度
- **発送電一貫体制**により安定供給を図った上で，ネットワーク部門の調整機能確保，広域流通の円滑化，分散型電源からの供給の容易化等の制度改革を推進。全面自由化については，十分慎重に検討。
- 関東圏の電力需給問題を踏まえ，**電力供給システムの信頼性向上**を図る。

(2) ガス事業制度
- 川上から川下まで一貫した体制により安定供給を図った上で，広域流通円滑化等の供給システムの改革を推進。全面自由化については，十分慎重に検討。

5．長期的展望を踏まえた取り組み
- 10～30年以上の長期的視野の下，**分散型エネルギーシステムや水素エネルギーシステム**といった将来のエネルギーシステム実現のための取り組みを一層強化。

### III．研究開発等
- 技術開発による新たなエネルギーの利用可能性拡大は，エネルギー安定供給，地球環境問題への対応，国際貢献，交渉力の強化等，多くの意義。
- エネルギー分野ごとの課題に即した研究開発を推進。
- 研究者，第一線の技術者の育成が重要であり，所要の環境整備を推進。

### IV．その他
- 子供の教育を含め，国民に正確な情報を提供するための取り組み強化。
- 国，地方公共団体，事業者等，主体の責務，役割分担，国民の努力等。

# 索　引

## [ア行]

亜塩素酸　34
赤潮　25
悪臭防止法　65
悪性黒色腫　208
アグロバクテリウム　93
アゴニスト　149
亜硝酸塩　81
亜硝酸性窒素　27
亜硝酸態窒素　34
アセスメント係数　128
アミン　39
亜硫酸　210
アリール炭化水素受容体　144
アルデヒド　210
アンタゴニスト　149
アンチモン　34
安定性試験　163
アンドロジェン　151
アンモニア　39, 192
硫黄酸化物　210
閾値　104
異常気象　4
イタイイタイ病　78
一次エネルギー　219
一日許容摂取量　110
一日耐容摂取量　110
一酸化炭素　50, 52
一酸化二窒素　189, 192, 195
一般環境暴露　112
一般毒性　107
易分解性試験　117

イボニシ　155
インポセックス　156
奪われし未来　149
ウラン　34
栄養塩類　11
エストロジェン　151
エタン　192
エチルベンゼン　55
エネルギー基本計画　226
エネルギー政策基本法　226
エルニーニョ現象　2
エルニーニョ/ラニーニャ現象　2, 3
塩化メチル　193
塩素酸　34
塩素酸化合物　204
塩素消毒　37, 39
塩素処理　39
塩素処理工程　41
塩素注入量　38
塩素漂白過程　131
オクタン　55
オゾン　189, 210
オゾン層　48, 203
オゾン層破壊　190, 201
オゾン層破壊物質　206
オゾン層保護法　104, 207
オゾン破壊サイクル　203
オゾンホール　205
オレンジ剤　134
温室効果　190
温室効果ガス　191, 192
温室効果のメカニズム　189

## 索引

### [カ行]

改正建築基準法　61
化学的酸素要求量　19
化学物質過敏症　60, 62
化学物質審査規制法　104
化学物質の審査および製造等の規制に関する法律　157
化学物質の摂取量　114
確認可採埋蔵量　219
角膜炎　208
隔離水界　124
隔離圃場　95
可採年数　217, 219
化石燃料　216
家電リサイクル法　208
カドミウム　78
カネミ油症　135, 136
カネミ油症事件　103
カビ臭発生　42
過マンガン酸カリウム　35
カルボン酸　210
環境基準　12
環境基準達成状況　130
環境基準値　106
環境内運命　116
環境保護庁　169
環境ホルモン　149
乾性沈着　210
間接水輸入量　9
完全届出　171
緩速濾過法　36
肝ミクロゾーム　144
基幹電源　229
キシレン　55, 59
奇跡の薬品　102
既存物質　170
機能　116
揮発性有機化合物　26, 63, 64
基本的因子　125

究極可採埋蔵量　219
吸収　113
急速濾過法　36
京都議定書　197, 199, 200
局地的集中豪雨　1
挙動　126
空気の組成　47
クリプトスポリジウム　29, 45
クロラミン　39
クロルピリホス　62
クロルピリポス　59
クロロフェノール　39
クロロフルオロカーボン　193
経口法　121
劇物　108
げっ歯類　107
原種　88
原子力発電　228
光化学オキシダント　50, 54
好気的条件　117
高揮発性有機化合物　64
構造活性相関　111, 126
高度処理　43
紅斑曲線　202
高分子物質　163
黒化曲線　202
個体の死　125
国家備蓄　227
コプラナーPCB　133, 135
ゴミの焼却過程　131
米ぬか油症　135
コンパートメント　116

### [サ行]

催奇形性　108
細胞融合　92
酢酸nブチル　59
殺菌作用　202
砂漠化の進行　190
作用機序　126

索引　235

産業革命　216
酸性雨　190, 209
三大外敵　89
残留塩素　35
残留塩素濃度　38
四塩化炭素　27, 193, 207
ジオクチルフタレート　58
ジオスミン　28, 42
紫外線　202
ジクロロアセトニトリル　34
ジクロロメタン　29, 51, 54
シス-1,2-ジクロロエチレン　27
シックハウス症候群　57
実質安全量　106
実質的同等性　93, 94
湿性沈着　210
室内濃度指針値　61
死の霊薬　150
臭化メチル　207
臭気強度　35
臭素酸化化合物　204
集中豪雨　1
受容体　150
生涯危険率　106
消化管　113
硝酸　210
硝酸塩　81
硝酸性窒素　27
消費者　115
蒸留残留物　35
少量届出　171
食品安全委員会　70
食品安全基本法　69
食品添加物　71, 72
食物連鎖　102, 120
食料自給率　84
食料・農業・農村基本計画　86
新エネルギー　222
人工授粉交配　92
審査実績　165

親水性酸　41
水銀　78
水源涵養機能　10
水質基準項目　13
水質の排出基準　146
水車　216
水生生物　18
水素酸化物　204
水道水質基準　30
スクリーニング　126
生産者　115
成層圏　48
製造前届出　169
生態系　115
生態系の構造　115
生長　125
政府間パネル　197
生物化学的酸素要求量　16
生分解　117
世界気象機関　204
全窒素　13
全リン　13

[タ行]

ダイアジノン　59
第一種監視化学物質　161
第一種指定化学物質　177
ダイオキシン類　49, 51, 79
ダイオキシン類対策特別措置法　49, 51, 104, 138, 146
大気環境基準　49, 130
大気の排出基準　146
胎児性水俣病　79
代謝　144
大腸菌群数　21
第二種監視化学物質　161
胎盤血液関門　153
耐容一日摂取量　80
太陽エネルギー　216
対流圏　47

濁度　35
他家受粉　95
棚田　10
炭化水素類　210
短波長領域　202
地下水汚染　25
地球温暖化　189, 190
地球温暖化防止京都会議　198
地球の温暖化　216
窒素酸化物　204, 210
着水井　36
中波長領域　202
長波長領域　202
直接環境暴露　112
直接人間暴露　112
直接法　121
沈黙の春　102
テトラクロロエチレン　27, 51, 54, 193
動物愛護　110, 126
特殊毒性　107
毒性等価係数　135, 143
毒性等量　135
特定第一種指定化学物質　179
毒物　108
毒物および劇物取締法　108
突然変異育種　93
届出化学物質　165
トランス-1,2-ジクロロエチレン　34
トリクレジルホスフェート　58
トリクロロエチレン　27, 29, 51, 54, 193
トリスクロロエチルホスフェート　58
トリハロメタン　39
トルエン　34, 55, 59

[ナ行]

内分泌撹乱作用　144
7次修正　171, 172
二酸化硫黄　50, 52
二酸化塩素　34
二酸化炭素　189, 192

二酸化炭素濃度　190, 209
二酸化窒素　50, 53
二次エネルギー　219
ニッケル　34
日光放射曲線　202
ニトロソアミン　82
熱帯雨林の減少　190
燃料電池　229
農薬製造工程　131
農薬類　34
ノナン　55

[ハ行]

排煙脱硝　219
排煙脱硫　219
廃棄物処理法　104
排出量取引　200
排泄　144
胚培養　92
白内障　208
ハザード　105
パラジクロロベンゼン　59
ハロン　207
半揮発性有機化合物　64
繁殖性　126
判定根拠　165
非意図的生成物　103
東アジア酸性雨モニタリングネットワーク　212
砒素　27
備蓄量　228
比熱　216
火の発見　215
皮膚がん　208
風車　216
富栄養化　13, 23, 42
不確実性係数　108
不確定係数　127
腐食性　35
フタル酸ジ(2-エチルヘキシル)　34

フッ素　27
物理環境　104
フミン質　29
浮遊物質量　20
浮遊粒子状物質　51, 53
プラスミド　93
フレーバー・セイバー　91
ブロモクロロメタン　207
フロン回収破壊法　208
分解者　115
分散型エネルギーシステム　229
分配係数　116
ヘキサン　55
ベストミックス　223
ヘプタン　55
ペルメトリン　59
ベンゼン　51, 54, 55, 60, 130
抱水クロラール　34
放線菌　42
ホウ素　27
母乳　142
ポリ臭化ビフェニール類　60
ホルムアルデヒド　59, 62, 193
ホルモン　148
本質的分解性試験　117

[マ行]

埋蔵量　217
水資源賦存量　3, 6, 7
水循環　1
民間備蓄　227
メス化する自然　150
メソコズム　124
メタン　189, 192, 195
メチル-t-ブチルエーテル　35
メラノーマ　208
免除適用の申請　169
モデルエコシステム　124
モントリオール議定書　207

[ヤ行]

薬品沈殿剤　37
薬品沈殿池　36
野生種　88
有害物質規制法　169
有機物　35
遊離型残留塩素　38, 39
遊離炭素　35
油田　220
溶解性試験　163
要監視項目　13
溶存酸素量　20
溶存有機物　41
予測環境濃度　127

[ラ行]

ラベリング制度　172
ランゲリア指数　35
藍藻類　42
リスク　104, 105
リスクアセスメント　104, 106
リスクの評価　70
リスクマネジメント　107
硫酸アルミニウム　37
粒子状物質　64
流体化革命　219
レセプター　150

[欧文，数字]

ADI　110
Ah受容体　144
bioaccumulation　121
bioconcentration　121
biomagnification　121
BOD　16
CFC　103, 193, 207
CFC-11　192
CFC-12　192
COD　19

DDT  *102*
DO  *20*
DOM  *41*
DOP  *58*
EANET  *212*
EPA  *169*
EU 新化学品規制規則案  *172*
GMO (Genetically Modified Organisms)  *96*
HBFC  *207*
HCFC  *207*
HFC  *207*
MTBE  *35*
OECD  *111*
OH ラジカル  *210*
PCB  *102*
PCDDs  *133*
PCDFs  *133*
PFC  *207*
pH  *13*
pH 値  *35*
POM  *64*
p-ジクロロベンゼン  *55*
quotient 法  *127*
REACH  *172*

RPL Index 値  *156*
safety margin  *127*
$SF_6$  *207*
SPM  *51*
SS  *20*
SVOC  *64*
TCEP  *58, 59*
TCP  *58*
TDI  *110*
TEF  *135*
TEQ  *135*
TON  *35*
UV-A  *202*
UV-B  *202, 208*
UV-C  *202*
VOC  *63, 64*
VVOC  *64*
WMO  *204*
1,1,1-トリクロロエタン  *35, 193, 207*
1,1,2-トリクロロエタン  *34*
1,2-ジクロロエタン  *27, 34*
2,4,5-T  *134*
2,4-D  *134*
2-メチルイソボルネオール  *28, 42*

【著者紹介】

及川紀久雄 （おいかわ　きくお）

昭和15年生まれ
昭和42年　千葉大学大学院薬学研究科修士課程修了
現　在：新潟薬科大学応用生命科学部　教授・工博
専　攻：環境安全科学，くらしの安全科学，資源循環
主　著：「知っていますかくらしの有害物質—いのちを守る安全学—」（NHK出版局，2000年）
　　　　「資源・エネルギーと循環型社会」（共著，三共出版，2003年）
　　　　「環境と生命」（共著，三共出版，2004年）
　　　　「究極の「炭」健康法—科学で証明する炭効果—」（共著，マキノ出版，2005年）

北野　　大 （きたの　まさる）

昭和17年生まれ
昭和47年　東京都立大学大学院工学研究科博士課程修了
現　在：明治大学理工学部応用化学科　教授，
　　　　淑徳大学国際コミュニケーション学部　客員教授・工博
専　攻：環境化学
主　著：「資源・エネルギーと循環型社会」（共著，三共出版，2003年）
　　　　「暮らしと環境科学」（共著，東京化学同人，2003年）
　　　　「環境科学」（共著，東京化学同人，2004年）

| | | |
|---|---|---|
| 人間・環境・安全<br>—くらしの安全科学— | 著　者　及川紀久雄<br>　　　　北野　　大 | ⓒ 2005 |
| 2005年3月25日<br>　　初版1刷発行<br>2006年4月1日<br>　　初版2刷発行 | 発　行　共立出版株式会社／南條光章<br><br>　　　　東京都文京区小日向4-6-19<br>　　　　電話 03-3947-2511（代表）<br>　　　　〒112-8700／振替 00110-2-57035<br>　　　　http://www.kyoritsu-pub.co.jp/ | |
| | 印　刷　真興社<br>製　本　協栄製本 | |
| 　　　　検印廃止<br>　　　NDC 519, 518<br>ISBN 4-320-04375-8 | NSPA<br>Printed in Japan | 社団法人<br>自然科学書協会<br>会員 |

JCLS　〈㈱日本著作出版権管理システム委託出版物〉
本書の無断複写は著作権法上での例外を除き禁じられています．複写される場合は，そのつど事前に㈱日本著作出版権管理システム（電話03-3817-5670, FAX 03-3815-8199）の許諾を得てください．

## ■環境科学関連書

http://www.kyoritsu-pub.co.jp/ 共立出版

|  |  |
|---|---|
| 環境工学辞典 | 環境工学辞典編集委員会編 |
| ハンディー版 環境用語辞典 第2版 | 上田豊甫他編 |
| これからのエネルギーと環境 | 阿部剛久編 |
| 知っておきたい環境問題 | 大塚徳勝著 |
| これから論文を書く若者のために | 酒井聡樹著 |
| 環境と資源の安全保障47の提言 | 高田邦道他編著 |
| 入門 環境の科学と工学 | 川本克也他著 |
| 基礎環境学 | 田中修三編著 |
| 都市の水辺と人間行動 | 畔柳昭雄他著 |
| 廃棄物計画 | 古市 徹編著 |
| 産業・都市放射性 廃棄物処理技術 増訂2版 | 福本 勉著 |
| 人間・環境・安全 | 及川紀久雄他著 |
| 人間・環境・地球 | 辻北野 大他著 |
| 宇宙から見た世界の森林 | 井達一他編著 |
| 宇宙から見た世界の地理 | 前島郁雄他編著 |
| 宇宙から見た世界の農業 | 内嶋善兵衛他編著 |
| 地球環境の物理学 | 林 弘文他著 |
| 環境システム | 土木学会環境システム委員会編 |
| 環境材料学 | 長野博夫他著 |
| 環境生態学序説 | 松田裕之著 |
| 森林の生態 (新・生態学への招待) | 菊沢喜八郎著 |
| 生物保全の生態学 (新・生態学への招待) | 鷲谷いづみ著 |
| 草原・砂漠の生態 (新・生態学への招待) | 小泉 博他著 |
| 湖沼の生態学 (新・生態学への招待) | 沖野外輝夫著 |
| 河川の生態学 (新・生態学への招待) | 沖野外輝夫著 |
| これだけは知ってほしい 生き物の科学と環境の科学 | 河内俊英著 |
| 21世紀の食・環境・健康を考える | 唐澤 豊編 |
| 栽培漁業と統計モデル分析 | 北田修一著 |
| ヒトと森林 | 只木良也他編 |
| 海と大地の恵みのサイエンス | 宮澤啓輔監修 |
| 海洋環境学 | 佐久田昌昭他著 |
| 東京ベイサイドアーキテクチュアガイドブック | 畔柳昭雄+親水まちづくり研究会編 |